国家级职业教育规划教材
对接世界技能大赛技术标准创新系列教材
全国职业院校计算机网络应用专业教材

计算机网络综合布线实施

人力资源社会保障部教材办公室　组织编写

中国劳动社会保障出版社

内容简介

本书为对接世界技能大赛技术标准创新系列教材 / 全国职业院校计算机网络应用专业教材，主要内容包括办公室网络综合布线实施、同楼层网络综合布线实施、跨楼层网络综合布线实施、建筑群子系统的安装配置、家庭智能安防设备安装、网络综合布线故障测试六个项目，涵盖综合布线七大子系统的相关知识和施工技术。

本书以“实用、适用、好用、易开展教学”为教学转化原则，面向行业企业应用需求，同时结合信息网络布线技能竞赛的训练要求，将世界技能大赛部分竞赛内容转化为课程内容，将技术标准转化为课程评价标准，从而达到对接国际标准、培养卓越职业技能人才的目的。

本书以职业能力为主线，结合工程实际，采用最新国家标准，参照近年来世界技能大赛信息网络布线项目的比赛题目设计典型工作任务，采用行动导向的教学方法，按照“项目 + 任务”的形式进行设计和编写，服务于中、高等职业院校和技工院校，致力于高标准培养计算机网络应用相关专业学生的职业能力和职业素养。

图书在版编目（CIP）数据

计算机网络综合布线实施 / 人力资源社会保障部教材办公室组织编写 . -- 北京：中国劳动社会保障出版社，2021

对接世界技能大赛技术标准创新系列教材　全国职业院校计算机网络应用专业教材

ISBN 978-7-5167-4978-4

Ⅰ. ①计…　Ⅱ. ①人…　Ⅲ. ①计算机网络 – 布线 – 技工学校 – 教材　Ⅳ. ①TP393.03

中国版本图书馆 CIP 数据核字（2021）第 202119 号

中国劳动社会保障出版社出版发行

（北京市惠新东街 1 号　邮政编码：100029）

*

北京市艺辉印刷有限公司印刷装订　新华书店经销

787 毫米 ×1092 毫米　16 开本　17 印张　276 千字

2021 年 11 月第 1 版　2023 年 5 月第 4 次印刷

定价：42.00 元

营销中心电话：400-606-6496

出版社网址：http://www.class.com.cn

http://jg.class.com.cn

对接世界技能大赛技术标准创新系列教材

编审委员会

主　任：刘　康

副主任：张　斌　王晓君　刘新昌　冯　政

委　员：王　飞　翟　涛　杨　奕　张　伟　赵庆鹏　姜华平
　　　　杜庚星　王鸿飞

计算机网络应用专业课程改革工作小组

课改校：广州市工贸技师学院　天津市电子信息技师学院
　　　　江苏省常州技师学院　黑龙江技师学院　无锡技师学院
　　　　山西交通技师学院　衡阳技师学院

技术指导：卢　勤

编　辑：盛秀芳　王笑尘

本书编审人员

主　编：卢　勤

副主编：费　涨　尹友明

参　编：范　丹　谢笑雨　刘建国　陈静君　刘志勇　孙晓军
　　　　渠德洋　彭建阳

主　审：韦国发

序

世界技能大赛由世界技能组织每两年举办一届，是迄今全球地位最高、规模最大、影响力最广的职业技能竞赛，被誉为“世界技能奥林匹克”。我国于2010年加入世界技能组织，先后参加了五届世界技能大赛，累计取得36金、29银、20铜和58个优胜奖的优异成绩。第46届世界技能大赛将在我国上海举办。2019年9月，习近平总书记对我国选手在第45届世界技能大赛上取得佳绩作出重要指示，并强调，劳动者素质对一个国家、一个民族发展至关重要。技术工人队伍是支撑中国制造、中国创造的重要基础，对推动经济高质量发展具有重要作用。要健全技能人才培养、使用、评价、激励制度，大力发展技工教育，大规模开展职业技能培训，加快培养大批高素质劳动者和技术技能人才。要在全社会弘扬精益求精的工匠精神，激励广大青年走技能成才、技能报国之路。

为充分借鉴世界技能大赛先进理念、技术标准和评价体系，突出“高、精、尖、缺”导向，促进技工教育与世界先进标准接轨，完善我国技能人才培养模式，全面提升技能人才培养质量，人力资源社会保障部于2019年4月启动了世界技能大赛成果转化工作。根据成果转化工作方案，成立了由世界技能大赛中国集训基地、一体化课改学校，以及竞赛项目中国技术指导专家、企业专家、出版集团资深编辑组成的对接世界技能大赛技术标准深化专业课程改革工作小组，按照创新开发新专业、升级改造传统专业、深化一体化专业课程改革三种对接转化原则，以专业培养目标对接职业描述、专业课程对接世界技能标准、课程考核与评价对接评分方案等多种操作模式和路径，同时融入健康与安全、绿色与环保及可持续发展理念，开发与世界技能大赛项目对接的专业人才培养方案、教材及配套教学资源。首批对接19个世界技能大赛项目共12个专业的成果将于2020—2021年陆续出版，主要用于技工院校日常专业教学工作中，充分发挥世界技能大赛成果转化对技工院校技能人才的引领示范作用。在总结经验及调研的基础上选择新的对接项目，陆续启动第二批等世界技能大赛成果转化工作。

希望全国技工院校将对接世界技能大赛技术标准创新系列教材，作为深化专业课程建设、创新人才培养模式、提高人才培养质量的重要抓手，进一步推动教学改革，坚持高端引领，促进内涵发展，提升办学质量，为加快培养高水平的技能人才作出新的更大贡献！

2020年11月

目　录

项目五 家庭智能安防设备安装

项目六 网络综合布线故障测试

项目一 办公室网络综合布线实施

办公室网络综合布线是利用综合布线技术、网络通信技术实施网络综合布线，构建共享的办公网络，提升办公共享性、便利性、舒适性、艺术性，并实现计算机之间互访和资源共享的小型办公网络环境。

本项目主要是进行办公室网络综合布线实施，其中包括施工图的需求分析、线管线槽的敷设、双绞线与模块的端接、双绞线与水晶头的端接、TO 标签和线缆标签的制作、施工记录表的填写和网络测试等。图 1-0-1 所示为某企业财务办公室新增 4 个信息点的施工图。

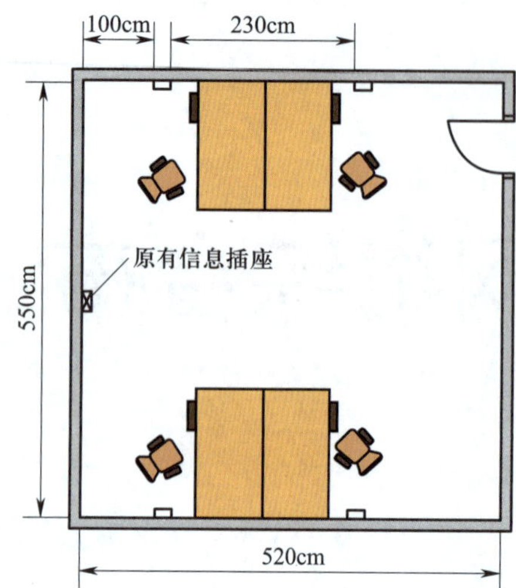

注：1. ⊠表示原有信息插座。
2. □表示新增信息插座。
3. 房间长5.5 m、宽5.2 m。
4. 新增信息插座底盒中间距离为2.3 m。

图 1-0-1　某企业财务办公室新增 4 个信息点的施工图

任务 1 信息点统计表

学习目标

1. 能够识读施工图，并进行需求分析。
2. 能够根据施工图，正确编制信息点统计表和材料预算表。

任务描述

某企业财务办公室原有一个信息点，现需新增 4 个信息点。为实现计算机之间的互访和资源共享，需要组建一个小型办公网络，业务主管已编制好布线实施方案，现需网络管理员根据财务办公室新增 4 个信息点的施工图（见图 1-0-1）、现场模拟施工前视图（见图 1-1-1）、设备安装施工图（见图 1-1-2）、线缆连接施工图（见图 1-1-3）进行需求分析，完成信息点统计表与材料预算表的制作。

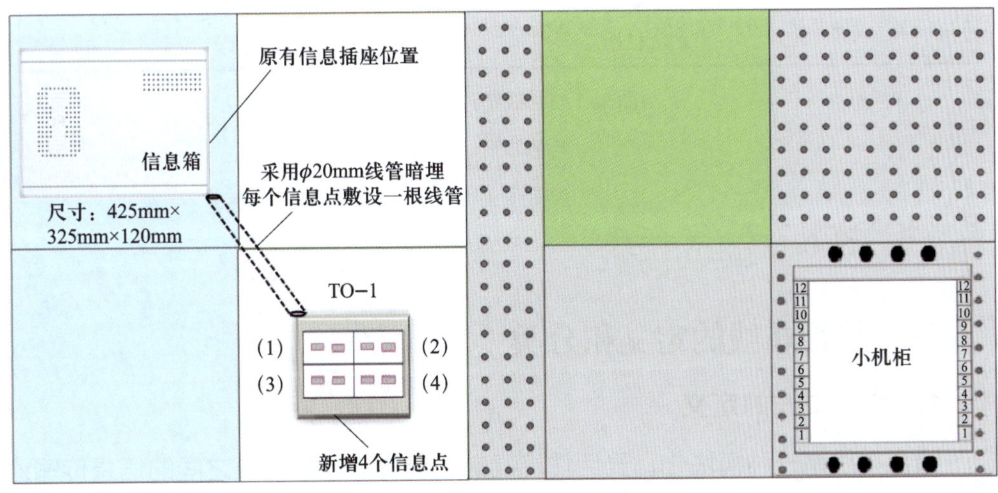

图 1-1-1　现场模拟施工前视图

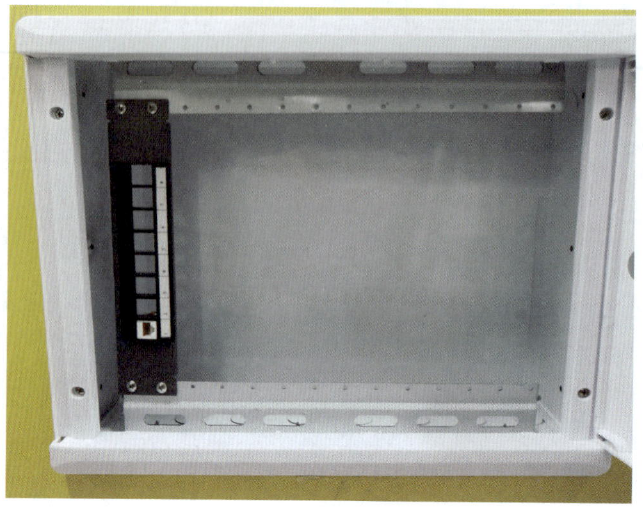

图 1-1-2　设备安装施工图

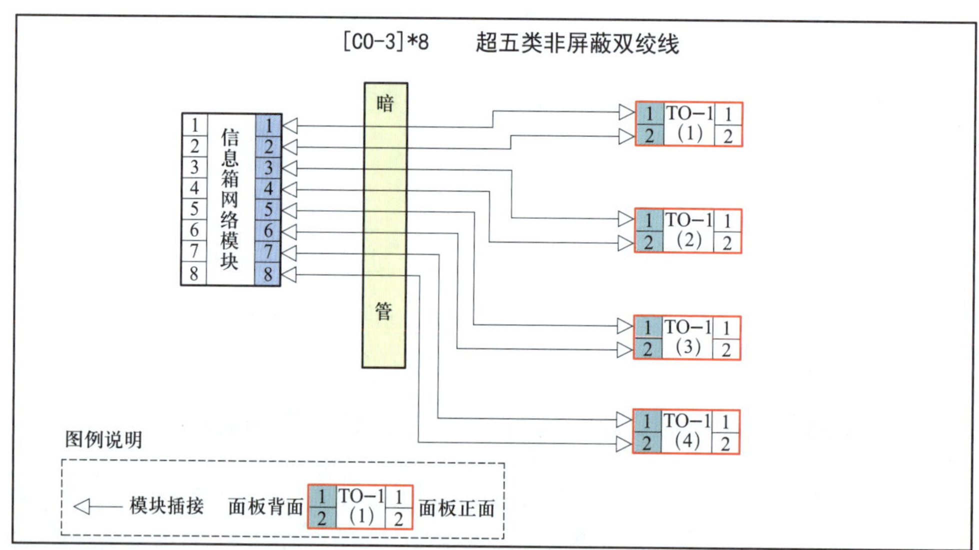

图 1-1-3　线缆连接施工图

相关知识

一、综合布线的定义和分类

1. 综合布线的定义

综合布线是一种模块化、灵活性极高的建筑物内或建筑群之间的信息传输通道，通过它可使语音设备、数据设备、交换设备及各种控制设备与信息管理系统连接起来，同时也使这些设备与外部通信网络相连。它还包括建筑物外部网络或电信线路的连接点与应用系统设备之间的所有线缆及相关的连接部件。综合布线由不同系列和规格的部件组成，其中包括传输介质、相关连接硬件（如配线架、连接器、插座、插头、适配器）以及电气保护设备等。这些部件可用来构建各种子系统，它们都有各自的具体用途，不仅易于实施，而且能随需求的变化而平稳升级。

2. 综合布线系统的分类

根据国家标准《综合布线系统工程设计规范》（GB 50311—2016）规定，在综合布线系统工程设计中，宜按照下列 7 个部分进行：工作区子系统、配线子系统（也称水平子系统）、垂直子系统、建筑群子系统、设备间子系统、进线间子系统和管理间子系统。图 1-1-4 所示为综合布线系统。

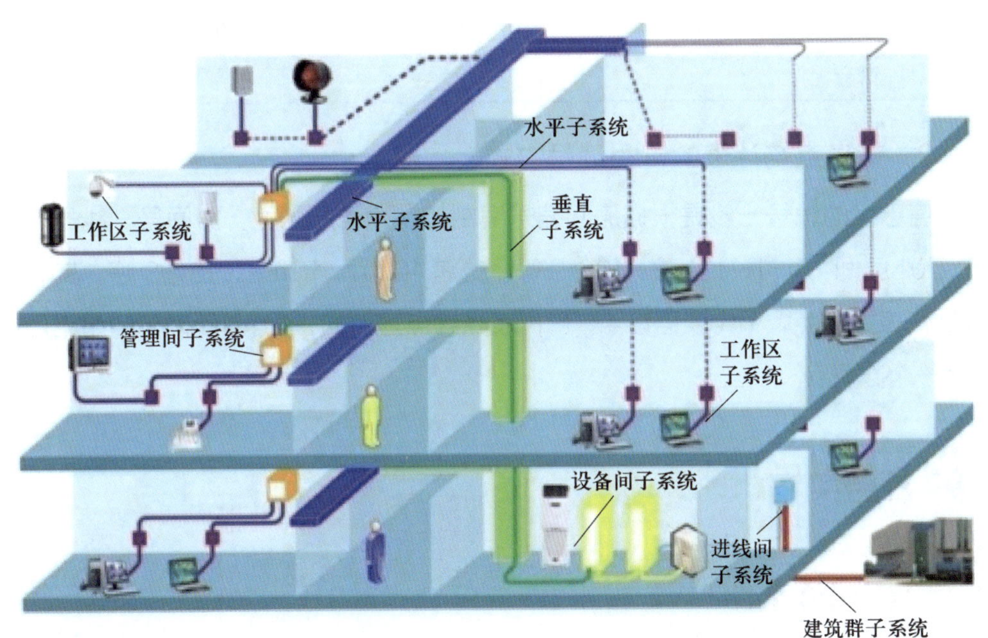

图 1-1-4　综合布线系统

二、编制信息点统计表

1. 信息点统计表的格式

工作区信息点统计表简称点数表，是设计和统计信息点数量的基本工具及手段。制作点数表的方法是先按照楼层，然后按照房间或者区域逐层逐房间地规划和设计网络数据、语音信息点数，再把每个房间规划的信息点数量填写到点数表对应的位置。

点数表能够一次准确清楚地表示和统计出建筑物的信息点数量。某建筑物网络综合布线信息点统计表见表 1-1-1。

表 1-1-1　某建筑物网络综合布线信息点统计表

楼层编号	信息点类别	房间序号						楼层信息点合计		信息点合计
		X1	X2	X3	X4	X5	X6	数据	语音	
一层	数据	1	1	2	2	2	2	10		20
	语音	1	1	2	2	2	2		10	
二层	数据	2	2	2	4	4	4	18		36
	语音	2	2	2	4	4	4		18	
三层	数据	2	2	2	4	4	4	18		36
	语音	2	2	2	4	4	4		18	
合计	数据							46		92
	语音								46	

2. 信息点统计表的常用编号方式

信息点的编号一般是根据房间编号编制的，编号原则为：房间号 - 线号，例如，101 房间 101-1、101-2、101-3 等。或者 10101、10102、10103 等。其后可用 D 代表数据点，V 代表语音点，F 代表光纤点。例如，10101D 说明的是 101 房间第一个数据点。

任务实施

一、准备工作

安装有 Windows Office 软件的计算机。

二、需求分析

根据财务办公室新增 4 个信息点的施工图（见图 1-0-1）和现场模拟施工前视图（见图 1-1-1）可以得知，在财务办公室原信息点位置墙面上安装有一个弱电信息箱，信息箱长 425 mm，宽 325 mm，高 120 mm，采用 ϕ20 mm 线管暗埋。办公室新增了 4 个信息点，每个信息点安装了一个双口面板和两个网络模块。4 个信息点 TO-1（1）、TO-1（2）、TO-1（3）和 TO-1（4）应分别安装在相距较远的位置，每个信息点敷设一根线管。根据设备安装施工图（见图 1-1-2）可以得知弱电信息箱内部安装有 1 个 5 类 RJ-45 口铜缆信息箱网络模块，安装在弱电信息箱 1U 的位置。根据线缆连接施工图（见图 1-1-3）可以得知信息箱网络模块正面有 8 个 RJ-45 端口，背面有 8 个 RJ-45 网络模块，端接 8 根非屏蔽超五类双绞线，分布到房间新增的 4 个信息点，并规定了超五类屏蔽双绞线的端接、安装位置和线缆标志。

三、信息点统计

一个任务在进行具体施工前，必须先根据任务需求分析，得出任务的信息点分布情况，然后通过 Excel 表格进行统计，表 1-1-2 是本任务的信息点统计表。

表 1-1-2　信息点统计表

楼层编号	信息点类别	房间序号						楼层信息点合计		信息点合计
		X1	X2	X3	X4	X5	X6	数据	语音	
二层	数据		8					8		8
	语音		0						0	
合计	数据							8		8
	语音								0	

四、材料预算统计

根据信息点统计表，可以对该任务材料进行预算编制，表 1-1-3 是依据本任务信息点统计表的材料预算，主要包括材料的名称、规格、数量和价格等内容。

表 1-1-3　材料预算表

材料名称	规格	单位	数量	价格 / 元	合计 / 元
弱电信息箱	425 mm × 325 mm × 120 mm	个	1	90	90
信息箱网络模块	8 口，尺寸 230 mm × 25 mm	个	1	120	120
PVC 管	ϕ 20 mm	m	30	1.5	45
信息底盒	86 系列暗盒	个	4	3	12
信息面板	86 系列双口	个	4	4	16

续表

材料名称	规格	单位	数量	价格 / 元	合计 / 元
网络模块	RJ-45	个	8	15	120
水晶头	RJ-45	个	16	1	16
标签扎带	2.5 mm × 100 mm	个	50	0.1	5
标签贴纸	30 mm × 40 mm	个	20	0.1	2
双绞线	超五类	m	60	2	120
总计					546

注：本材料预算表的数量由施工人员根据实际施工环境进行统计计算。

任务评价

学习任务综合评价表见表 1-1-4。

表 1-1-4　学习任务综合评价表

评价项目	评价内容	配分 / 分	评价分数		
			自我评价	小组评价	教师评价
职业素养	安全和责任意识强，遵守健康及安全标准	10			
	团队合作意识强，善于与人沟通交流	10			
	现场管理符合“6S”标准，做好定期整理工作	5			
专业能力	能复述综合布线的定义	10			
	能理解综合布线系统的分类	10			
	能正确理解项目要求	10			
	会进行 Excel 表格制作	10			
任务成果	任务完成符合标准规范	10			
	正确完成信息点统计	15			
	正确完成材料预算统计	10			
总分		100			
评价说明	自我评价 ×20%+ 小组评价 ×30%+ 教师评价 ×50%= 总评成绩	总评成绩			

课后练习题

一、选择题

1. 在国家标准《综合布线系统工程设计规范》(GB 50311—2016) 中，将综合布线系统分为 (　　) 个子系统。

A. 5　　B. 6　　C. 7　　D. 8

2. 编制信息点统计表的目的是快速、准确地统计建筑物的信息点。设计人员为了快速合计和方便制表，一般使用 (　　) 软件制表。

A. Excel　　B. Word　　C. Visio　　D. PowerPoint

3. 总工程师办公室的信息化需求不包括的是 (　　)。

A. 语音　　B. 数据　　C. 视频　　D. 用餐

二、填空题

1. 综合布线系统平面图及信息点分布图信息点标注说明如下：D 表示______点；V 表示______点；F 表示______点。

2. 综合布线系统编码含义如下：数据点编码 20101D 表示________________；语音点编码 20302V 表示________________________。

三、设计题

请根据如图 1-1-5 所示的网络综合布线工程图，编写网络信息点统计表。要求：项目名称准确，表格设计合理，数量正确，说明完整，日期和机位号正确。

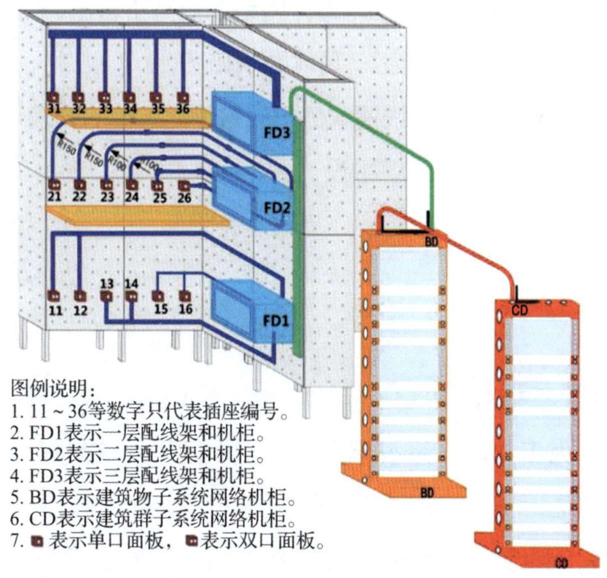

图 1-1-5　网络综合布线工程图

任务 2
工作区子系统的设计与施工

学习目标

1. 了解工作区子系统。
2. 掌握工作区子系统的设计要求。
3. 掌握 PVC 管 / 槽、信息底盒、信息箱及其内部网络模块的安装规范。
4. 掌握线缆敷设原则及穿线器的使用。
5. 掌握施工记录表的填写方法。

任务描述

某企业财务办公室原有一个信息点，现需新增 4 个信息点。为实现计算机之间的互访和资源共享，需要组建一个小型办公网络，业务主管已编制好布线实施方案，现需网络管理员按标准完成布线施工。具体要求如下：

1. 根据施工图纸进行线管、线槽、信息底盒及信息箱的安装。
2. 根据信息点的数量完成线缆敷设。

相关知识

一、工作区子系统简介

图 1-2-1 所示为工作区子系统示意图。工作区子系统是指从信息插座延伸到终端设备的整个区域，即一个独立的需要设置终端的区域划分为一个工作区。它将用户的通信设备连接到综合布线系统的信息插座上。工作区可支持数据终端、计算

机、电视机、监视器、电话机以及传感器等终端设备。该子系统所包含的硬件包括信息插座、插座盒（或面板）、连接软线以及适配器或连接器等连接附件。目前，最常用的信息插座有双绞线的 RJ-45 插座和连接电话线的 RJ-11 插座。

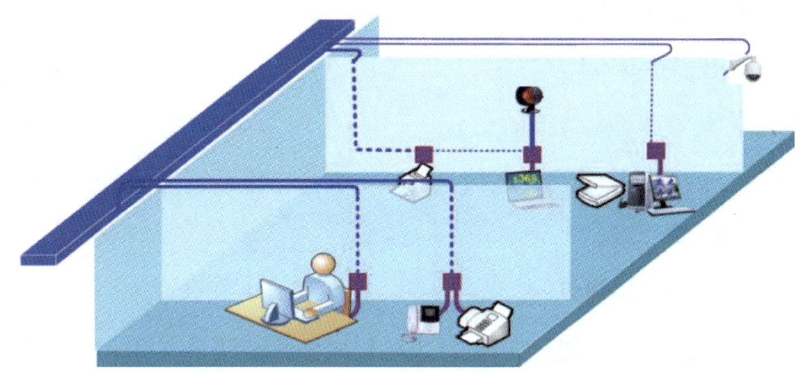

图 1-2-1　工作区子系统示意图

二、工作区子系统的设计要求

1. 需求分析

需求分析是综合布线系统设计的首要工作，主要掌握工作区子系统的当前用途和未来扩展需要，目的是把设计对象归类，按照写字楼、综合办公室、会议室、商场等进行归类，为后续设计确定方向和重点。

需求分析首先从整栋建筑物的用途开始，其次按照楼层进行分析，最后到楼层的各个工作区或房间，逐步明确并确认每层、每个工作区的用途和功能，分析工作区的需求，规划工作区的信息点数量和位置。

2. 技术交流

在进行需求分析后，需要与用户进行技术交流，这是非常有必要的。在交流中重点了解每个房间和工作区的用途、工作区域、工作台位置、工作台尺寸、设备安装位置等详细信息，并进行详细的书面记录。

3. 阅读建筑物图纸

认真阅读建筑物图纸是综合布线系统设计必不可少的程序。通过阅读建筑物图纸，掌握建筑物土建结构、强电 / 弱电路径，特别是主要电气设备和电源插座的安装位置，重点掌握在综合布线路径上的电气设备、电源插座、暗埋管线等。在阅读图纸时进行记录，有助于信息点插座设计在合适位置，避免强电或其他设备对综合布线系统的影响。在必要的情况下可以进行项目实地勘察。

4. 初步设计方案

（1）工作区面积确定。

（2）工作区信息点配置。

（3）工作区信息点统计。

5. 概算

在初步设计后要给出项目的概算，即整个综合布线系统工程造价概算，也包括工作区子系统的造价概算。

6. 初步设计方案确认

初步设计方案主要包括信息点统计表和材料预算表两个文件，因为工作区子系统信息点数量直接决定综合布线系统工程造价，信息点越多，造价越高。

用户确认的一般流程如下：整理信息点统计表；准备用户确认签字文件；用户交流与沟通；用户确认签字和盖章；设计方签字和盖章；双方存档。

7. 正式设计

用户确认初步设计方案和概算后，就开始进行正式设计。正式设计主要工作为准确设计每个信息点位置，确认每个信息点的名称或编号，核对信息点统计表并最终确认信息点数量，为整个综合布线工程系统设计奠定基础。

三、PVC 管 / 槽、信息底盒及信息箱简介

1. PVC 管 / 槽

PVC 管 / 槽是以卫生级聚氯乙烯（PVC）树脂为主要原料，加入适量的稳定剂、润滑剂、填充剂、增色剂等，经塑料挤出机挤出成型和注塑机注塑成型，通过冷却、固化、定形、检验、包装等工序，以完成 PVC 管 / 槽的生产。

在综合布线系统中，根据 PVC 管外径尺寸不同，常见规格有 16 mm、20 mm、25 mm、32 mm、40 mm 等；根据 PVC 槽宽和高尺寸不同，常见规格有 20 mm × 10 mm、39 mm × 19 mm 等，如图 1-2-2 所示。

2. 信息底盒及信息面板

在工作区与水平线缆连接的信息模块需要一个安装位置，这就是信息插座。信息插座包括信息底盒和信息面板两个部分。

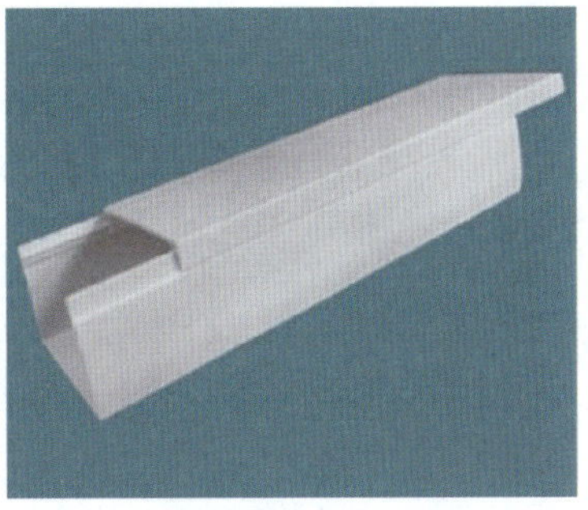

图 1-2-2　常见 PVC 管 / 槽

（1）信息底盒

信息底盒按照安装方式一般分为暗装底盒和明装底盒两种，按照材料组成一般分为金属底盒和塑料底盒两种，按照配套面板规格分为 86 系列和 120 系列两种。

图 1-2-3 所示为暗装底盒。暗装底盒一般用在新建项目和装饰工程中，底盒预埋在墙体内，布线走预埋的线管。常见的有金属底盒和塑料底盒。金属底盒一般一次冲压成型，表面都进行电镀处理，以避免生锈。塑料底盒一般为白色，一次注塑成型，表面比较粗糙。底盒的大小必须与面板匹配，其正面有 2 个固定面板用的螺钉孔。底盒都预留了穿线孔，安装时需凿穿与线管对接的穿线位。

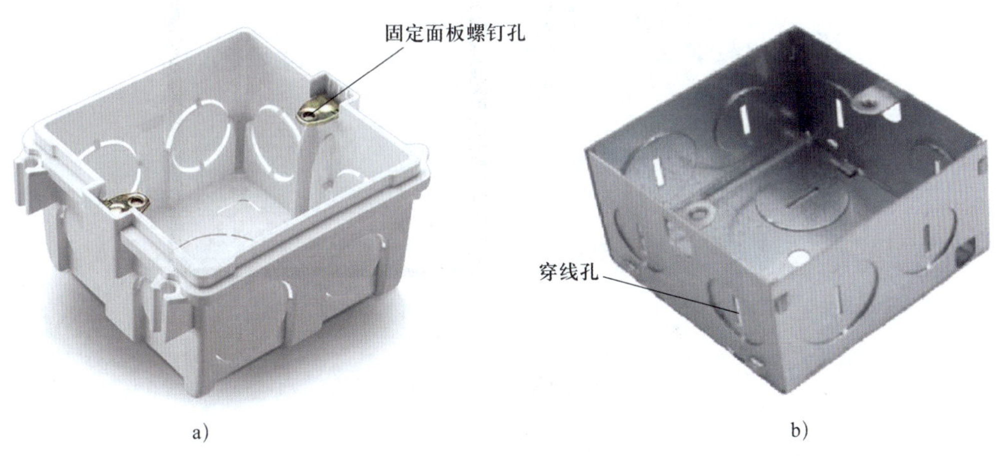

图 1-2-3　暗装底盒

a）塑料底盒　b）金属底盒

图 1-2-4 所示为明装底盒。明装底盒经常使用在扩建工程墙面明装方式中，一般为白色塑料盒，外形美观，表面光滑。底板上有固定孔，用于底盒固定。正面有 2 个螺钉孔，用于面板固定。

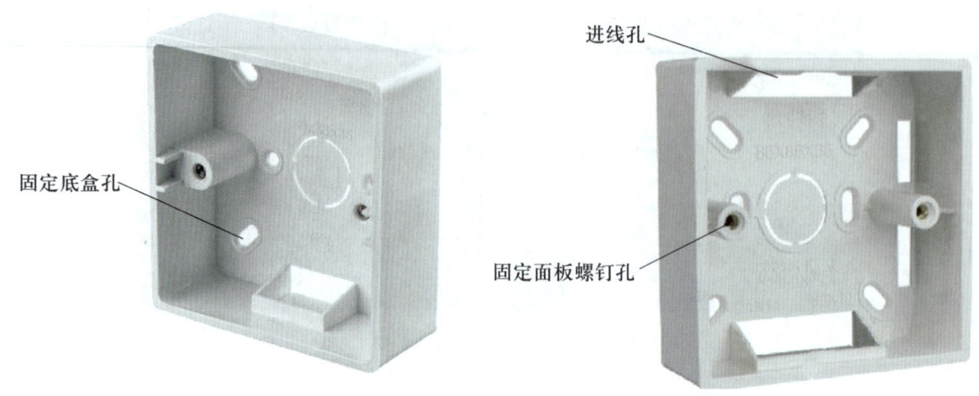

图 1-2-4　明装底盒

小贴士

施工过程中不得将暗装底盒和明装底盒混淆使用。

（2）信息面板

图 1-2-5 所示为信息面板，主要分为单口面板和多口面板两种。

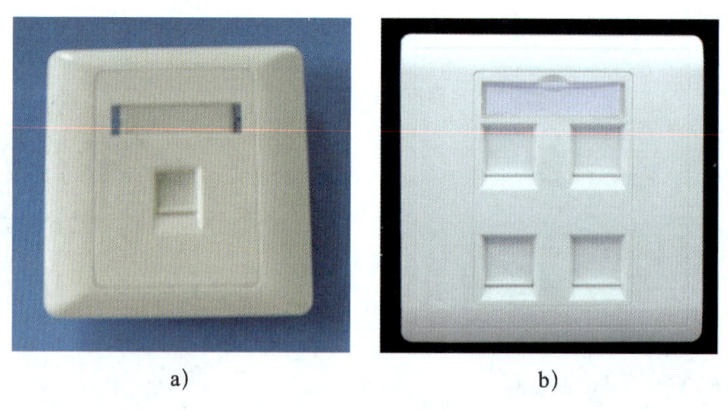

a)　　b)

图 1-2-5　信息面板

a）单口面板　b）多口面板

3. 信息箱

图 1-2-6 所示为弱电信息箱。弱电信息箱顾名思义是较弱电压线路的集中箱。2002 年我国开始实行强弱电分开，由此弱电信息箱应运而生，其主要用于对家庭弱电信号进行统一管理、分配布线，包括网络、电话、电视、安防等弱电布线，主要避免弱电信号受强电信息的干扰，提升家居生活质量。从 2007 年起我国开始大规模使用弱电信息箱，在上海、苏州、福建三地市场试点用多媒体弱电信息箱。之后

全国各地均开始仿效采用弱电信息箱，因而弱电信息箱被房地产商大规模采用。

弱电信息箱也称智能家居布线箱、多媒体信息箱、家庭信息接入箱、住宅信息配线箱等。

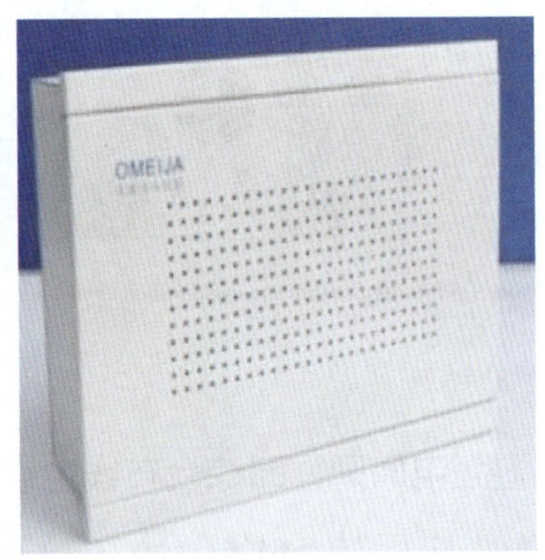

图 1-2-6　弱电信息箱

4. 信息箱网络模块

信息箱是家居或办公室布线的设备管理中心，其功能由安装在信息箱内的各种功能模块来实现。信息箱网络模块主要支持多台计算机及办公设备同时上网，由于人们在日常居家和办公中需要联网的设备越来越多，所以在家居或办公室布线时应考虑尽可能多地安装网络信息点。信息箱超五类铜缆网络模块有两种，一种是 9 英寸的数据配线架，其正面有若干 RJ-45 插孔，能够插接超五类铜缆跳线，背面有对应端口数量的 RJ-45 网络模块插槽，能够端接相应数量的水平子系统网线，实现多台设备上网；另一种网络模块称为计算机交换机模块条，类似小型交换机，由 1 进 +*n* 出个 RJ-45 插孔组成，1 进 RJ-45 插孔通过跳线与小型网络交换机或路由器连接外网，*n* 出个 RJ-45 插孔连接来自房间信息模块的网线，如图 1-2-7 所示。

四、PVC 管 / 槽、信息底盒、信息箱及其内部网络模块安装规范

1. PVC 管 / 槽安装规范

（1）横平竖直原则，即水平敷设 PVC 管一定要与地面平行，垂直敷设 PVC 管一定要与地面垂直。

（2）平行布管原则，即同一走向的管 / 槽应遵循平行原则，不允许出现交叉和重叠现象。

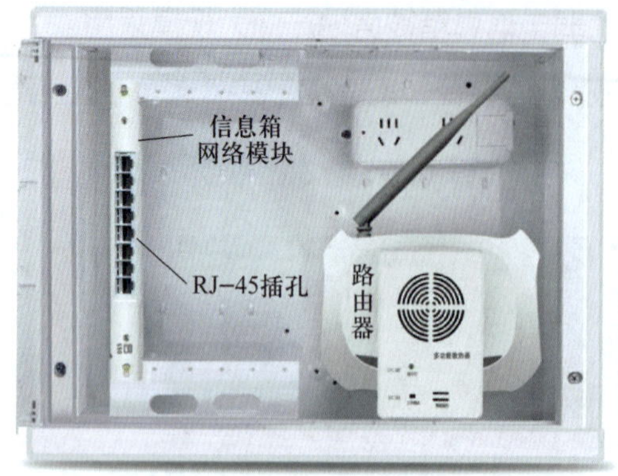

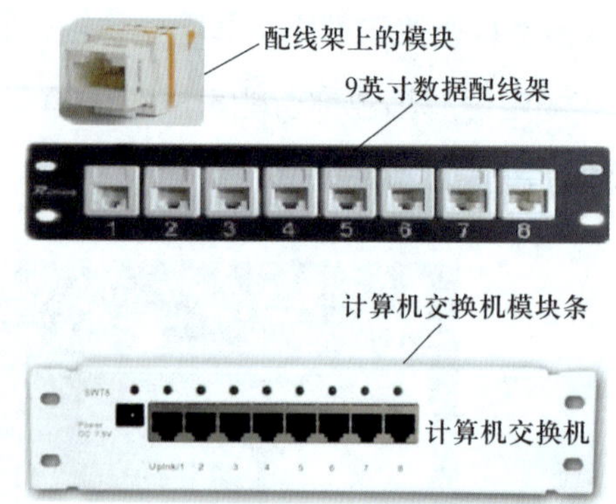

图 1–2–7　信息箱网络模块

（3）规避强电原则，即综合布线电缆与强电管 / 槽平行敷设时，电压 <380 V、功率≤ 2 kW，应保持≥ 127 mm 的间距；电压为 380 V、功率 >2 kW，应保持≥ 300 mm 的间距。当然，电压越高、功率越大，则保持的间距相应要加大。

（4）PVC 管弯曲半径不得小于该管外径的 6 ~ 10 倍（实际施工时 PVC 管弯曲内角 >90°）。

（5）PVC 管暗埋必须弯曲敷设时，其路由长度应不大于 15 m ，且该段内不得有 S 形弯。连续弯曲超过两次时，应加装过线盒。所有 PVC 管弯曲必须用专用弯管器完成，不得采用国家明令禁止的弯通等。

（6）直线管的管径利用率应为 50% ~ 60%，弯管的管径利用率应为 40% ~ 50% 。

（7）若所布线路上存在局部干扰源，且不能满足最小净距离要求时，应采用钢管。

（8）暗管直线敷设长度超过 30 m 时，中间应加装过线盒。

（9）在暗管孔内不得有各种线缆接头。

（10）线缆与暖气管、热水管、煤气管之间的平行距离不应小于 300 mm，交叉距离不应小于 100 mm 。

（11）PVC 管固定

1）地面 PVC 管要求每间隔 900 ~ 1 000 mm 用管卡进行固定。在特殊环境下要增加水泥固定。

2）墙面 PVC 管应根据 PVC 管的大小采用合适的间隔进行固定，Φ20 mm 管要求每间隔 900 ~ 1 000 mm 进行固定。管径越大，固定间隔应相应减小。

3）墙面 PVC 槽应根据 PVC 槽的大小采用合适的间隔进行固定，例如 19 mm × 24 mm 槽要求每间隔 500 ~ 700 mm 进行固定。

（12）在布线过程中，预埋在墙体中间暗管的最大外径不宜超过 50 mm，楼板中暗管的最大管外径不宜超过 25 mm，室外管道进入建筑物的最大管外径不宜超过 100 mm。

2. 信息底盒安装规范

（1）根据实际应用确定信息底盒的具体安装位置。

（2）一般情况下信息底盒距门道超过 1.5 m，距地面 0.3 m。

（3）暗装底盒接线头预留 300 ~ 350 mm 长。

（4）PVC 管与暗装底盒连接处必须采用入盒接头进行连接。

（5）同一信息底盒（86 mm × 86 mm）内信息点不能超过 4 个。

（6）厨房、卫生间应安装防水信息底盒（工业信息底盒）。

（7）强电信息底盒与弱电信息底盒的水平距离应不小于 127 mm。

（8）除厨房、卫生间暗装底盒要凸出墙面 20 mm 外，其他暗装底盒与墙面要齐平，并处于同一水平上。

（9）为保证传输速率和使用方便及美观，信息插座与计算机等终端设备的距离宜保持在 5 m 范围内。

3. 信息箱安装规范

（1）箱体底部距离地面高度应为 30 ~ 50 cm。

（2）在确定信息箱的安装位置后，在墙体上按箱体的长、宽、高留出预埋洞口。

（3）将箱体的敲落孔敲开（在没有敲落孔的位置开孔时，可使用开孔器），将进出箱体的各种线管与箱体连接牢固，并将箱体接地。

（4）把箱体放入墙体预留的洞口内，用木楔、碎砖卡牢，用水平尺找平，使箱体的正端面与墙壁平齐，然后用水泥填充缝隙后将墙壁抹平。

（5）墙面粉刷完成后，即可将门和门框安装到箱体上，将门框和门与箱体用螺钉固定，并注意使门框的安装保持水平。

4. 信息箱内网络模块安装规范

（1）按照安装图纸在规定的位置安装信息箱内网络模块，以保证安装位置正确。

（2）信息箱内网络模块的安装需横平竖直，安装牢固，没有松动。

五、线缆敷设的原则及穿线器的使用方法

1. 线缆敷设的原则

（1）暗埋线管

必须使用穿线器进行线缆敷设。明装线管可以边布管边敷设线缆。

（2）管槽检查

在敷设线缆前，检查管 / 槽路由是否正确，管 / 槽内是否有杂物，必须保证管 / 槽平滑畅通。

（3）文明施工

在进行线缆敷设时，应采用人工牵引，牵引速度不宜过快，不宜猛拉紧拽，以防线缆外护套发生摩擦、剐蹭等损伤。不得大力抛摔、拖放、踩踏线缆；布线路由较长时，则需多人配合，平缓移动。线缆敷设应自然平直，不得产生扭绞、打圈、接头等现象，不应受外力的挤压和损伤。

（4）线缆标记

敷设线缆前，必须在线缆两端用油性记号笔做好标记。

（5）线缆预留

线缆到达信息底盒应预留 30 cm。

2. 穿线器的使用方法

（1）穿线器介绍

图 1-2-8 所示为穿线器。穿线器由铜芯、玻璃纤维加强层、高压低密度聚乙烯防护层三部分构成，用于布线中的线缆牵引。在管道和沙井中，穿线器因其具有光滑又富有弹性的表面，可以穿过各种狭窄、弯曲的通道，可有效提高布线的效率。

（2）穿线器的使用方法

1）将穿线器从 PVC 线管一端穿入，从另一端穿出。

2）使用电工胶布将线缆一端与穿线器接头绑扎牢固。

3）从穿线器另一端缓慢地将线缆拉至线管出口。

4）解除电工胶布的绑扎。

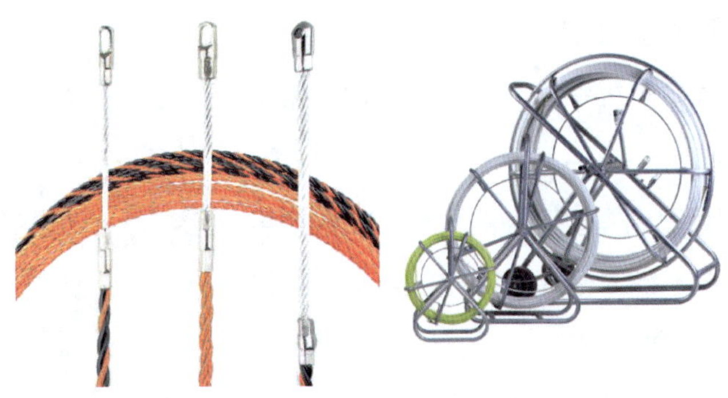

图 1-2-8　穿线器

六、施工记录表填写

按照表 1-2-1 所示铜缆布线系统施工记录表填写必要的安装信息，包括配线架名称、安装位置、线缆标志、线缆类型。

表 1-2-1　铜缆布线系统施工记录表

	此处连接	另一边连接
配线架名称	TO（1）	2B
安装位置	TO（1）-1	4U
线缆标志	CO-1	
线缆类型	UTP	

任务实施

一、准备工具和材料

1. 工具

切管刀、弯管器、电动螺钉旋具、锯子、剪刀、卷尺、直角钢尺、铅笔、人字梯、穿线器、电锤等。

2. 材料

PVC 管 / 槽、管卡、管接头、螺钉、信息底盒、信息箱、超五类双绞线、尼龙扎带、标签扎带、电工胶布等。

二、安装 PVC 管

下面以 Φ20 mm 管明装为例，进行安装说明。

1. PVC 管弯头制作

（1）准备冷弯管，确定弯曲位置和半径，做出弯曲位置标记，如图 1-2-9 所示。

图 1-2-9　弯管标记

（2）插入弯管器到需要弯曲的位置。如果线管较长，可在弯管器上绑一根绳子，放到要弯曲的位置。图 1-2-10 所示为弯管器。

（3）弯管。两手抓紧放入弯管器的位置，用力弯管子或用膝盖顶住被弯曲位置，逐渐弯成所需要的角度，如图 1-2-11 所示。

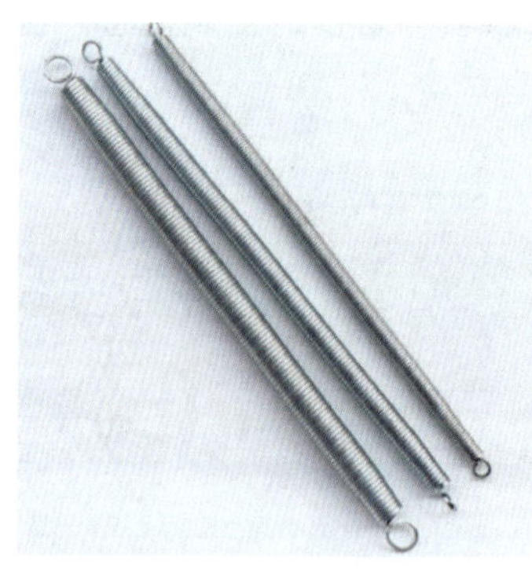
图 1-2-10　弯管器

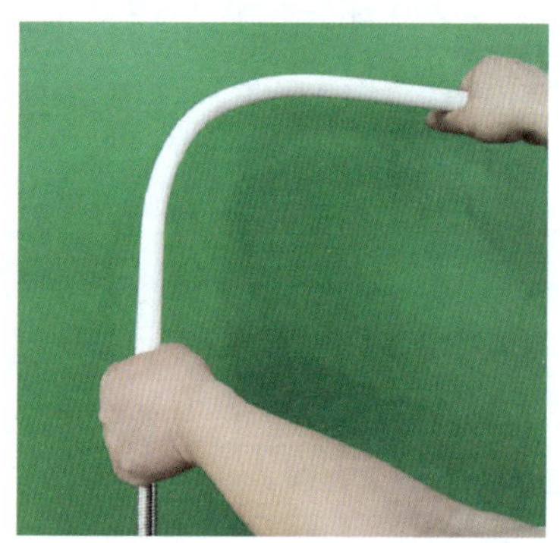
图 1-2-11　弯管

（4）取出弯管器。

小贴士

弯管时不能用力过猛，以免 PVC 管发生撕裂损坏。

2. PVC 管安装步骤

（1）根据设计图需要，核算材料数量和所有工具，领取材料和工具。

（2）画线（弹线）。仔细阅读施工图，确定信息点安装位置，根据图纸确定线管安装位置。图 1-2-12 所示为画线（弹线）。

图 1-2-12　画线（弹线）

（3）安装管卡。管卡分为中卡和边卡，如图 1-2-13 所示。

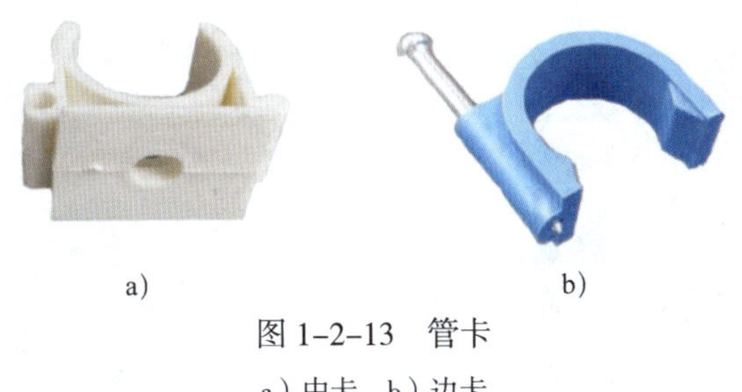

图 1-2-13　管卡
a）中卡　b）边卡

（4）安装线管。两根 PVC 管连接处使用线管接头，拐弯处必须使用弯管器制作拐弯连接，如图 1-2-14 所示。

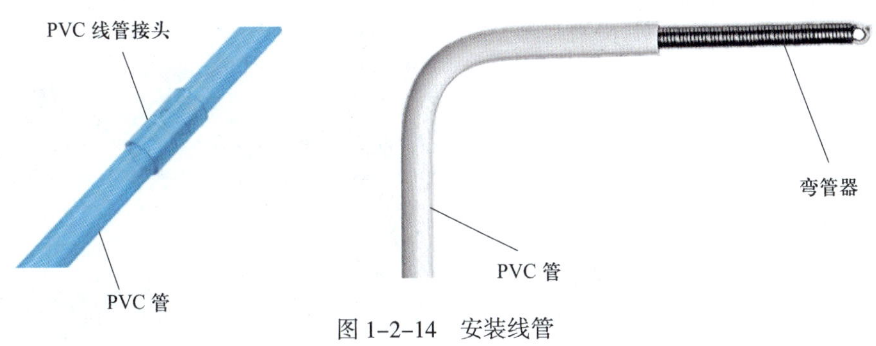

图 1-2-14　安装线管

三、安装 PVC 槽

下面以 39 mm × 18 mm 线槽明装为例，进行安装说明。

1. PVC 槽阴角制作（阳角、直角同理）

（1）线槽连接处缝隙不能过大，一般要求在 1 mm 之内。

（2）准备两根相同类型的线槽以及直角钢尺、铅笔等。

（3）在线槽连接的顶端位置找到线槽两侧面，使用直角钢尺画出 45° 角，如图 1-2-15 所示。

（4）使用锯子沿线条裁剪线槽，另一端同理，如图 1-2-16 所示。

2. PVC 槽安装步骤

（1）根据设计图需要，核算材料数量和所有工具，领取材料和工具。

（2）画线（弹线）。仔细阅读施工图，确定信息点安装位置，根据图纸确定线槽安装位置，如图 1-2-17 所示。

（3）安装线槽。使用电动螺钉旋具在相应位置打孔，并安装螺钉进行固定，如图 1-2-18 所示。

图 1-2-15 画出 45° 角

图 1-2-16 裁剪线槽

图 1-2-17 画线

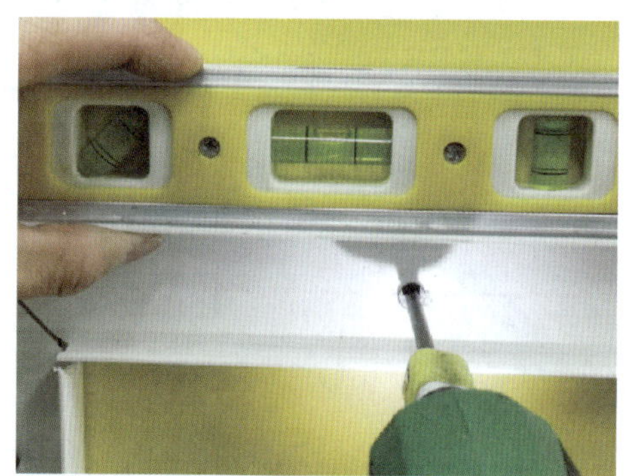

图 1-2-18 安装线槽

（4）安装盖板。也可以在进行线缆敷设时，边敷设线缆边安装盖板，如图 1-2-19 所示。

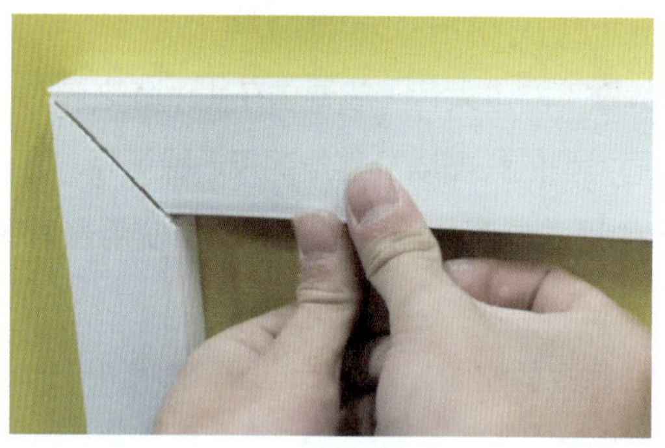

图 1-2-19 安装盖板

四、安装信息底盒

1. 检查信息底盒外观质量和螺钉孔。
2. 查看图纸，确定信息底盒安装位置，如图 1-2-20 所示。
3. 固定信息底盒。明装底盒按照设计要求用膨胀螺钉直接固定在墙面上。

暗装底盒首先使用电锤进行墙面开孔，再使用膨胀螺钉或水泥砂浆进行固定，如图 1-2-21 所示。

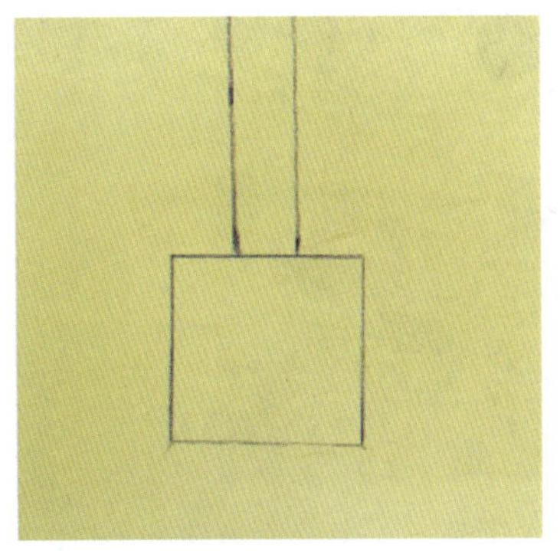

图 1-2-20　确定安装位置

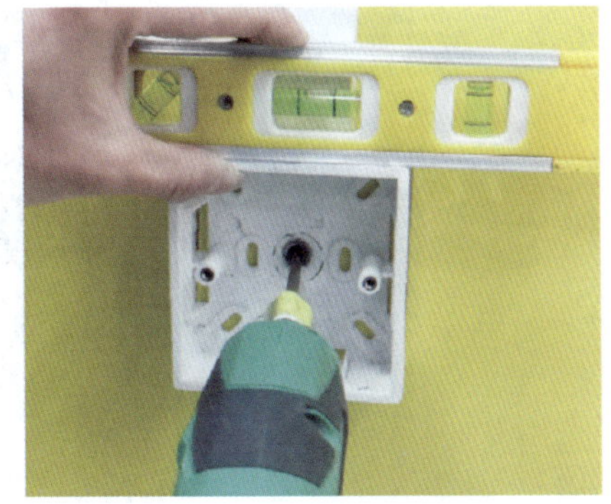

图 1-2-21　固定信息底盒

五、安装信息箱

1. 根据施工需要，领取工具和材料。
2. 确定信息箱安装位置。
3. 墙体开槽，并预埋箱体。
4. 完成各种模块的安装。
5. 盖上面板，安装完成。

六、敷设线缆

1. PVC 管线缆敷设

（1）根据施工需要，领取工具和材料。

（2）将穿线器从线管一端穿入，从另一端穿出，如图 1-2-22 所示。

图 1-2-22　将穿线器穿入线管

（3）从网线箱中拉出线缆并做好标记，将线头与穿线器接头使用电工胶布进行绑扎，如图 1-2-23 所示。

图 1-2-23　标记线缆及绑扎

（4）缓慢地拉动穿线器，即可将线缆敷设在整个 PVC 线管中，如图 1-2-24 所示。

图 1-2-24　拉动穿线器至线缆敷设整个线管

（5）在线管两端进行预留，在网线箱出口处剪断线缆，如图 1-2-25 所示。

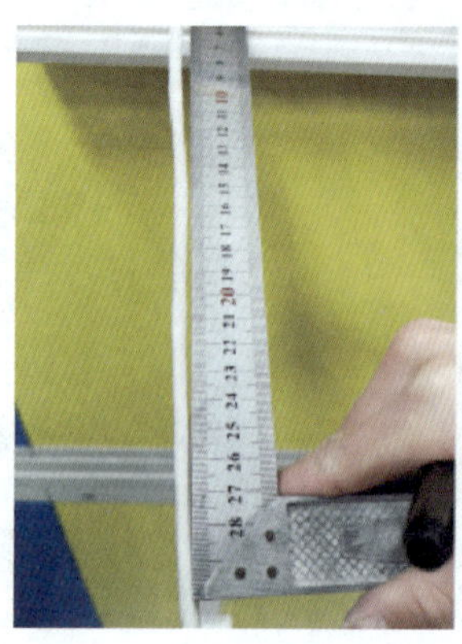

图 1-2-25　线缆预留及裁剪

（6）根据另一端线缆标记，做好相应标记，如图 1-2-26 所示。

2. PVC 槽线缆敷设

（1）根据施工需要，领取工具和材料。

（2）将线槽盖板打开。

（3）从网线箱抽出线缆并在线缆上做好标记，将其放入线槽中进行固定，如图 1-2-27 所示。

图 1-2-26　做好线缆标记

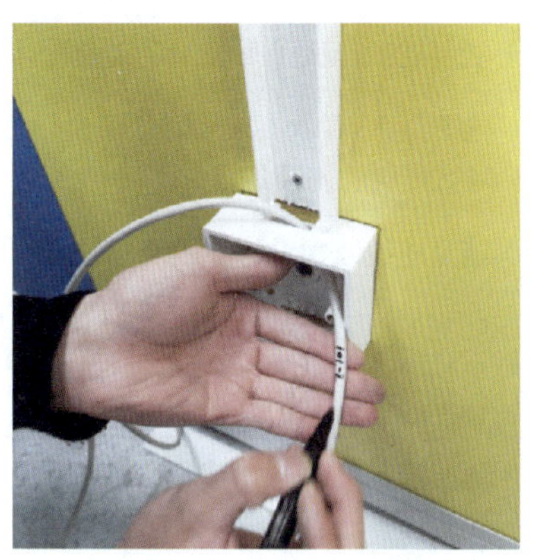

图 1-2-27　线缆标记

（4）盖好盖板，在网线上做好相应标记，并剪断线缆，如图 1-2-28 所示。

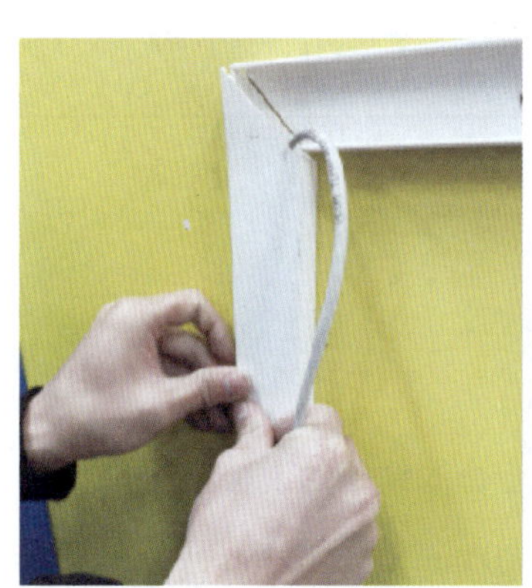

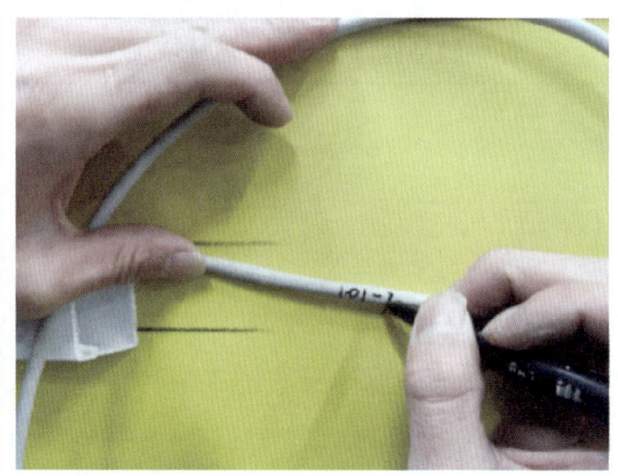

图 1-2-28　固定盖板及制作标记

任务评价

学习任务综合评价表见表 1-2-2。

表 1-2-2 学习任务综合评价表

评价项目	评价内容	配分 / 分	评价分数		
			自我评价	小组评价	教师评价
职业素养	安全和责任意识强，遵守健康及安全标准	10			
	团队合作意识强，善于与人沟通交流	10			
	现场管理符合“6S”标准，做好定期整理工作	5			
专业能力	能复述工作区子系统的定义及设计要求	10			
	能复述 PVC 管 / 槽、信息底盒、信息箱及其内部网络模块的安装规范	10			
	能复述线缆敷设的原则及穿线器的使用方法	10			
	能完成施工记录表的填写	10			
任务成果	任务完成符合标准规范	10			
	正确安装 PVC 管 / 槽、信息底盒及信息箱	10			
	正确完成线缆敷设	10			
	正确填写施工记录表	5			
总分		100			
评价说明	自我评价 ×20%+ 小组评价 ×30%+ 教师评价 ×50%= 总评成绩	总评成绩			

课后练习题

一、选择题

1．某金属线槽的标称尺寸是 20×12，以下关于金属线槽的说法正确的是（　　）。

A．高 20 cm，宽 12 cm　　B．宽 20 mm，高 12 mm

C．宽 20 cm，高 12 cm　　D．以上都不对

2．PVC 管弯曲时应采用弯管器，弯曲内角应（　　）。

A．大于 90°　　B．等于 90°

C．小于 90°　　D．采用任何角度都可以

3．信息插座与计算机终端设备的距离一般应保持在（　　）m 以内。

A．2　　B．5　　C．10　　D．4

4．工作区子系统所指的范围是（　　）。

A．信息插座到楼层配线架　　B．信息插座到主配线

C．信息插座到用户终端　　D．信息插座到计算机

二、填空题

1．信息底盒常见的规格有______系列和______系列。

2．信息底盒安装规范如下：一般情况下信息底盒距门道应超过______cm；弱电信息底盒与强电信息底盒的水平距离应不小于______mm。

3．一般情况下信息底盒距地面______cm。

4．暗装底盒接线头应预留______mm。

三、判断题

1．一般情况下，在进行双绞线敷设时，双绞线在信息底盒中预留的长度越大越好。（　　）

2．开槽规范采用路线最短、与其他管路交叉原则。（　　）

3．PVC 管固定一般情况下采用边卡或中卡。（　　）

任务 3
双绞线电缆跳线制作与信息模块端接

学习目标

1. 掌握常用双绞线电缆的类型。
2. 掌握工作区常用双绞线电缆的类型和结构特性。
3. 掌握水晶头的机械结构与工作原理。
4. 掌握常用信息模块的机械结构与电气工作原理。
5. 能完成直通跳线和交叉跳线的制作。
6. 能完成信息模块的端接。
7. 能正确使用网线测试仪对跳线进行通断及线序测试。

任务描述

某企业财务办公室原有一个信息点，现需新增 4 个信息点，每个信息点能实现计算机之间的互访和资源共享，要求完成信息点模块的端接，并为每个信息点制作一根跳线。具体要求如下：

1. 根据要求制作信息插座至终端设备的直通跳线，要求选择合适的材料，长度为 150 cm。

2. 直通跳线按 T568B 线序标准端接。

3. 跳线剥除护套长度合适，剪掉撕拉线，八芯开绞合理并居中，水晶头护套压接到位。

4. 所有跳线要求长度偏差不超过 ±5 mm，若长度位于偏差区间，测试通过。

5. 信息点内双绞线电缆余长 30 cm，外皮开剥无破损、端面整齐、开绞长度合理、弯曲半径符合标准，无挤压。

6. 信息模块端接居中，插接牢固，无多余线头。

7. 信息模块端接按照施工现场操作，做到先布线后端接，端接并安装好一个信息点（盖好端盖）后，再装另一个信息点。

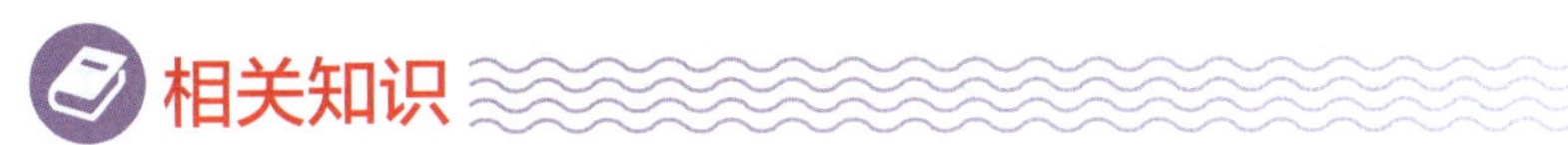

一、常用双绞线电缆的类型

双绞线是综合布线工程中常用的传输介质，一般由两根 22 ~ 26 号具有绝缘保护层的铜导线按一定规格互相缠绕而成，实际使用时，将一对或多对双绞线放在一个绝缘套管中便构成了双绞线电缆。双绞线电缆是一种通信电缆，可以传输模拟信号和数字信号。

1. 按照性能指标分类

双绞线电缆按照性能指标可分为一类双绞线（750 kHz）、二类双绞线（1 MHz）、三类双绞线（16 MHz）、四类双绞线（20 MHz）、五类双绞线（100 MHz）、超五类双绞线（双工 100 MHz）、六类双绞线（250 MHz）、超六类双绞线（500 MHz）、七类双绞线（600 MHz）、超七类双绞线（1 000 MHz）和八类双绞线（2 000 MHz）等。

（1）一类双绞线（Cat 1）：电缆的最高频率带宽是 750 kHz，用于报警系统或语音传输（一类双绞线主要用于 20 世纪 80 年代初之前的电话电缆），不用于数据传输。

（2）二类双绞线（Cat 2）：电缆最高频率带宽是 1 MHz，用于语音传输和最高传输速率 4 Mbit/s 的数据传输。

（3）三类双绞线（Cat 3）：电缆的最高频率带宽是 16 MHz，传输速率为 10 Mbit/s，主要应用于语音、10 Mbit/s 以太网（10Base-T）和 4 Mbit/s 令牌环网，最大网段长度为 100 m，采用 RJ 形式的连接器，现已淡出市场。目前市场上的三类双绞线产品只有用于语音主干布线的三类大对数电缆及相关配线设备。

（4）四类双绞线（Cat 4）：电缆的最高频率带宽为 20 MHz，最高传输速率为

20 Mbit/s，用于语音传输、10 Mbit/s 以太网和 16 Mbit/s 令牌环网，最大网段长度为 100 m，采用 RJ 形式的连接器，未被广泛采用。

（5）五类双绞线（Cat 5）：该类电缆增加了绕线密度，外套是一种高质量的绝缘材料，电缆最高频率带宽为 100 MHz，传输速率为 100 Mbit/s，用于语音传输和最高传输速率为 100 Mbit/s 的数据传输。其最大网段长度为 100 m，采用 RJ 形式的连接器。在双绞线电缆内，不同线对具有不同的绞距长度。通常，4 对双绞线绞距周期在 38.1 mm 长度内，按逆时针方向扭绞，一对线对的扭绞长度在 12.7 mm 以内。用于数据通信的五类双绞线已退出市场，目前只有应用于语音主干布线的五类大对数电缆及相关配线设备。

（6）超五类双绞线（Cat 5e）：该类电缆衰减小、串扰少，并具有更高的衰减串扰比（ACR）和信噪比（SNR）、更小的时延误差，其性能得到很大提高。能稳定支持 100 Mbit/s 带宽网络，相比五类双绞线，能更好地支持 1 000 Mbit/s 网络。

（7）六类双绞线（Cat 6）：该类电缆最高频率带宽为 250 MHz，传输性能远远高于超五类双绞线，最适用于传输速率高于 1 Gbit/s 的应用，永久链路的长度不能超过 90 m，信道长度不能超过 100 m，短距离的六类双绞线可以传输万兆比特率的数据（10 GBase-T，长度限制在 35 m 内）。

（8）超六类双绞线（Cat 6A）：该类电缆传输带宽介于六类双绞线和七类双绞线之间，其概念最早是由厂家提出，自定义了“超六类”“Cat 6A”“Cat 6E”等类别名称，其产品性能超过了六类双绞线。电缆最高频率带宽为 500 MHz，传输速率为 10 Gbit/s，由于铜芯线径比五类双绞线粗，所以，八芯的整体外径比五类双绞线粗。

（9）七类双绞线（Cat 7）：该类电缆最高频率带宽为 600 MHz，采用屏蔽结构，传输速率可达 10 Gbit/s，七类双绞线的外径会更粗些。

（10）超七类双绞线（Cat 7A）：该类电缆最高频率带宽为 1 000 MHz，其对应的连接模块结构与目前的 RJ-45 完全不兼容，目前能看到 GG45（可向下兼容 RJ-45）和 Tear 模块。超七类双绞线电缆由于频率的提升，所以采用线对铝箔屏蔽加外层铜网编织层屏蔽实现。

（11）八类双绞线（Cat 8）的标准于 2016 年 6 月发布，可支持 2 000 MHz 的带宽，由于损耗过大，无法将信号传送到 100 m 远，故规定其可靠应用距离为 30 m，对应的永久链路定为 24 m。

> 小贴士
>
> 按照美国电线规格（American Wire Gauge，简称 AWG），双绞线的绝缘铜导线有 22、23、24 和 26 等规格，规格数字越大，表示导体越细。常用超五类非屏蔽双绞线规格是 24AWG，常用六类非屏蔽双绞线规格是 23AWG。

2. 按照有无屏蔽层分类

双绞线电缆按照有无屏蔽层来分，可分为非屏蔽双绞线电缆（UTP）和屏蔽双绞线电缆 (STP)。

（1）非屏蔽双绞线电缆

顾名思义，非屏蔽双绞线电缆是没有金属屏蔽层的双绞线电缆，它在绝缘套管中封装了一对或一对以上的双绞线，每对双绞线按一定密度互相绞在一起，可以有效地抵抗系统本身的电子噪声和电磁干扰。目前常用的非屏蔽双绞线电缆由 4 对不同颜色的传输线组成，广泛应用于语音、数据、呼叫系统以及楼宇自动控制系统。但用过长的非屏蔽双绞线电缆传输数据会导致信号衰减，因此，在使用非屏蔽双绞线电缆布线时一般不多于 100 m。

非屏蔽双绞线电缆具有以下优点：无屏蔽外套，直径小，节省所占用的空间，成本低；质量轻，易弯曲，易安装；将串扰减至最小或加以消除；具有阻燃性；具有独立性和灵活性，适用于结构化综合布线。因此，在综合布线系统中，非屏蔽双绞线电缆得到了广泛应用。

（2）屏蔽双绞线电缆

屏蔽双绞线电缆在双绞线与外层绝缘套管之间有一个屏蔽层，屏蔽层由金属箔、金属丝或金属网等材料构成。屏蔽层可减少辐射，防止信息被窃听，也可阻止外部电磁干扰的进入，使屏蔽双绞线电缆比同类的非屏蔽双绞线电缆具有更高的传输速率。

> 小贴士
>
> **其他双绞线电缆**
>
> 按照线芯绝缘材料不同，双绞线电缆可分为聚烯烃绝缘电缆、聚氯乙烯绝缘电缆、含氟聚合物绝缘电缆及低烟无卤热塑性材料绝缘电缆。
>
> 按照护套材料不同，双绞线电缆可分为聚氯乙烯护套电缆、含氟聚合物护套电缆及低烟无卤热塑性材料护套电缆。

按特性阻抗不同，双绞线电缆可分为 100 Ω 双绞线电缆、120 Ω 双绞线电缆及 150 Ω 双绞线电缆等，目前常用的是 100 Ω 双绞线电缆。

按照绝缘形式不同，双绞线电缆可分为实芯绝缘电缆和泡沫绝缘电缆。

按照双绞线对数不同，双绞线电缆可分为 1 对双绞线电缆、2 对双绞线电缆、4 对双绞线电缆以及 25 对大对数双绞线电缆、50 对大对数双绞线电缆、100 对大对数双绞线电缆。

二、工作区常用双绞线电缆类型和结构特性

1. 工作区常用双绞线电缆类型及物理结构

双绞线电缆种类很多，考虑到现阶段客户对网络带宽需求以及工程成本的要求，在工作区布线施工中一般采用超五类非屏蔽双绞线电缆和六类非屏蔽双绞线电缆。

（1）超五类非屏蔽双绞线电缆实物和物理结构如图 1-3-1 所示。

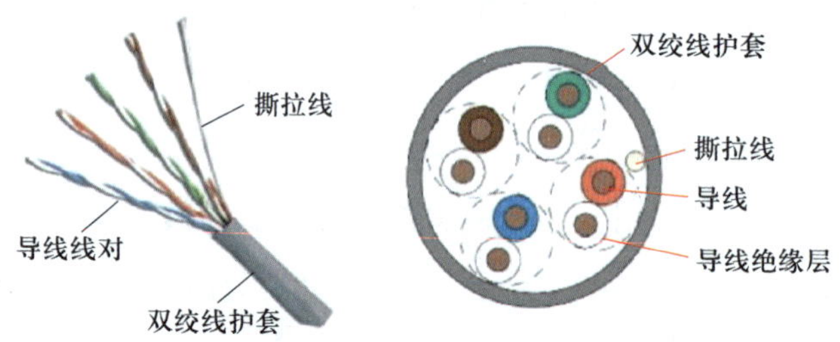

图 1-3-1　超五类非屏蔽双绞线电缆实物和物理结构

（2）六类非屏蔽双绞线电缆的线径比超五类非屏蔽双绞线电缆要大，其结构有三种：第一种结构和五类产品类似，采用紧凑的圆形方式及中心平行隔离带技术；第二种结构是一字隔离，将线对两两隔离；第三种结构采用中心扭十字隔离技术，将 4 对双绞线电缆分隔开，以阻止线对间串扰。六类非屏蔽双绞线电缆与超五类非屏蔽双绞线电缆的一个重要的不同点在于改善了在串扰以及回波损耗方面的性能，对于新一代全双工的高速网络应用而言，优良的回波损耗性能是极其重要的。图 1-3-2 所示为六类非屏蔽双绞线电缆的物理结构。

2. 双绞线电缆的标志

双绞线电缆外部护套上每隔 2 英尺（1 英尺 =0.304 8 m）会印上一些标志。不同生产商的产品标志可能不同，但一般包括双绞线的生产商、产品型号、双绞线

类型、NEC/UL 防火测试和级别、CSA 防火测试、长度标志、生产日期等信息。例如，VCOM 公司双绞线电缆上的标志“VCOM TUM404EGY CABLE UTP 24AWG <4PR> ANSI TIA/EIA-568B OR ISO/IEC 11801 VERIFIED Cat 5e 001M 2019/03/30 <H>”提供了这条双绞线的以下信息。

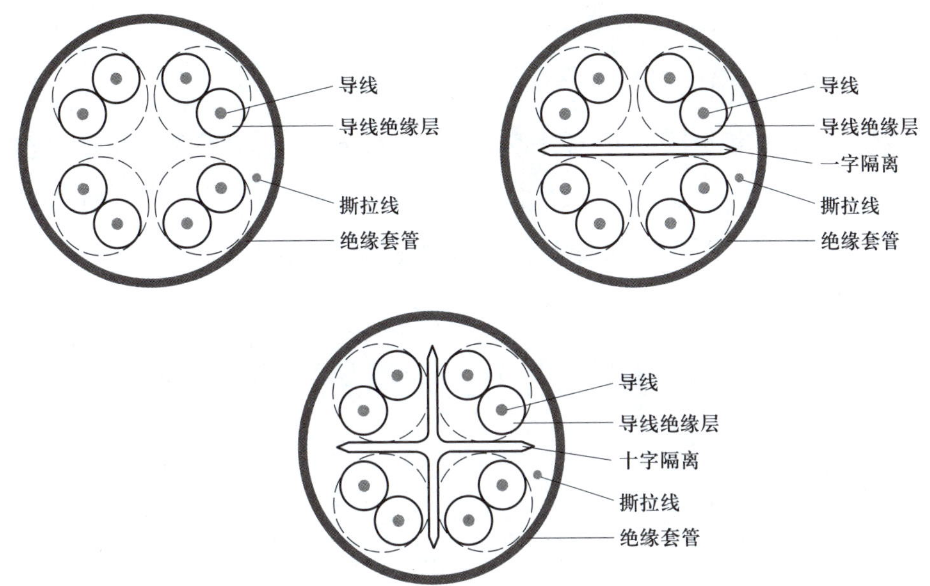

图 1-3-2　六类非屏蔽双绞线电缆的物理结构

（1）VCOM：是指双绞线电缆的生产商是 VCOM 公司。

（2）TUM404EGY：是指该双绞线电缆公司产品型号。

（3）CABLE UTP：是指该双绞线电缆为非屏蔽。

（4）24AWG <4PR> ANSI TIA/EIA-568B OR ISO/IEC 11801 VERIFIED Cat 5e：是指 4 对 5e 类非屏蔽双绞线，规格是 24AWG，符合 TIA/EIA-568B 或 ISO/IEC 11801 电缆标准。

（5）001M：是指这段双绞线电缆现在的长度是 1 m。

（6）2019/03/30<H>：是指 2019 年 3 月 30 日生产的通信产品。

3. 双绞线电缆的线对色标

用于数据通信的双绞线电缆常见的为 4 对结构，每一对双绞线都有颜色标志，4 对非屏蔽双绞线电缆的颜色分别为蓝色、橙色、绿色和棕色。每线对中其中一根的颜色为线对颜色加上白色条纹或斑点（纯色），另一根的颜色为白底加线对颜色的条纹或斑点。4 对非屏蔽双绞线电缆颜色编码见表 1-3-1。

表 1-3-1　4 对非屏蔽双绞线电缆颜色编码

线对	颜色色标	线对	颜色色标
线对 1	白 - 蓝 蓝	线对 3	白 - 绿 绿
线对 2	白 - 橙 橙	线对 4	白 - 棕 棕

4. 双绞线电缆的导体

双绞线电缆的绝缘铜导线线芯称为导体，导体原材料应符合国家标准《电工圆铜线》（GB/T 3953—2009）中的 TR 软圆铜线的要求，表面应光滑、圆整、无氧化以及无机械损伤。工作区中常用超五类非屏蔽双绞线电缆和六类非屏蔽双绞线电缆导体直径及偏差应符合表 1-3-2 的要求。

表 1-3-2　超五类非屏蔽双绞线电缆和六类非屏蔽双绞线电缆导体直径及偏差

电缆类别	Cat 5e	Cat 6
屏蔽类型	非屏蔽	非屏蔽
导体直径 /mm	0.50	0.57
导体直径浮动值 /mm	± 0.01	± 0.02

双绞线电缆导体有实芯和多股结构，多股结构的双绞线电缆又称软电缆，其导体由 7 根细铜丝组成。图 1-3-3 所示为双绞线电缆导体。

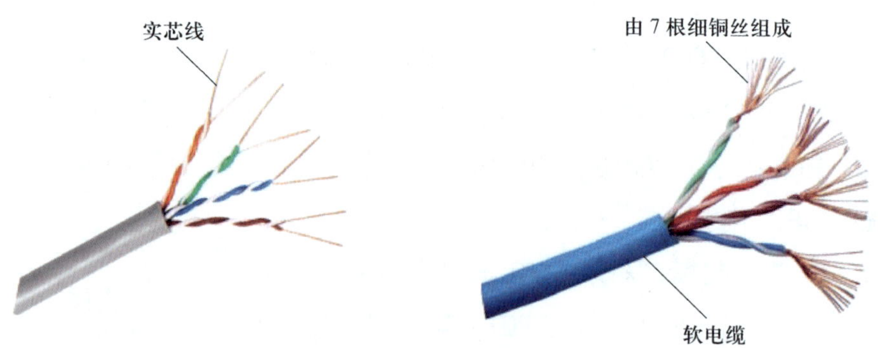

图 1-3-3　双绞线电缆导体

三、水晶头机械结构与工作原理

水晶头是一种能沿固定方向插入并自动防止脱落的塑料接头，其前端有 8 个凹槽，简称“8P”；凹槽内有 8 个金属触点，简称“8C”，因此，又称“8P 8C”接头，专业术语为 RJ-45 连接器。RJ-45 是一种网络接口规范，类似的还有 RJ-11 接口，用来连接电话线。水晶头适用于设备间或水平子系统的现场端接，外壳材料采用高密度聚乙烯。每根双绞线两头通过安装水晶头与网卡和交换机相连。根据端接双绞线类型不同，水晶头可分为五类水晶头、超五类水晶头、六类水晶头、七类水晶头以及屏蔽水晶头和非屏蔽水晶头等。

1. 超五类水晶头

（1）超五类水晶头由 1 个插头体和 8 个刀片组成，如图 1-3-4 所示。插头体由透明塑料一次注塑而成，其中安装有 8 个刀片。插头体下边有一个弹性塑料限位手柄，手柄上有个卡装结构，用于将水晶头卡在 RJ-45 接口内。安装时，压下手柄，能够轻松插拔水晶头；松开手柄，水晶头就卡装在 RJ-45 接口内，以保证可靠连接。

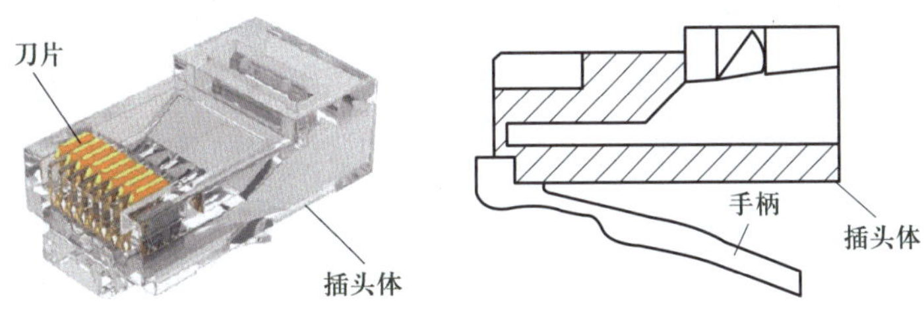

图 1-3-4　超五类水晶头的组成

（2）插头体的右端设计有三角形塑料压块，压接水晶头前，三角形塑料压块没有向下翻转；当插入网线对水晶头进行压接时，三角形塑料压块向下翻转，将网线的护套压扁固定。图 1-3-5 所示为超五类水晶头的结构。

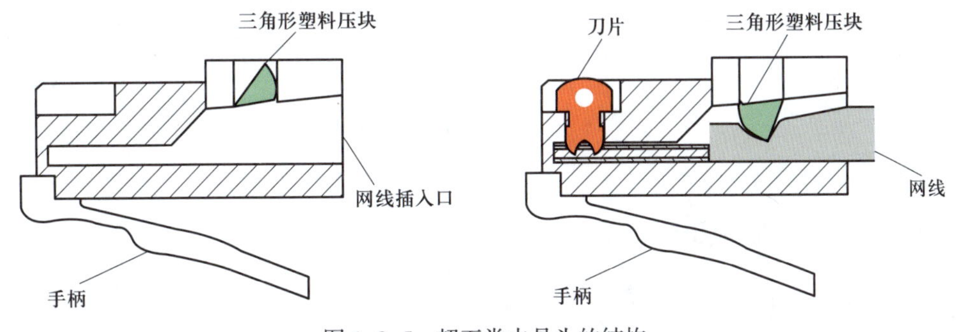

图 1-3-5　超五类水晶头的结构

（3）插头体中间有 8 个限位槽，每个限位槽的尺寸稍微大于线芯直径，刚好安装 1 根线芯。超五类水晶头的 8 个限位槽并排排列，限位槽上方分别安装有 8 个刀片，刀片突出插头体表面约 1 mm。压接后 8 个刀片分别划破绝缘层插入 8 个双绞线导体中，实现刀片与双绞线长期可靠连接。图 1-3-6 所示为超五类水晶头端接。

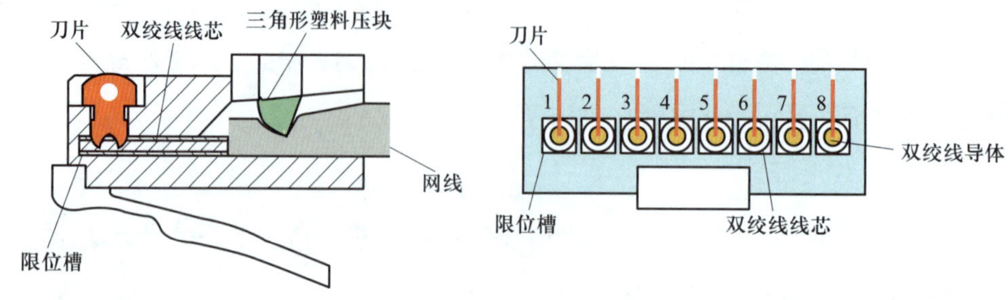

图 1-3-6　超五类水晶头端接

2. 六类水晶头

六类水晶头和超五类水晶头的结构表面看起来大体相似，其实有很大不同。图 1-3-7 所示为六类水晶头的结构。

（1）限位槽排列方式不同。超五类水晶头的 8 个限位槽并排排列；六类水晶头的 8 个限位槽分上下两排排列。

（2）水晶头压接前后刀片位置不同。

（3）六类水晶头限位槽孔比超五类水晶头粗。

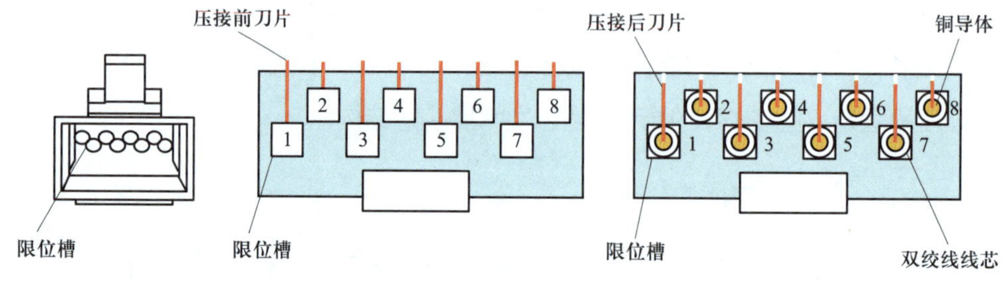

图 1-3-7　六类水晶头的结构

四、信息模块的类型与结构特性

信息模块（也叫信息插槽）在网络布线系统工程中普遍使用，一端为 RJ-45 插口，另一端为网络模块。它是实现两根电缆接续的必备连接器，一般卡装在信息插座面板中。

1. 信息模块的类型

综合布线所用的信息模块多种多样，不同厂商信息模块的接线结构和外观也不一致。根据打线方式不同，信息模块可分为打线式模块和免打式模块；根据端接部位不同，信息模块可分为上部端接模块和尾部端接模块；根据是否屏蔽，信息模块可分为屏蔽模块和非屏蔽模块。工作区中常用模块主要有超五类非屏蔽模块和六类非屏蔽模块等。图 1-3-8 所示为工作区中常用的信息模块的分类。

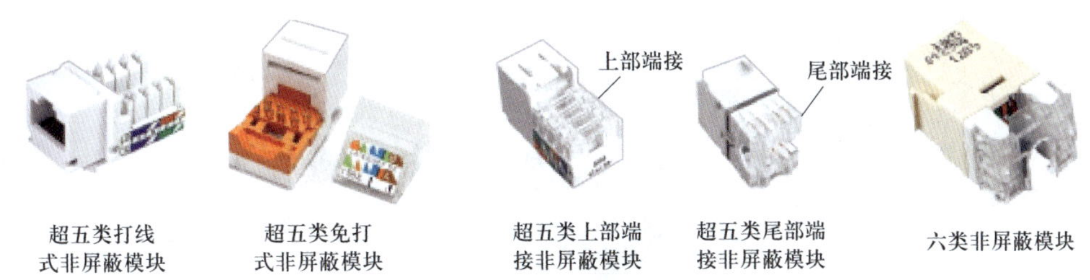

图 1-3-8　信息模块的分类

2. 信息模块的机械结构与水晶头插口

（1）信息模块的机械结构

信息模块种类繁多，现以超五类打线式信息模块为例进行介绍。每个超五类打线式信息模块由 5 个部分组成，分别是塑料线柱、刀片、水晶头插口、电路板、防尘盖。每个线柱内镶嵌一个刀片，刀片下端固定在电路板上，上端镶嵌在塑料线柱中，当线芯压入 IDC 打线槽时，被刀片划破绝缘层，夹紧铜导体，实现电气连接功能。图 1-3-9 所示为信息模块的机械结构。

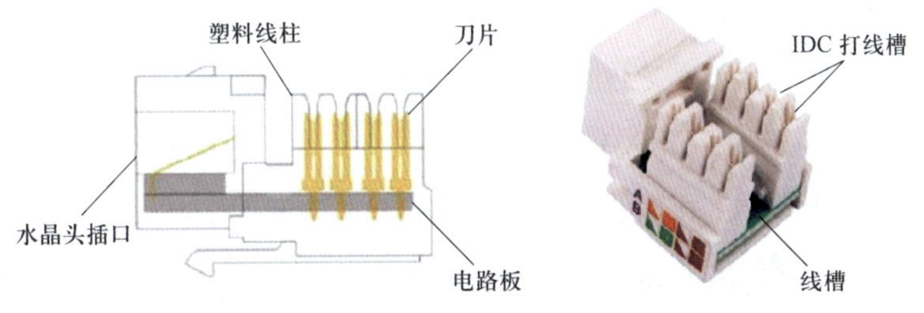

图 1-3-9　信息模块的机械结构

（2）信息模块的水晶头插口

超五类打线式信息模块的水晶头插口内有 8 个弹簧插针，弹簧插针一端固定在电路板上，通过电路板与刀片连通，另一端与电路板成 30° 角。水晶头插入后，8 个弹簧插针与水晶头上的 8 个刀片紧密接触，这样就实现了水晶头与模块的电气连接。每个模块配套一个塑料压盖，在端接过程中使用压盖将网线压到位，可实现网线线芯与刀片的电气连接。图 1-3-10 所示为信息模块的水晶头插口。

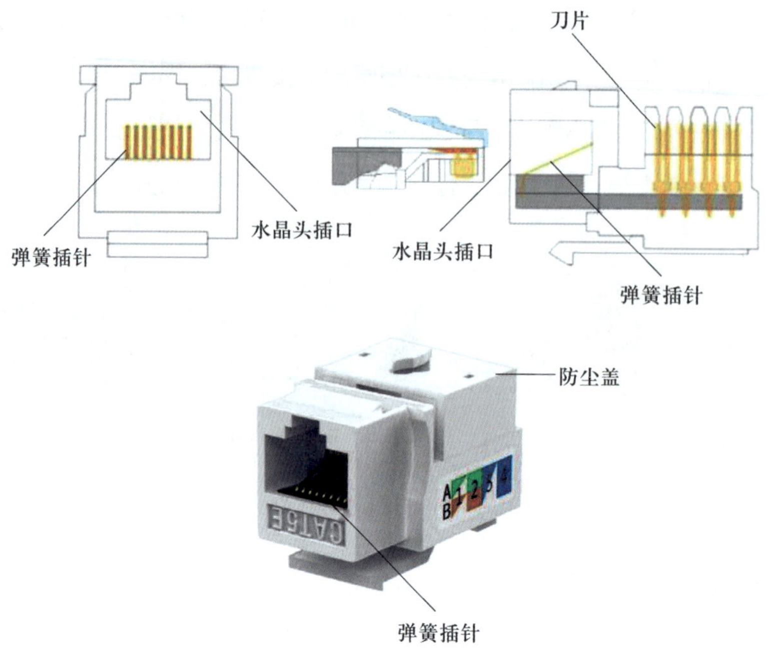

图 1-3-10　信息模块的水晶头插口

五、跳线制作的规范

1. 跳线组成

直通跳线和交叉跳线由一段双绞线和两个 RJ-45 水晶头组成。

2. 制作跳线材料选用

从信息插座到终端设备之间的跳线一般选用软跳线，软跳线的线芯由多股铜线组成，不宜使用线芯为单芯的跳线，长度一般小于 5 m。此外，跳线使用的线缆必须与水平子系统线缆类别和等级相同，并且符合相关标准的规定。例如，超五类线缆布线系统需使用超五类跳线，六类线缆布线系统需使用六类跳线，屏蔽线缆布线系统需使用屏蔽跳线。

3. 跳线制作标准

TIA/EIA-568 是北美地区综合布线系统的标准，其规定 RJ-45 水晶头端接常用线序分为 TIA/EIA 568A（简称 T568A）或 TIA/EIA 568B（简称 T568B）。如没有具体要求，国内一般采用 T568B 标准。

4. RJ-45 水晶头的端接线序

T568A 和 T568B 线序见表 1-3-3。

表 1-3-3　T568A 和 T568B 线序

线序	1	2	3	4	5	6	7	8
T568A	白绿	绿	白橙	蓝	白蓝	橙	白棕	棕
T568B	白橙	橙	白绿	蓝	白蓝	绿	白棕	棕

图 1-3-11 所示为 T568A 和 T568B 线序。

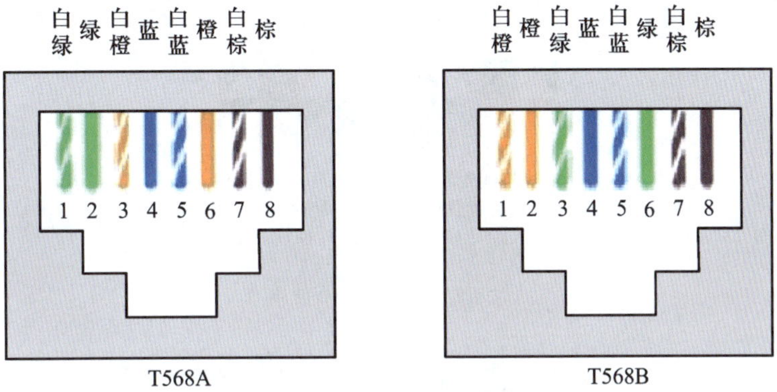

图 1-3-11　T568A 和 T568B 线序

5. 直通跳线制作规范

直通跳线两端 RJ-45 水晶头必须采用同一制作标准，即两端 RJ-45 水晶头要么采用 T568A 标准，要么采用 T568B 标准。

6. 交叉跳线制作规范

交叉跳线两端 RJ-45 水晶头一端采用 T568A 标准，另一端采用 T568B 标准。

7. 直通跳线和交叉跳线使用规范

交换设备到 PC、信息模块到 PC、配线架到 PC、交换设备到配线架均采用直通跳线，但制作标准要与综合布线该链路使用的制作标准一致，否则影响数据传输速 率；交叉跳线常用于同类型设备如两台 PC 之间的连接。

六、信息模块的安装规范

1. 信息模块的两种安装标准

T568B、T568A。

2. 信息模块安装标准的选择

一定要按设计标准来选择，目前一般采用 T568B 标准，同时信息模块安装标准要和配线架的安装标准相一致。

3. 网络模块线序

网络模块塑料外壳的侧面或者中间贴有 T568A 和 T568B 两种线序的色标，端接时线序必须符合其中一种。图 1-3-12 所示为网络模块线序。

模块接线顺序排列

模块打线处均标有 T568A/T568B 线序
不用担心模块线序与水晶头线序不一致
模块端接按照色标顺序会自动转换成水晶头线序

常用安装请按 T568B 线序

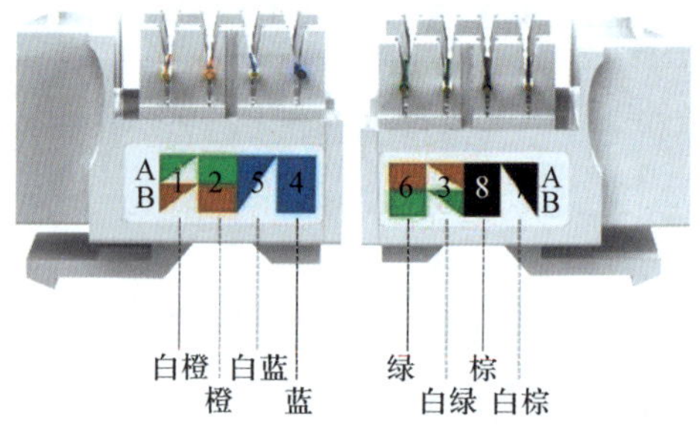

图 1-3-12　网络模块线序

任务实施

一、直通跳线和交叉跳线的制作与测试

1. 准备 RJ-45 水晶头端接工具和材料

（1）工具：网线测试仪、剥线器、斜口钳、网线钳。

（2）材料：超五类双绞线、超五类 RJ-45 水晶头。

2. 采用 T568B 标准的超五类水晶头制作

（1）双绞线剥线

利用斜口钳剪下所需要的超五类双绞线长度，然后再用双绞线剥线器从电缆末端剥离 30 ~ 35 mm 双绞线外护套，注意观察剥线器切割处是否割伤双绞线线芯绝缘层。如果割伤，应重新开始。图 1-3-13 所示为双绞线剥线过程。

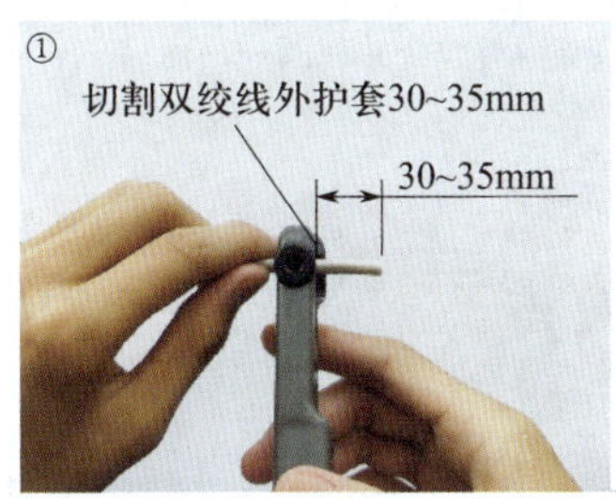

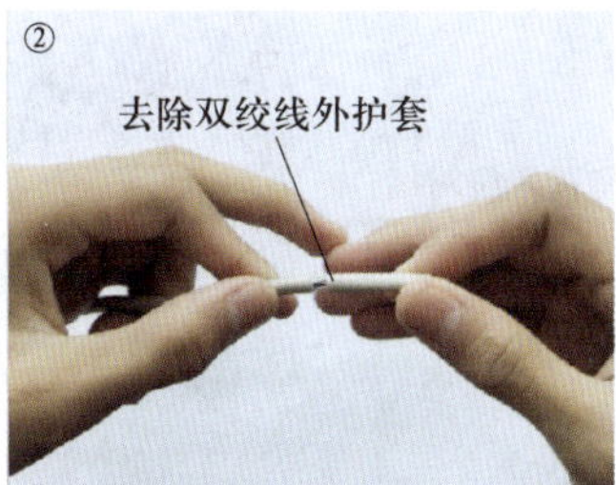

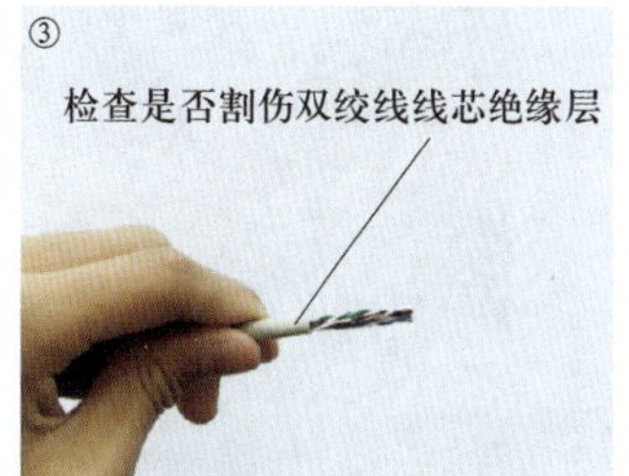

图 1-3-13　双绞线剥线过程

（2）双绞线线对分开和散对

1）按照色标顺序将 4 线对分开，线序（从左到右）为橙、绿、蓝、棕。

2）在保证每线对位置不变的情况下，将每一线对散对并理直，线序（从左到右）为白橙、橙、白绿、绿、蓝、白蓝、白棕、棕。

图 1-3-14 所示为双绞线线对分开和散对过程。

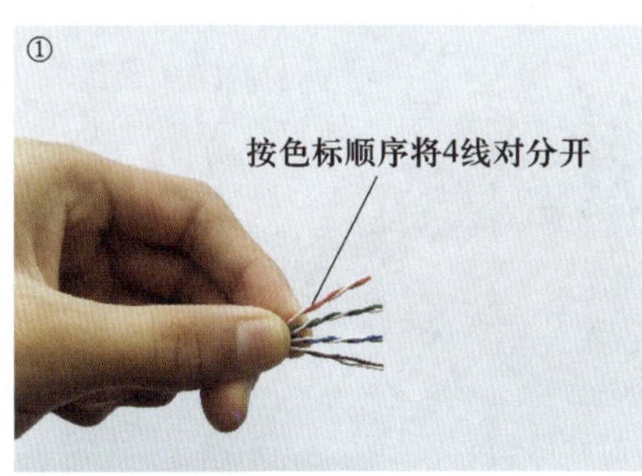

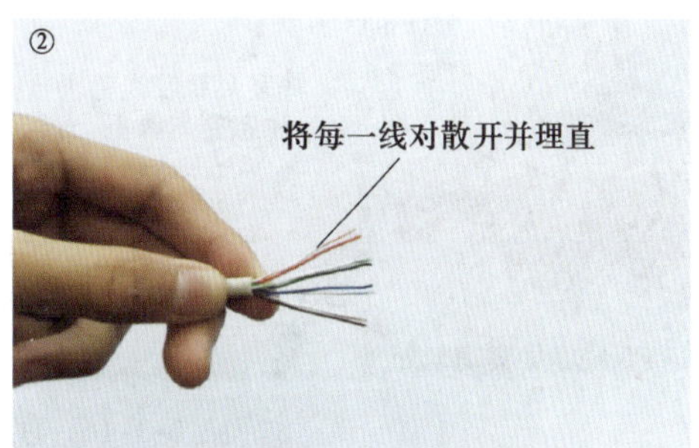

图 1-3-14　双绞线线对分开和散对过程

（3）按 T568B 标准进行线对交叉（理线）

1）将绿色线对分开，白绿线在左边，绿色线在右边。

2）将蓝色线对放置在绿色线对之间，线对不变。

3）最后的线序位置为：白橙、橙、白绿、蓝、白蓝、绿、白棕、棕。

4）按照上述线序将 8 芯线理直、理平，在保证线序不变的情况下，将 4 线对合并在同一平面并捋直。

图 1-3-15 所示为按 T568B 标准进行线对交叉（理线）详细步骤。

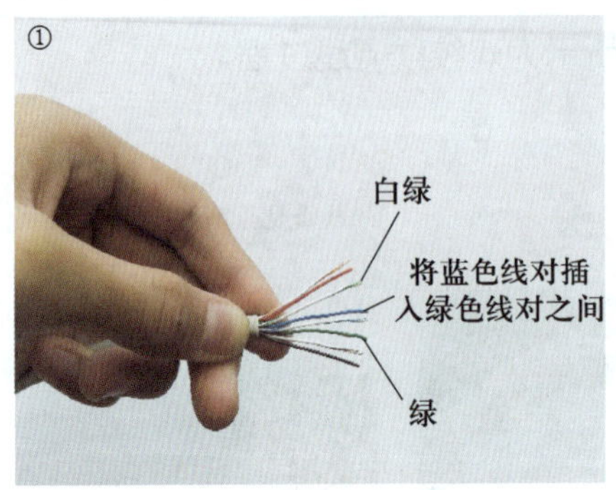

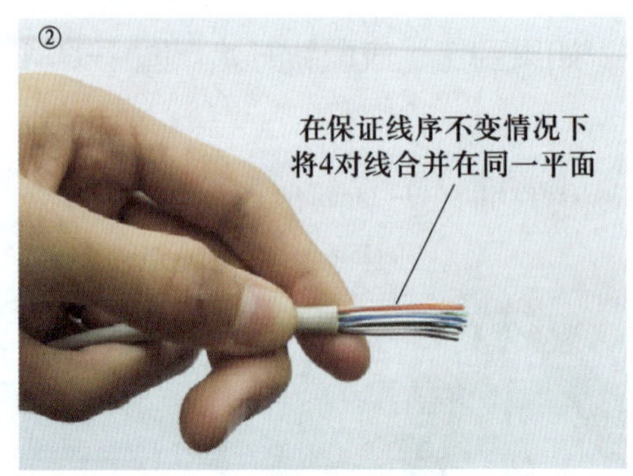

图 1-3-15　按 T568B 标准进行线对交叉（理线）详细步骤

（4）理平线对并剪切

将排整齐的 4 对双绞线用斜口钳从双绞线护套切割处开始，预留 1.3 cm，其他多余的剪去。注意：所剪的双绞线必须平整，不能歪斜。图 1-3-16 所示为理平线对并剪切。

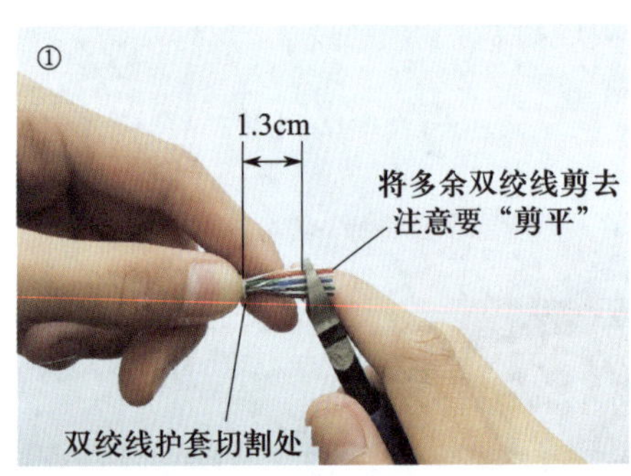

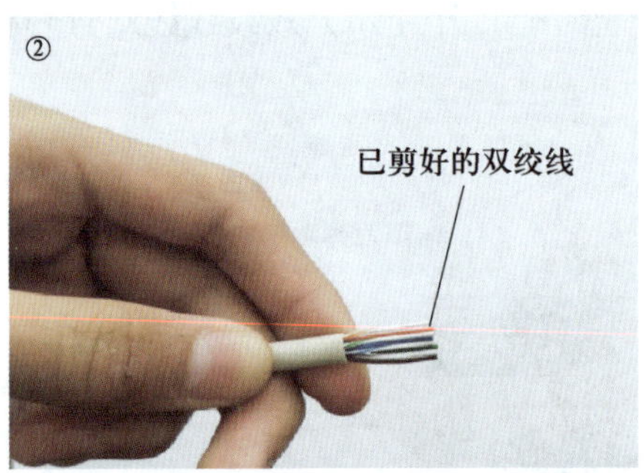

图 1-3-16　理平线对并剪切

（5）制作 T568B 标准 RJ-45 水晶头

1）用拇指和食指将 4 对双绞线固定好，将 4 对双绞线平行插入 RJ-45 水晶头的 8 个凹形引导槽中。检查双绞线外皮是否经过 RJ-45 水晶头的固定槽，如果没有则要重新制作。图 1-3-17 所示为制作 T568B 标准 RJ-45 水晶头。

2）对插入部分的双绞线线芯进行检查，检查 8 芯线是否全部插入到位，如果全部插入到位，则可进入下一步的 RJ-45 水晶头压接，否则要从第一步重新制作，如图 1-3-18 所示。

3）将 RJ-45 水晶头插入网线钳 8P 网线口中，并进行压接，如图 1-3-19 所示。

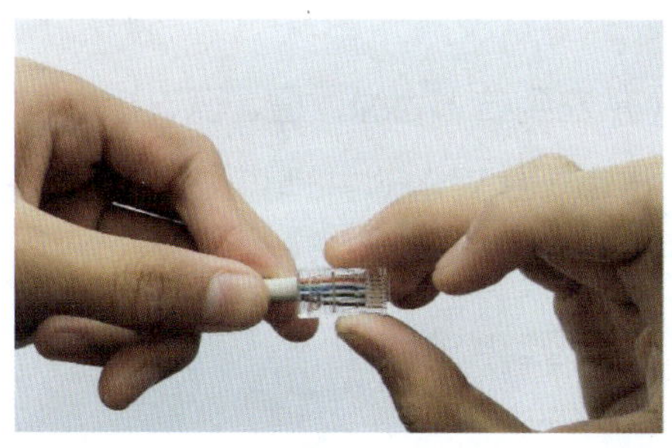
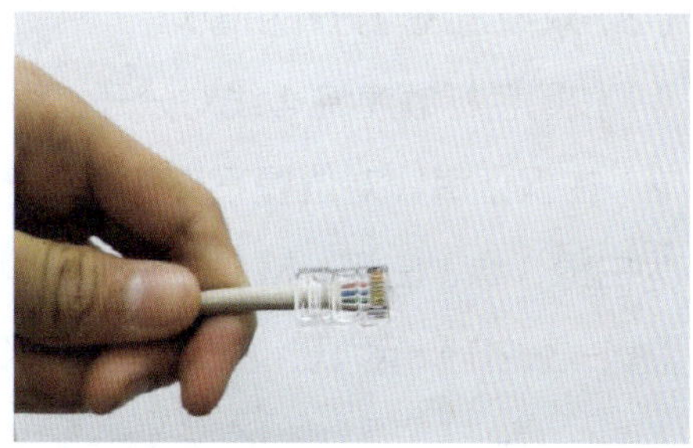

图 1-3-17　制作 T568B 标准 RJ-45 水晶头

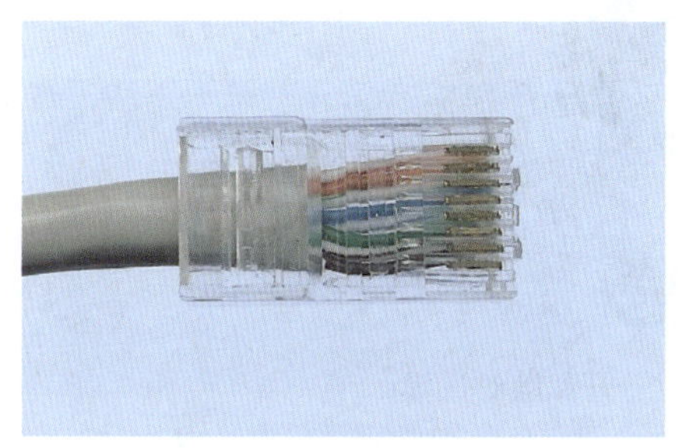
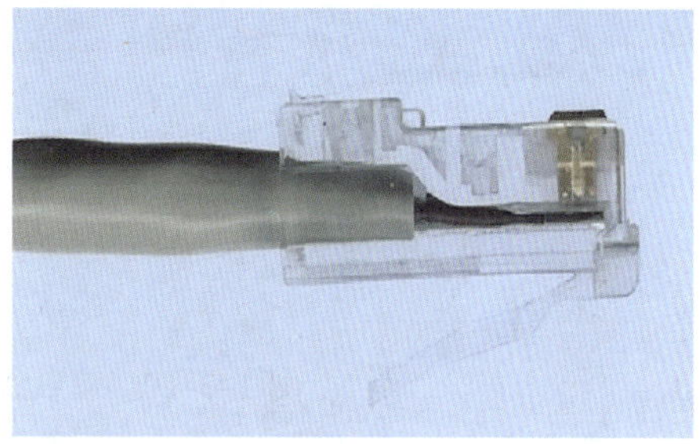

图 1-3-18　对插入部分的双绞线线芯进行检查

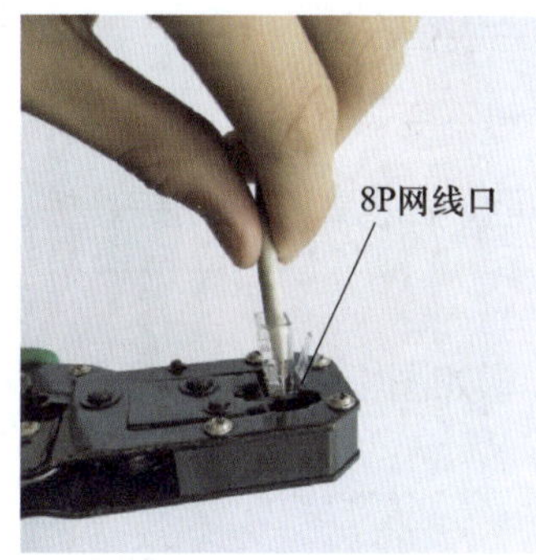

图 1-3-19　压接 RJ-45 水晶头

小贴士

有的网线钳有两个压接口，一个为 4P 或 6P 电话口（RJ-11 或 RJ-12 水晶头），另一个为 8P 网线口（RJ-45 水晶头）。

3. 采用 T568A 标准的超五类水晶头制作

（1）双绞线剥线

采用 T568A 标准的超五类水晶头双绞线剥线过程与采用 T568B 标准的超五类水晶头双绞线剥线过程类似，这里不再赘述。

（2）双绞线线对分开和散对

1）按照色标顺序将 4 线对分开，线序（从左到右）为绿、橙、蓝、棕。

2）在保证每线对位置不变的情况下，将每一线对散对并理直，线序（从左到右）为白绿、绿、白橙、橙、白蓝、蓝、白棕、棕。

图 1-3-20 所示为双绞线线对分开和散对过程。

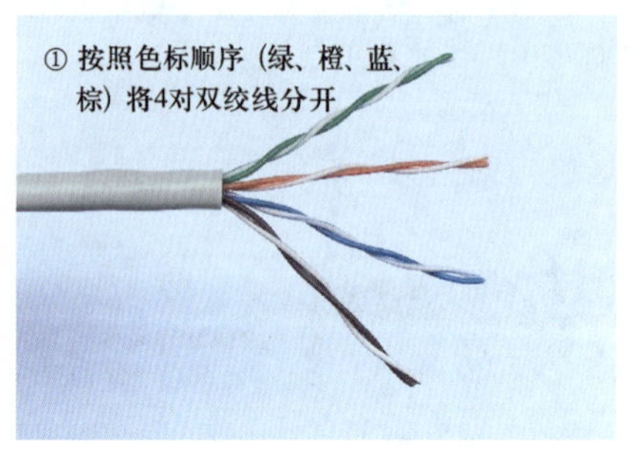

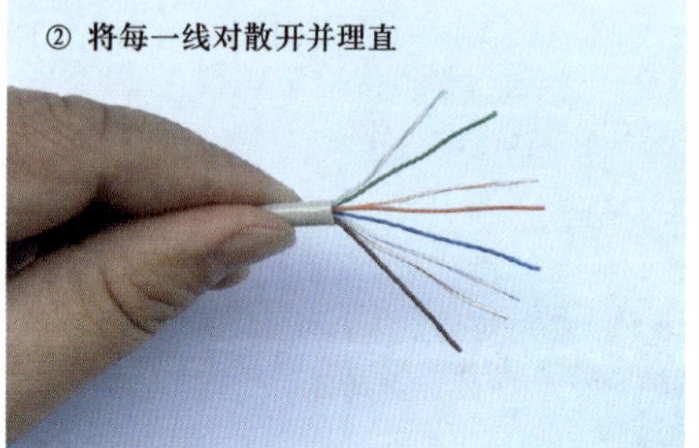

图 1-3-20　双绞线线对分开和散对过程

（3）按 T568A 标准进行线对交叉（理线）

1）将橙色线对分开，白橙线在左边，橙色线在右边。

2）将蓝色线对放置在橙色线对之间，线对不变。

3）最后的线序位置为白绿、绿、白橙、蓝、白蓝、橙、白棕、棕。

4）按照上述线序将 8 芯线理直、理平。

按 T568A 标准进行线对交叉（理线）步骤如图 1-3-21 所示。

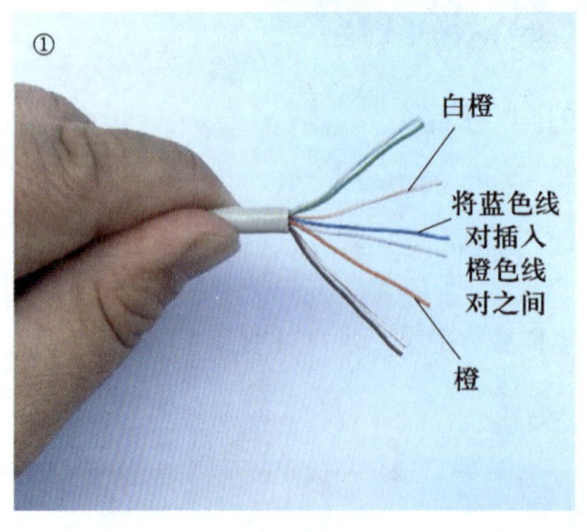

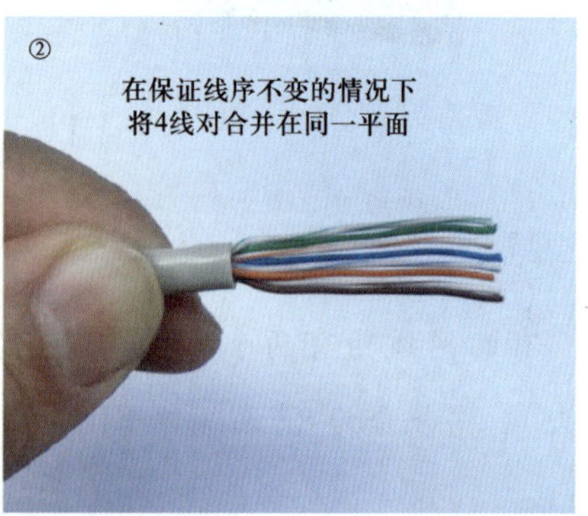

图 1-3-21　按 T568A 标准进行线对交叉（理线）

（4）理平线对并剪切

将排整齐的 4 对双绞线用斜口钳剪下只剩约 1.3 cm 的长度。注意：所剪的双绞线必须平整，不能歪斜。图 1-3-22 所示为理平双绞线线对并剪切。

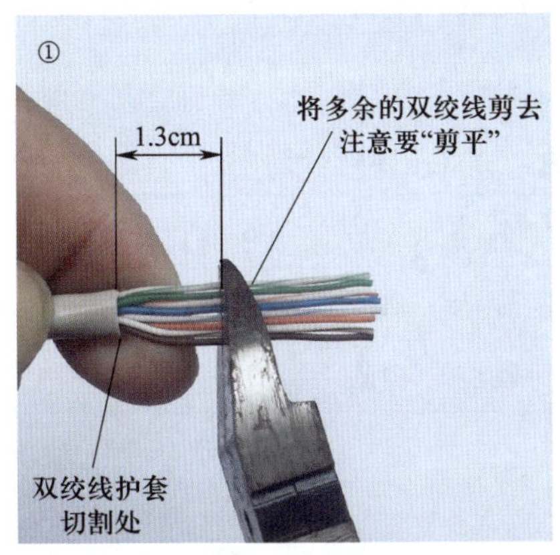

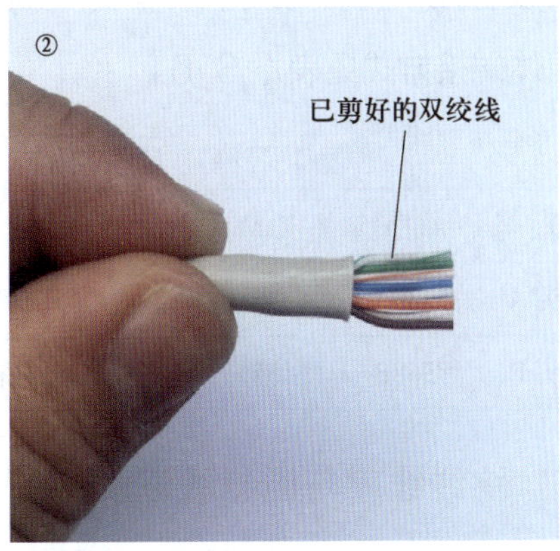

图 1-3-22　理平双绞线线对并剪切

（5）制作 T568A 标准 RJ-45 水晶头

制作 T568A 标准 RJ-45 水晶头与制作 T568B 标准 RJ-45 水晶头过程类似，这里不再赘述。

4. 直通跳线和交叉跳线制作

（1）直通跳线制作

直通跳线两端 RJ-45 水晶头必须采用同一制作标准，即两端 RJ-45 水晶头要么采用 T568A 标准，具体端接见表 1-3-4；要么采用 T568B 标准，具体端接见表 1-3-5。若没有具体要求，国内一般采用 T568B 标准。

表 1-3-4　直通跳线 T568A 到 T568A 的端接

接头	线序	1	2	3	4	5	6	7	8
水晶头 A	T568A	白绿	绿	白橙	蓝	白蓝	橙	白棕	棕
水晶头 B	T568A	白绿	绿	白橙	蓝	白蓝	橙	白棕	棕

表 1-3-5　直通跳线 T568B 到 T568B 的端接

接头	线序	1	2	3	4	5	6	7	8
水晶头 A	T568B	白橙	橙	白绿	蓝	白蓝	绿	白棕	棕
水晶头 B	T568B	白橙	橙	白绿	蓝	白蓝	绿	白棕	棕

（2）交叉跳线制作

交叉跳线两端 RJ-45 水晶头一端采用 T568A 标准，另一端采用 T568B 标准，具体端接方式见表 1-3-6。

表 1-3-6　交叉跳线 T568A 到 T568B 的端接

接头	线序	1	2	3	4	5	6	7	8
水晶头 A	T568A	白绿	绿	白橙	蓝	白蓝	橙	白棕	棕
水晶头 B	T568B	白橙	橙	白绿	蓝	白蓝	绿	白棕	棕

5. 跳线线序与通断验证测试

在施工现场，一般使用手持式网线测试仪进行跳线线序与通断验证测试，测试方法和步骤按照产品使用说明书规定。将网线两端的水晶头分别插入主测试仪和远程测试端的 RJ-45 端口，将开关拨到“ON”，这时主测试仪和远程测试端的指示灯就应逐个顺序对应闪亮。

（1）直通跳线的测试

测试直通跳线时，主测试仪的指示灯应从 1 到 8 逐个顺序闪亮，而远程测试端的指示灯也应从 1 到 8 逐个顺序闪亮。如果能逐个顺序闪亮，说明直通跳线的连通性良好，否则就得重做。

（2）交叉跳线的测试

测试交叉跳线时，主测试仪的指示灯应从 1 到 8 逐个顺序闪亮，而远程测试端的指示灯也应按 3、6、1、4、5、2、7、8 的顺序逐个闪亮。若出现上述情况，说明交叉跳线连通性良好，否则就得重做。

（3）线序接错测试的现象

若网线两端的线序不正确，主测试仪的指示灯仍然从 1 到 8 逐个闪亮，而远程测试端不是按照从 1 到 8 逐个顺序闪烁，说明线序接错。例如，2、4 线接错，主测试仪不变：1-2-3-4-5-6-7-8；远程测试端：1-4-3-2-5-6-7-8。

（4）导线断路测试的现象

当有 1 ~ 8 根导线断路时，则主测试仪和远程测试端的对应线号的指示灯都不亮。例如，7 号线断路，主测试仪和远程测试端 7 号指示灯都不亮。

（5）导线短路测试的现象

当有两根导线短路时，主测试仪的指示灯按照从 1 到 8 的顺序逐个闪亮，而远程测试端两根短路线所对应的指示灯都会微亮。当有 3 根或 3 根以上的导线短路时，主测试仪的指示灯仍然按照从 1 到 8 的顺序逐个点亮，而远程测试端短路线对应的指示灯都不亮。

二、信息模块端接

1. 准备超五类模块端接工具和材料

（1）工具：网线测试仪、剥线器、斜口钳、打线钳。

（2）材料：超五类双绞线、超五类模块。

2. 采用 T568B 标准的超五类模块制作

（1）双绞线剥线

1）将双绞线从信息底盒中拉出，注意不能用力猛拉，如图 1-3-23 所示。

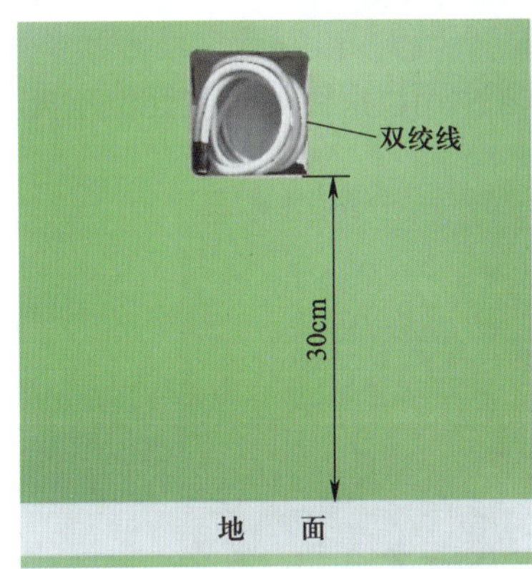

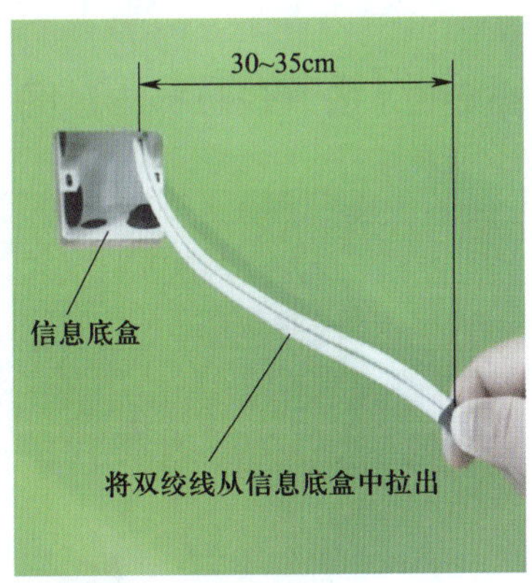

图 1-3-23 将双绞线从信息底盒中拉出

2）利用剥线器从双绞线末端剥开 50 mm 双绞线外护套。注意：观察切割处，剥线器不得割伤双绞线线芯绝缘层，如图 1-3-24 所示。

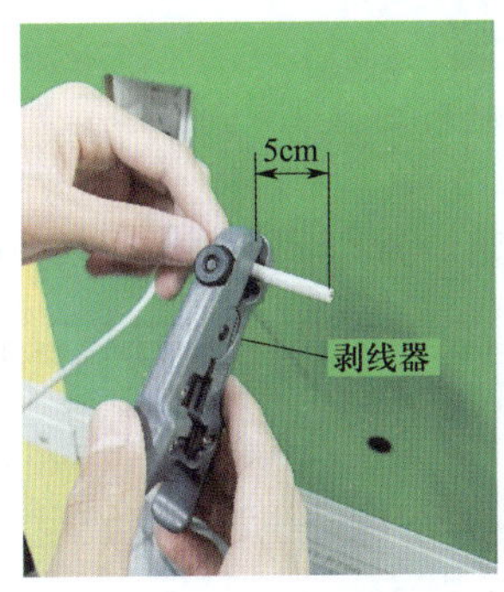

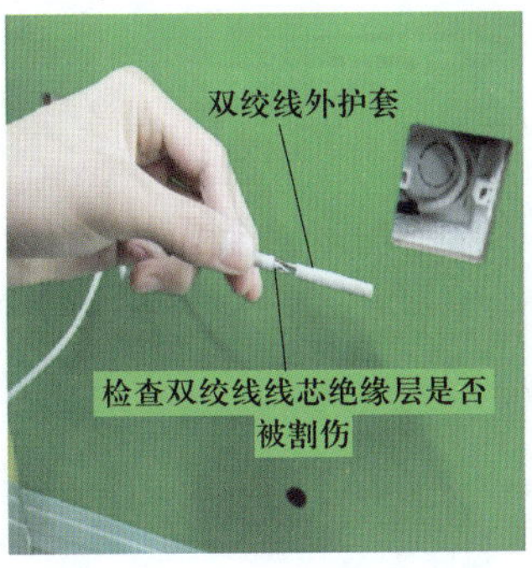

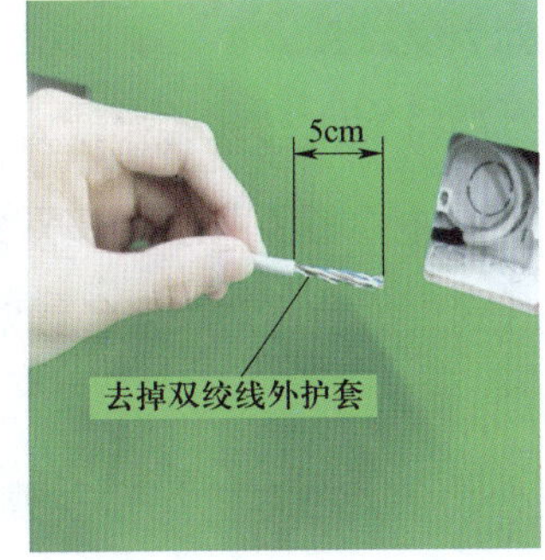

图 1-3-24 双绞线剥线

（2）双绞线线对分开与定位

1）线对分开。将剥好的 4 对双绞线分开，线对顺序（从左到右）为：橙、绿、蓝、棕，如图 1-3-25 所示。

图 1-3-25　双绞线分开

2）线对定位（按 T568B 标准）。图 1-3-26 所示为双绞线线对定位方法。

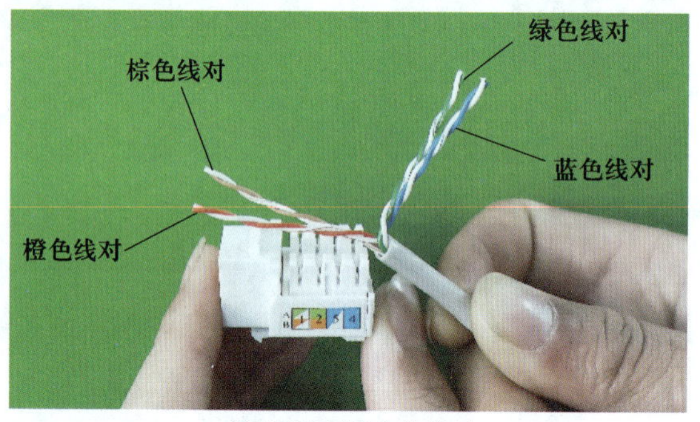

按T568B标准定位线对

图 1-3-26　双绞线线对定位方法

将已经分好的 4 线对前后两对定位，靠 RJ-45 插孔 2 线对为棕、橙，后面 2 线对为绿、蓝。

（3）将双绞线线对拉入信息模块 IDC 槽

图 1-3-27 所示为将双绞线线对拉入信息模块 IDC 槽。分别将棕色线对、橙色线对、绿色线对和蓝色线对拉入对应色标的 IDC 槽中，在操作过程中应注意以下事项：

1）在将线对拉入 IDC 槽时，不要图方便将线对散开，这样可保证线对原有绞距。

2）线对在弯曲时弯曲角度要大于 90°。

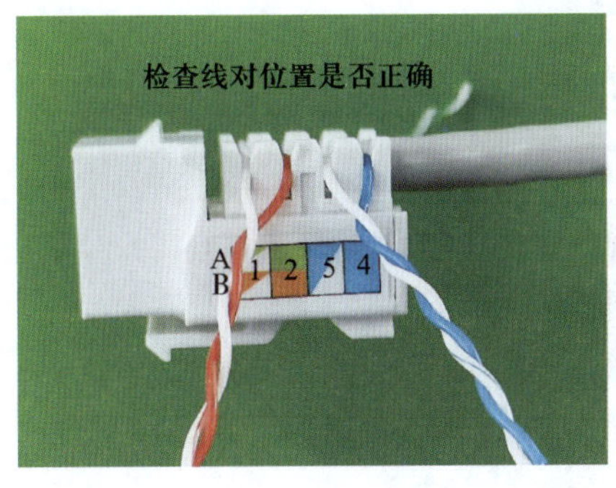

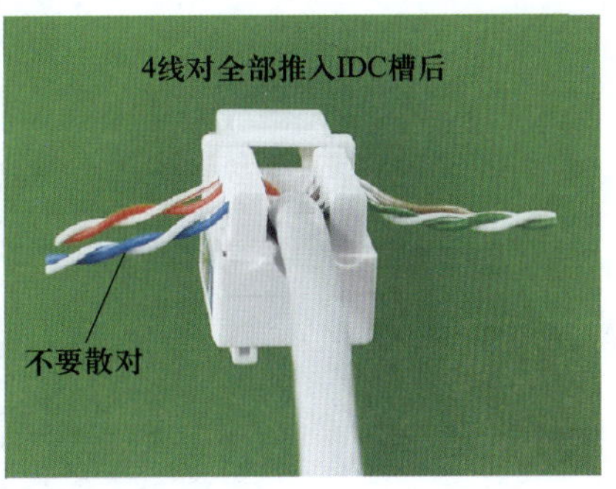

图 1-3-27　将双绞线线对拉入信息模块 IDC 槽

3）双绞线在信息模块的线槽中不要有冗余线缆。

4）按色标检查每一线对位置是否正确。

（4）使用单口打线钳进行信息模块接续

1）单口打线钳的组成。单口打线钳由刀柄和双向刀头组成。双向刀头一头带切线刀头，另一头为不带切线刀头，带切线刀头一端可切断多余双绞线（见图 1-3-28）。

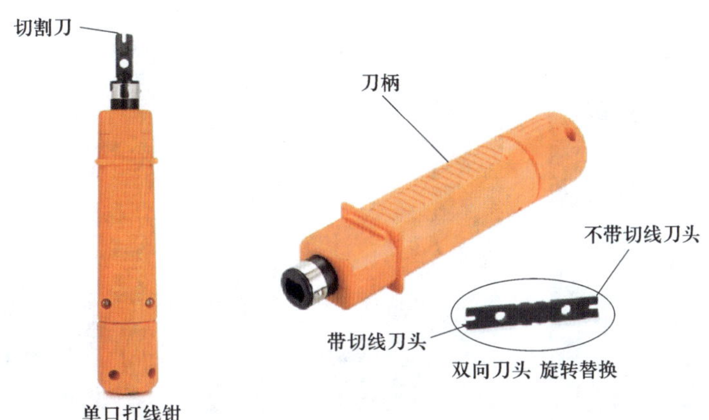

图 1-3-28　单口打线钳

2）单口打线钳的应用。单口打线钳可打接信息模块（五类、超五类、六类等）、数据配线架（五类、超五类、六类等）及语音配线架（110 型）。

3）单口打线钳的使用方法。在打接信息模块、数据配线架（五类、超五类、六类等）时，只能使用带切线刀头一端，并且切割刀朝外，用来切断模块外的多余双绞线。有时由于长时间使用切线刀头不能将模块外侧多余双绞线切断，则应采用斜口钳将模块外侧多余双绞线切断。图 1-3-29 所示为单口打线钳的使用。

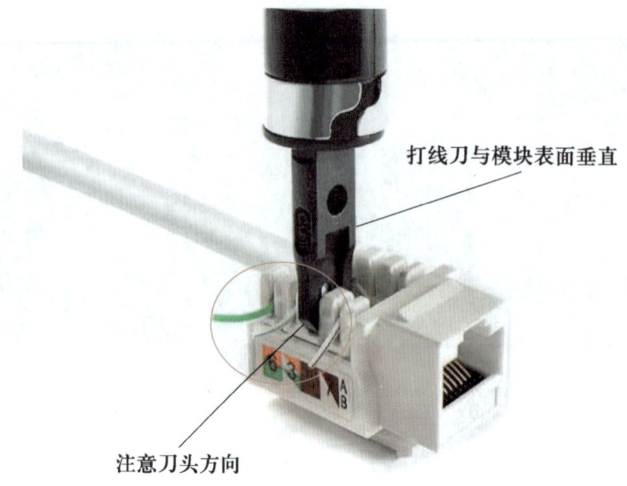

图 1-3-29　单口打线钳的使用

4）信息模块接续。由于信息模块一般离地面 30 cm 高，因此，如果采用单口打线钳打接，可将信息模块固定在墙壁上或自制一个 30 cm 高的固定平台。如果将信息模块固定在墙壁上，一定要对墙壁进行保护。

图 1-3-30 所示为用单口打线钳进行信息模块接续。

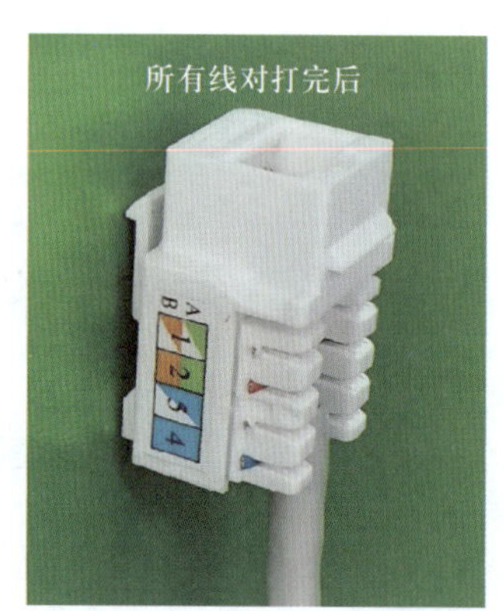

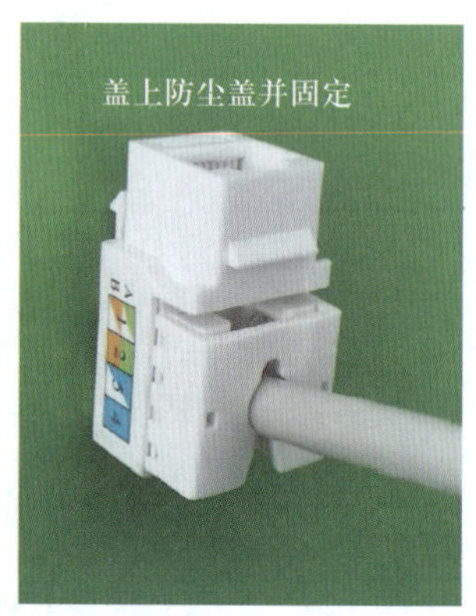

图 1-3-30　用单口打线钳进行信息模块接续

（5）信息模块安装

1）制作好线缆标签，将接续好的信息模块插入到信息面板中。

2）将冗余双绞线盘接入信息底盒中，注意盘绕时应遵循布线规范。

3）固定信息面板。

4）安装信息面板外盖，制作好信息面板标签，如图 1-3-31 所示。

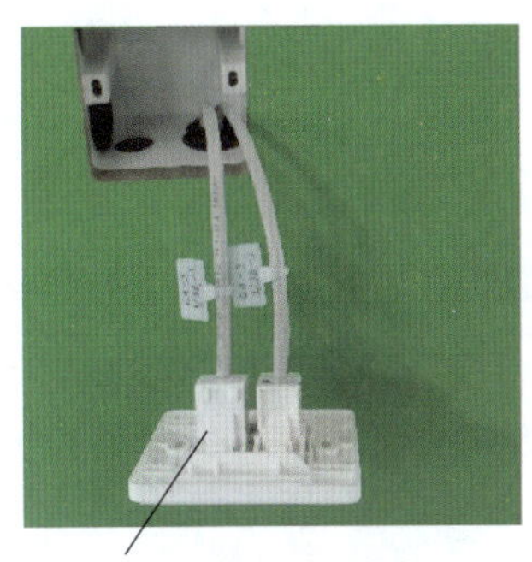
制作好线缆标签并将信息模块插入到信息面板中

固定信息面板

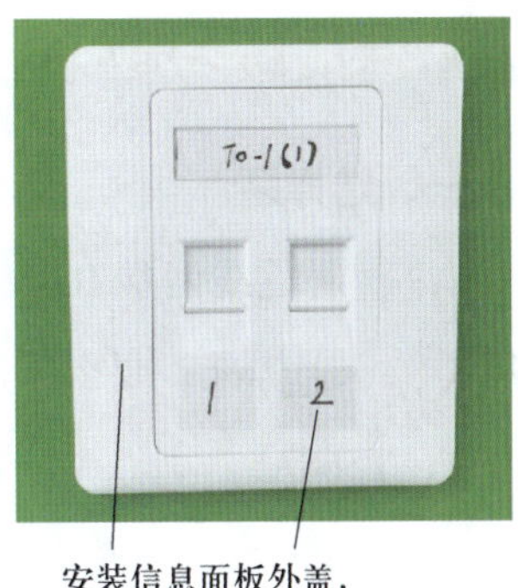
安装信息面板外盖，制作好信息面板标签

图 1-3-31　信息模块安装

任务评价

学习任务综合评价表见表 1-3-7。

表 1-3-7　学习任务综合评价表

评价项目	评价内容	配分 / 分	评价分数		
			自我评价	小组评价	教师评价
职业素养	安全和责任意识强，遵守健康及安全标准	10			
	团队合作意识强，善于与人沟通交流	10			
	现场管理符合“6S”标准，做好定期整理工作	5			
专业能力	认识双绞线电缆的类型与结构特性	10			
	掌握水晶头的机械结构与工作原理	10			
	掌握常用信息模块的机械结构与电气工作原理	10			
	掌握跳线制作和信息模块端接规范	10			
任务成果	任务完成符合标准规范	10			
	能完成直通跳线和交叉跳线的制作	10			
	能完成信息模块的端接	10			
	能正确使用网线测试仪对跳线进行通断及线序测试	5			
总分		100			
评价说明	自我评价 ×20%+ 小组评价 ×30%+ 教师评价 ×50%= 总评成绩	总评成绩			

课后练习题

一、选择题

1. 直通跳线两端 RJ-45 头必须采用同一制作标准，即两端 RJ-45 水晶头要么采用（　　）标准，要么采用 T568B 标准。

A. T568A　　　　B. T568B

C. T568C　　　　D. T568D

2. 交叉数据跳线两端 RJ-45 头一端采用 T568A 标准，另一端采用（　　）标准。

A. T568A　　　　B. T568B

C. T568C　　　　D. T568D

3. T568B 中规定，双绞线的线序是（　　）。

A. 白橙，橙，白绿，蓝，白蓝，绿，白棕，棕

B. 白橙，橙，白绿，白蓝，蓝，白棕，棕

C. 白绿，绿，白橙，蓝，白蓝，橙，白棕，棕

D. 以上都不是

二、填空题

1. 常用的双绞线电缆按照有无屏蔽层来分一般分为两大类，第一大类是__________；第二大类是__________。

2. 交换设备到 PC、信息模块到 PC、配线架到 PC、交换设备到配线架均采用__________跳线。

3. 信息模块有两种安装标准：______和________。

三、判断题

1. 信息模块一定要按照设计标准来选择安装标准，目前一般采用 T568A 标准，同时信息模块安装标准要和配线架的安装标准相一致。（　　）

2. 交叉跳线常用于同类型设备如两台 PC 之间的连接。（　　）

3. 从信息插座到终端设备之间的跳线一般选用软跳线。（　　）

项目二
同楼层网络综合布线实施

同楼层网络综合布线实施主要涉及综合布线七大子系统的水平子系统和管理间子系统，施工人员主要按设计图纸进行水平主干链路的敷设以及管理间的设备端接。

本项目主要是进行水平子系统干线线缆的敷设以及管理间设备的端接，涉及超五类线缆敷设、六类线缆敷设、超五类配线架端接、六类配线架端接、信息点线缆敷设、信息点端接、测试验收等内容，施工示意图如图 2-0-1 至图 2-0-4 所示。

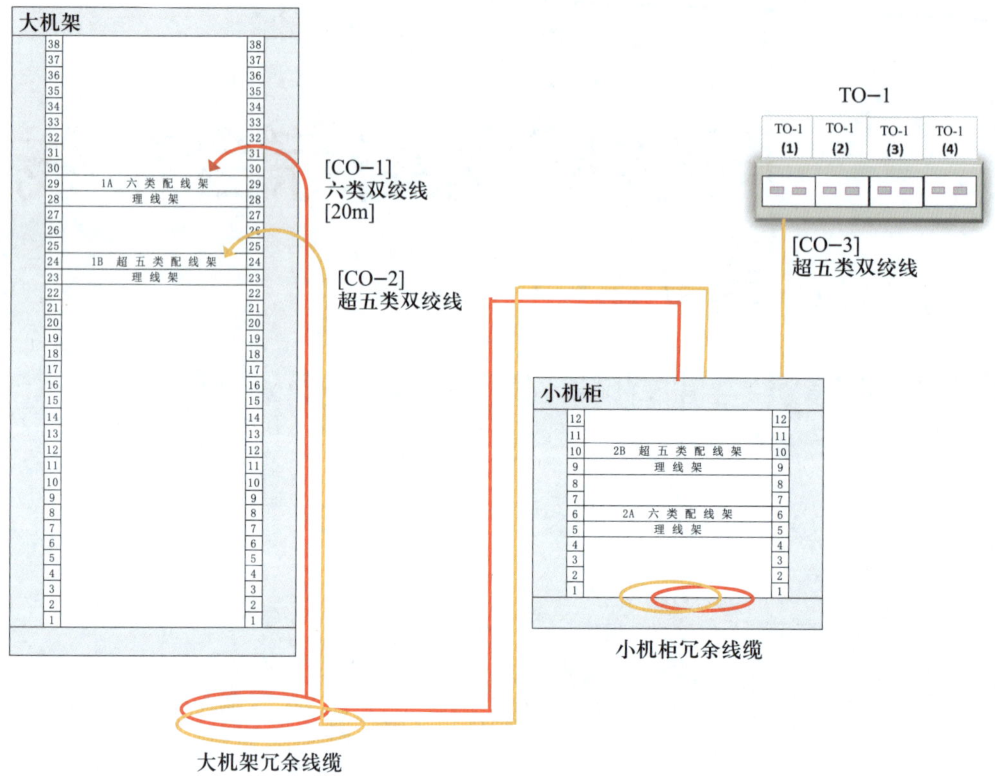

图 2-0-1　布线施工总述图

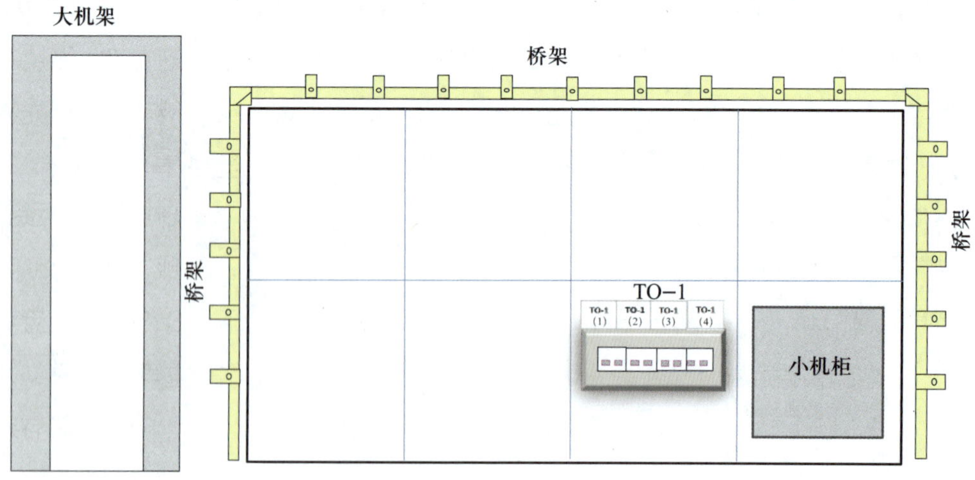

图 2-0-2　现场模拟施工前视图

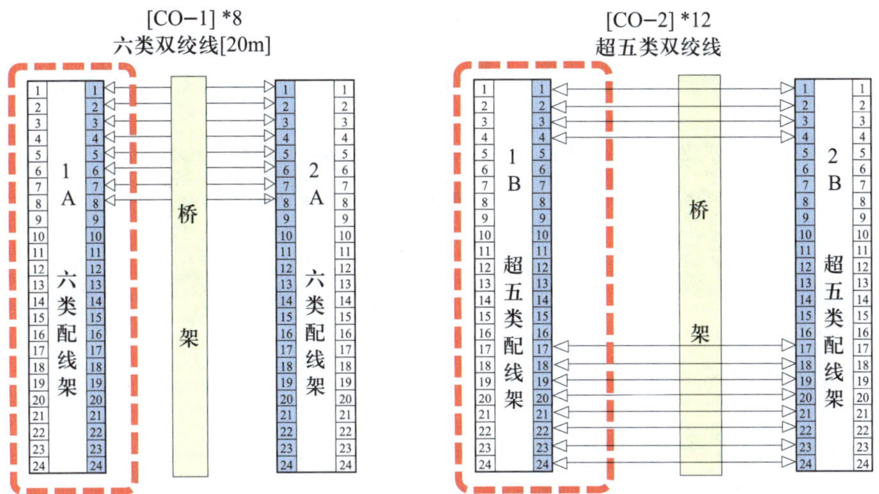

图 2-0-3　配线架端接位置示意图

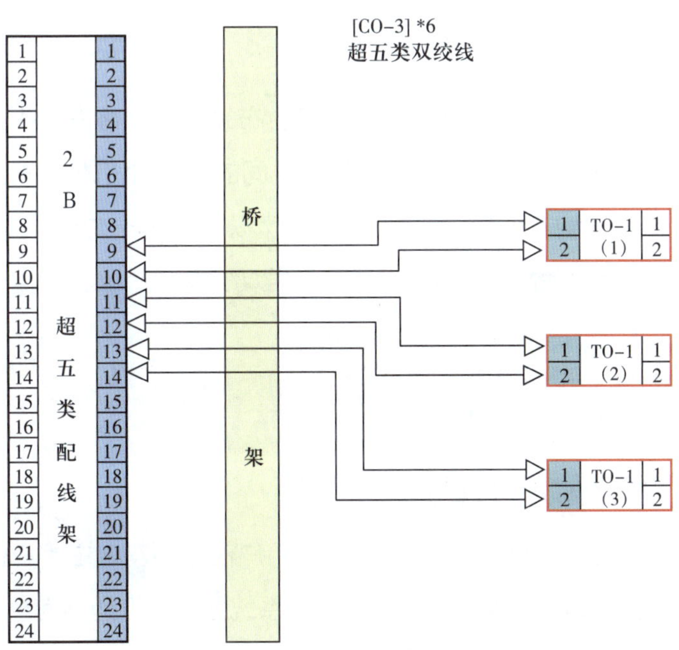

图 2-0-4　信息点端接位置示意图

任务 1
线缆敷设方法与技巧

学习目标

1. 掌握水平子系统和管理间子系统的概念。
2. 掌握线缆在桥架上的敷设方法。
3. 掌握信息点线缆的敷设方法。
4. 掌握机柜的分类。
5. 掌握冗余线缆的处理方法。

任务描述

本任务是模拟一栋大楼内某一楼层的综合布线系统，客户需先从网络中心的 42U（或 38U）大机架上敷设线缆到楼层配线间的 12U 小机柜，再从配线间为各个房间敷设信息点，考虑到不同客户对网络带宽以及工程成本的需求不同，所以本次任务的主干链路敷设使用超五类双绞线和六类双绞线。

相关知识

一、水平子系统和管理间子系统

水平子系统是指从楼层配线间至工作区用户信息插座，由用户信息插座、水平电缆、配线设备等组成。综合布线中水平子系统是计算机网络信息传输的重要组成部分。其采用星形拓扑结构，一般由 4 对非屏蔽双绞线构成，如果有磁场干扰或是信息保密时，可用屏蔽双绞线；高带宽应用时，可用光缆。水平布线系统施工是综合布线系统中最大量的工作，而且在建筑物施工完成后不易变更，所以通常采取

“水平布线一步到位”的原则，因此要严格施工，以保证链路性能。

管理间子系统由交接间的配线设备、输入 / 输出设备等组成。它是连接垂直干线子系统和水平干线子系统的设备，主要包括配线架、交换机、机柜和电源。

二、制作信息点统计表

本任务中把小机柜的配线架已使用端口作为一个统计点，从配线架到信息点的链路只按实际信息点计算，从而可以给出简单的信息点统计表（见表 2-1-1）。

表 2-1-1　信息点统计表

位置	超五类配线架	六类配线架	TO-1（1）	TO-1（2）	TO-1（3）	合计
数量	12	8	2	2	2	26

信息点统计表在实际工程中主要是进行材料的统计，如接线模块、线缆长度、信息底盒、面板等材料的数量统计，在设计时应尽量简单，易于阅读和识别。如涉及多个楼层，可以按楼层进行分别统计，然后再汇总。

三、制作端口对应表

端口对应表制作较复杂一些，对应需要涉及两端，必须把两端在表中标注清晰，施工人员才能按端口对应表进行施工，本任务中的配线架端口对应表见表 2-1-2 和表 2-1-3。

表 2-1-2　配线架端口对应表

项目	安装位置	
	大机架	小机柜
配线架名称	1A 六类配线架	2A 六类配线架
端口对应编号	1	1
	2	2
	3	3
	4	4
	5	5
	6	6
	7	7
	8	8

续表

项目	安装位置	
	大机架	小机柜
配线架名称	1B 超五类配线架	2B 超五类配线架
端口对应编号	1	1
	2	2
	3	3
	4	4
	17	17
	18	18
	19	19
	20	20
	21	21
	22	22
	23	23
	24	24

表 2-1-3 信息点与配线架端口对应表

项目	安装位置	
	小机柜	墙体木板 / 房间号
配线架名称	2B 超五类配线架	TO-1
端口对应编号	9	TO-1（1）-1
	10	TO-1（1）-2
	11	TO-1（2）-1
	12	TO-1（2）-2
	13	TO-1（3）-1
	14	TO-1（3）-2

四、制作材料统计表

所谓材料，是指除链路线路、成端材料、配线设备之外，为保证整个链路通信质量所必备材料和通用材料。值得注意的是，工具是施工人员根据自己的行为习惯进行选择的，不属于材料。根据本任务的布线施工总述图和信息点统计表，所需要的材料统计表见表 2-1-4。

表 2-1-4 材料统计表

序号	名称	规格	主要参数	单位	数量
1	配线架	1U	六类 /24 口 / 直通式	个	
2	配线架	1U	超五类 /24 口 / 直通式	个	
3	理线架	1U	金属槽盖式	个	
4	理线环	D 形	ABS 阻燃塑料	个	
5	卡扣式螺钉	M5	机柜专用卡扣式螺钉螺母套装	个	
6	模块	RJ-45	免打线 / 六类 /RJ-45，兼容六类配线架	个	
7	模块	RJ-45	免打线 / 超五类 /RJ-45，兼容超五类配线架和信息面板	个	
8	信息底盒	86 型	86 明装	个	
9	自攻螺钉	3.5 mm × 3.5 mm	十字螺纹，高硬度	个	
10	信息面板	86 型	86 双口，兼容 86 底盒	个	
11	双绞线	Cat 5e	4P	m	
12	双绞线	Cat 6	4P	m	
13	魔术贴	2 cm × 20 cm	勾毛同体，自粘式	卷	
14	尼龙扎带	3.6 mm × 200 mm	自锁式，100 个 / 包	包	
15	标签扎带	2.5 mm × 100 mm	自锁式，100 个 / 包	包	
16	标签贴纸	A4	大口取纸，背胶	张	

注：本材料统计表的数量由施工人员根据实际施工环境进行统计计算。

五、线缆在桥架上的绑扎与固定

线缆经过桥架时，必须要在桥架上进行绑扎和固定，国家标准《综合布线系统工程验收规范》（GB/T 50312—2016）中对于线缆固定要求如下：在桥架或托盘内垂直敷设线缆时，在线缆的上端和每间隔 1. 5 m 处应固定在桥架或托盘的支架上；水平敷设时，在线缆的首、尾、转弯及每间隔 5 ~ 10 m 处应进行固定，室内光缆在桥架或托盘中敞开敷设时，应在绑扎固定段加装垫套。

国家标准对于线缆的绑扎没有明确要求，但为了保证理线的质量，还需要学会如何对线缆进行绑扎。实践证明，每米 3 个绑扎与固定点既能保证理线质量，也能有效保证布线的美观，一般使用尼龙扎带对线缆进行固定。为了防止扎带收得过紧而导致线缆内部结构的改变，从而影响信号传输质量，一般不使用扎带直接固定线缆，而是先用魔术贴对线缆进行绑扎，再使用尼龙扎带穿过魔术贴将线缆固定在桥架上，如图 2-1-1 所示，至于每米 3 个绑扎与固定点，指的是在桥架上任何 1 m 的长度都有至少 3 个绑扎与固定点，那么，要达到这种要求就需要桥架上的绑扎与固定点间距不能大于 50 cm。当然，如果绑扎与固定点间距小于 50 cm，会使理线的质量更好，但却需要付出更多的时间来处理。在训练环境中一般使用卡博菲网格状桥架，如图 2-1-2 所示。

图 2-1-1　线缆在桥架上的固定方法

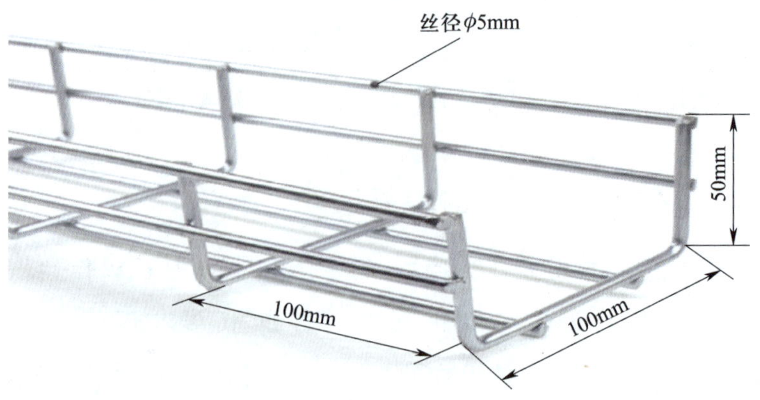

图 2-1-2　卡博菲网格状桥架

六、制作线缆标签

综合布线标签标志系统的实施会为用户今后的维护和管理带来便利，提高管理水平和工作效率，减少网络配置时间。在数据中心内的每一电缆、光缆、配线设备、端接点、接地装置、敷设管线等组成部分均应给定唯一的标志符。标志符应采用相同数量的字母和数字等，按照一定的模式和规则组成。数据中心的机房标志系统应包括以下部分：打印设备标志、线缆标志、配线架标志、面板标志、设备管理标志、文档管理标志等。

《综合布线系统工程验收规范》（GB/T 50312—2016）中对于标签有以下要求：线缆两端应贴有标签，标明编号，标签书写应清晰、端正和正确。标签应选用不易损坏的材料。

本任务主要学习线缆主干标签的制作方法，在设备间和配线间往往有多组线缆，其中一组线缆称为一个主干，也叫作干线。一组干线在两个配线设备上往往要经过很长距离，为了方便维护和管理，维护人员需要能快速找到对应干线，此时的标签就显得尤其重要。

每组干线的标签必须一致。如图 2-0-1 所示，干线一共有 3 组，分别标注 CO-1、CO-2、CO-3，这里的 CO 是 Copper（铜）的简写，表明是铜缆部分干线标志。在桥架上，需要在桥架的两端（出入口）、桥架的中间以及桥架转弯的地方进行标签标志。另外，在干线进入数据中心以及配线端接设备（配线架）的地方，也需要对干线加以标签标志。

七、机柜

U（Unit）是表示机柜容量的单位，设备有 1U、2U、3U 等不同类型，在这里 U 指的是高度，1U=44.45 mm。在机柜中，1U 被分为 3 个孔位，用来固定设备。

机柜的分类方法很多，没有唯一的分类标准。标准机柜的结构比较简单，一般主要包括布线系统、通风系统、内部支撑系统和基本框架。一些高档机柜还具备空气过滤功能，以提高精密设备的工作环境质量。很多工程级设备的面板宽度都为 19 英寸（1 英寸 =25.4 mm），所以 19 英寸机柜是最常见的一种标准机柜，种类和样式非常多。

1. 根据组装形式和材料选用进行分类

19 英寸标准机柜外形有宽度、高度、深度 3 个常规指标。虽然 19 英寸面板设备安装宽度为 465.1 mm，但常见机柜的物理宽度为 600 mm 和 800 mm 两种。高度一般为 0.7 ~ 2.4 m，根据机柜内设备的多少和统一格调而定，常被称为 XU 机柜。

常见的成品 19 英寸机柜高度为 0.8 m、1.0 m、1.2 m、1.6 m、1.8 m、2.0 m 和 2.2 m。机柜的深度一般为 400 ~ 800 mm，根据机柜内设备的尺寸而定，常见的成品 19 英寸机柜深度为 500 mm、600 mm 和 800 mm。通常厂商也可以根据用户的需求定制特殊宽度、深度和高度的机柜。

2. 根据外形进行分类

可分为立式机柜、挂墙式机柜和开放式机架三种。立式机柜（见图 2-1-3）主要用于设备间。挂墙式机柜（见图 2-1-4）主要用于没有独立房间的楼层配线间。与机柜相比，开放式机架（见图 2-1-5）具有价格便宜、管理操作方便、搬动简单的优点。机架一般为敞开式结构，不像机柜采用全封闭或半封闭结构，所以不具备增强电磁屏蔽、削弱设备工作噪声等功能。同时，在空气洁净程度较差的环境中，设备表面更容易积灰。机架主要适合一些要求不高和要经常性对设备进行操作管理的场所，用它来叠放设备可以减少占地面积。目前各高校建立的网络技术实验 / 实训室和综合布线实验 / 实训室大多采用开放式机架来叠放设备。

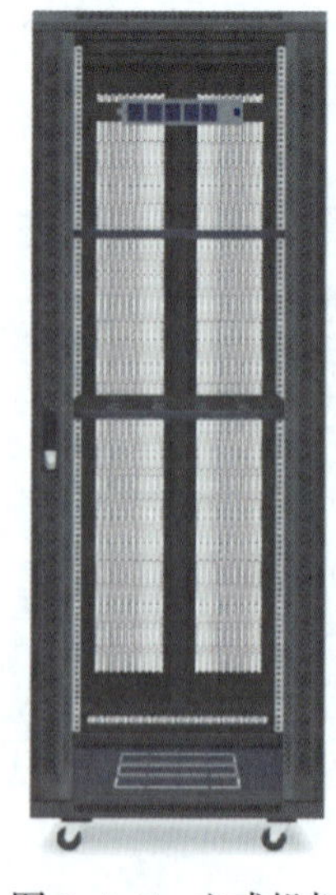

图 2-1-3　立式机柜

图 2-1-4　挂墙式机柜

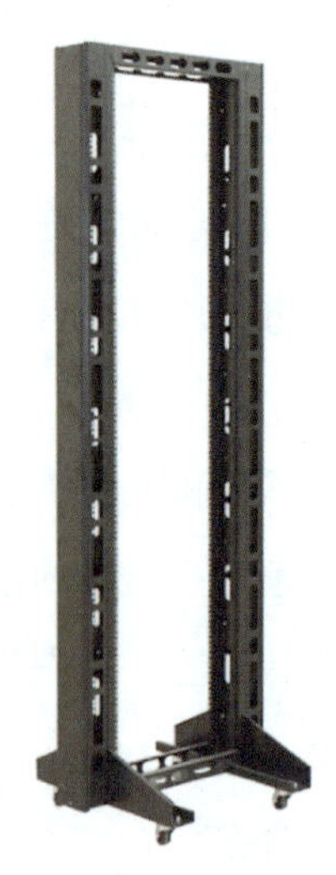

图 2-1-5　开放式机架

挂墙式机柜的安装要符合行业标准，安装时要横平竖直、固定牢固，至少需要在机柜的四角用螺钉进行牢固固定。

任务实施

在进行设备端接前，需要先进行干线线缆的敷设，本任务的干线有3组：CO-1、CO-2、CO-3。线缆敷设是由网络施工工程中的第一批施工员（放线员、拉线员）进行的工作，在进行线缆敷设时必须要考虑到第二批施工员（接线员、端接员）的工作以及后续的可维护性。

一、准备工具和材料

1. 工具

斜口钳、剪刀、剥线器、穿线器、卷尺、记号笔。

2. 材料

超五类非屏蔽双绞线、六类非屏蔽双绞线、扎带、魔术贴、电工胶布、标签贴纸。

二、六类线缆敷设

从图 2-0-1 和图 2-0-3 中可得知，在本次作业任务中六类线缆干线名称为 CO-1，一共 8 根，每根长度为 20 m。

在一个作业任务中如果线缆长度已知（需求方要求），那么，施工员只需要按要求的长度进行拉线，在设备的两端做好冗余。在模拟练习时，一般模拟场地 15 m^2 左右，20 m 长的线对场地来说还是比较长的，会产生大量的线缆冗余，必须要考虑冗余线缆的处理问题。在图 2-0-1 中给出了冗余线缆的存放位置：大机架和小机柜。小机柜有 12U 空间，为了后期的维护，必须要做冗余处理。一般来说，小机柜中冗余线缆不宜过多，否则会造成设备安装困难或无法散热等问题。实践证明，在小机柜中只需要在机柜的底部留一圈作为冗余，冗余圈的直径应不小于 30 cm，以满足线缆最小弯曲半径的需求，如图 2-1-6 所示。

大机架空间一般比较充足，可以将冗余线缆整齐打圈并用魔术贴绑扎后整齐地放到机架底座上，如图 2-1-7 所示。如有特殊要求，也可按要求放置。

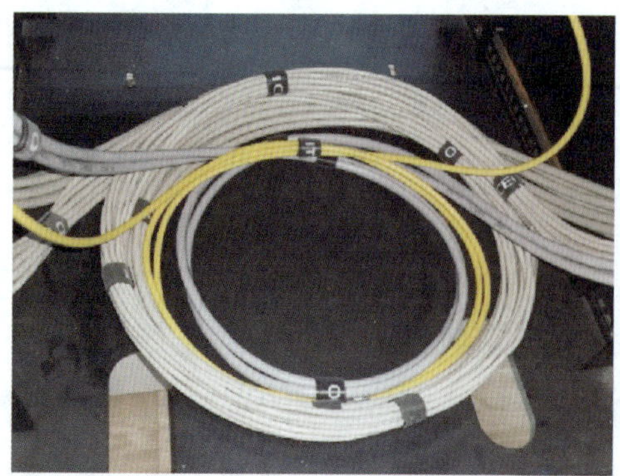

图 2–1–6　小机柜冗余线缆的处理

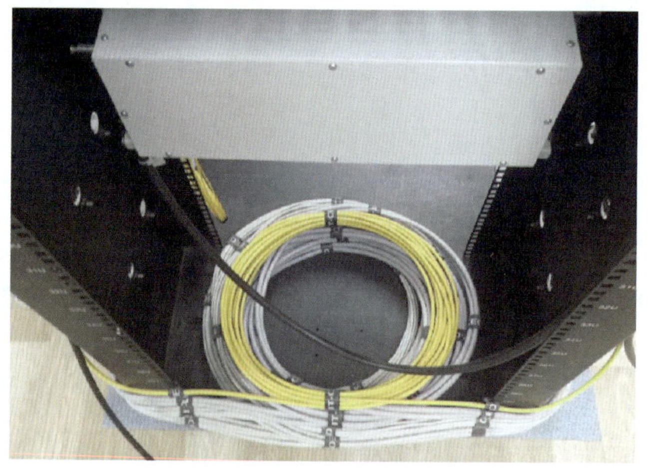

图 2–1–7　大机架冗余线缆的处理

小贴士

在处理冗余线缆时，一般质量比较大的放在底部，质量小的放在上面，避免线缆自重产生过大的压力。不同的干线要分开绑扎，不允许混扎。

在进行六类线缆敷设时，可以从大机架位置开始进行第一根线缆的抽取并在桥架上进行敷设，需要在线缆首部先做好线标，边抽取边敷设。当敷设到小机柜时，应计算好在小机柜保留的冗余，再通过线缆的长度标志从线箱中抽够 20 m 剪断，同时在线缆尾部也做好线标，线标首尾需对应，然后按同样的方法再敷设第二根、第三根等。当第一根线缆敷设完之后，此时已经掌握了线缆的走势以及各端冗余的长度要求，也可以把剩余的 7 根线缆全部取出来，每根线缆都做好线标，然后统一进行敷设。为满足线缆拉力需求，在敷设时应按 4 根一小组分批敷设，不允许同时将 7 根线缆一次性敷设。在抽取线缆时要注意拉线的力度，并注意观察线缆中间是否有打结现象。如果发现线缆打结，要及时解开。强行拉线敷设会损伤线缆，破坏线缆内部结构，从而影响信号的传输质量。抽线动作粗暴常常会导致线缆损伤，如图 2-1-8 所示。

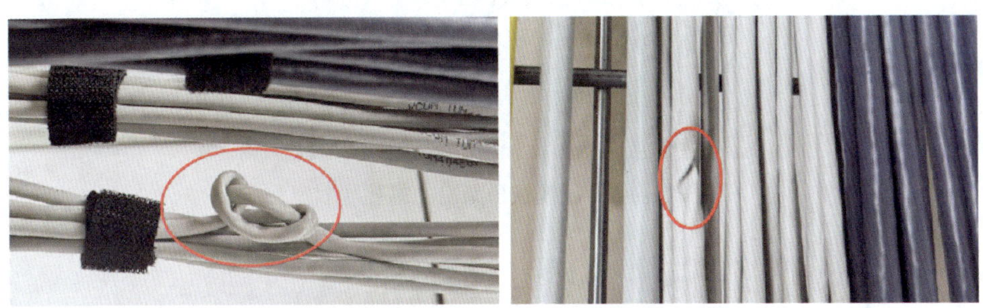

图 2-1-8　因施工不当造成的线缆损伤

一般六类线缆是箱装的，可以直接从线箱中进行线缆的抽取，在抽取线缆时，也需要了解双绞线是如何在线箱中存储的。

小贴士

当从线箱中抽取线缆时，线缆在箱体内是按正反圈存储的。抽线时，在线圈自然解开时，会产生一个内应力（扭绞力），这个内应力会随着抽取线缆长度的增加而变得越来越大，会导致线缆在敷设时扭曲不平，如采用蛮力强行拉扯，则很容易破坏线缆内部自身扭绞结构，从而影响信号传输质量，所以在抽取线缆时需要及时释放这个内应力。

当 8 根 20 m 的六类线缆全部抽取并敷设完成之后，就需要对线缆进行绑扎并在桥架上固定。因为线缆沿大机架向小机柜敷设，并且小机柜冗余较小，所以建议从小机柜端开始进行绑扎，此时可按照绑扎间距的要求对线缆先做绑扎，在绑扎时应尽量将线缆捋平直，最后再按照要求使用扎带穿过魔术贴，在桥架上固定，如图 2-1-9 所示。值得注意的是，按国家标准《综合布线系统工程验收规范》（GB/T 50312—2016）的要求，在桥架两端、转弯处一定要对线缆进行绑扎和固定。

考虑到管理和维护需求，在线缆敷设完成后要对干线做标签，六类线缆的干线名称是 CO-1，需要在桥架出入口、桥架中间、桥架转弯处、设备入口处都加上干线标签，如图 2-1-10 所示。

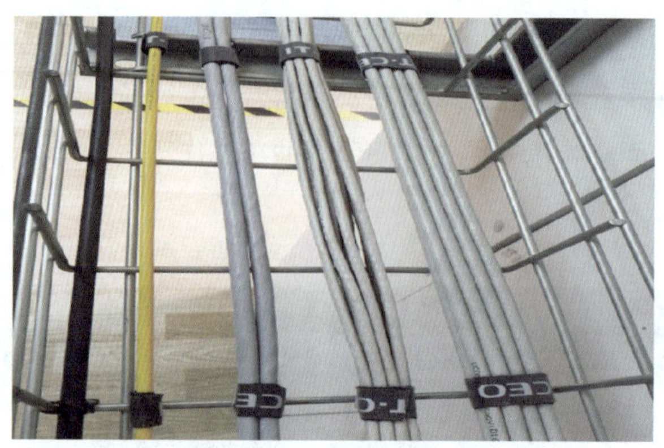

图 2-1-9　线缆在桥架上的绑扎与固定

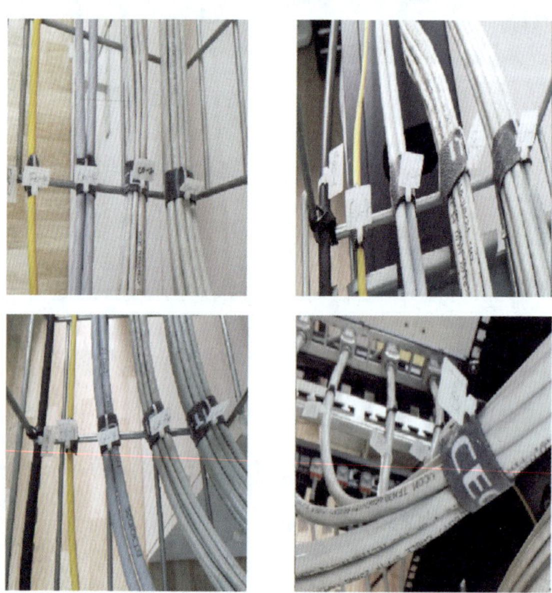

图 2-1-10　干线标签（桥架出入口、转弯处、设备入口）

三、超五类线缆敷设

从图 2-0-1 和图 2-0-3 中可得知，在本次作业任务中，超五类线缆干线名称为 CO-2，一共 12 根，长度未知。

如果线缆长度已知，说明经过实地勘测已测知线长；当线缆长度未知时，就需要施工员在施工时进行现场测量。

在现场测量时要根据实际工作需求，可以先敷设一根，做好大机架和小机柜的冗余。

国家标准《综合布线系统工程验收规范》（GB/T 50312—2016）对线缆余长有

以下要求：线缆应留有余量，以适应成端、终接、检测和变更，有特殊要求的应按设计要求预留长度，并应符合下列规定：

对绞电缆在终接处，预留长度在工作区信息底盒内宜为 30 ~ 60 mm，电信间宜为 0.5 ~ 2.0 m，设备间宜为 3 ~ 5 m。

当第一根线缆敷设完成，后面 11 根可以按照前面六类线缆的敷设方法进行敷设和绑扎固定，并做好干线标签。

四、信息点线缆敷设

本任务中需要敷设 3 个信息底盒共 6 个信息点，其干线名称为 CO-3，3 个信息底盒模拟安装在不同的房间内，在施工时需要根据实际工程施工标准来进行。在智能化建筑里，与信息底盒连通的管道提前敷设在墙体中，施工员不清楚管道在墙体中的长度、走势，必须使用穿线器来查找管道路由，以便进行线缆敷设，因此，需要施工员按单根进行线缆敷设，可按以下方法进行：

1. 把双绞线从小机柜先拉到穿线孔入口位置处。

2. 使用穿线器，从信息底盒过线孔开始，将穿线器穿到另一端。

3. 使用电工胶布将双绞线固定在穿线器的牵引端（固定结不宜过大，否则会造成过线困难）。

4. 从信息底盒端开始缓慢拉动穿线器，使双绞线穿过管道。

5. 解开双绞线与穿线器的连接点，在信息底盒内保留 30 ~ 60 mm 的余长，同时做好线标。为防止线缆被拉回，可以将余长在信息底盒内打一个活动圈（注意弯曲半径需要满足要求）。

6. 在小机柜端计算好冗余，然后剪断线缆，做好线标，完成第一个信息点线缆敷设。

重复上述步骤 1 ~ 6，完成剩余 5 个信息点线缆的敷设。当敷设完成之后，再按超五类、六类线的绑扎固定标准，将主干线缆在桥架上进行绑扎并固定，做好干线标签。

任务评价

学习任务综合评价表见表 2-1-5。

表 2-1-5　学习任务综合评价表

评价项目	评价内容	配分 / 分	评价分数		
			自我评价	小组评价	教师评价
职业素养	安全和责任意识强，遵守健康及安全标准	10			
	团队合作意识强，善于与人沟通交流	5			
	现场管理符合“6S”标准，做好定期整理工作	5			
专业能力	能复述水平子系统和管理间子系统的概念	10			
	掌握桥架线缆、信息点线缆的敷设方法	10			
	掌握机柜的分类	10			
	掌握冗余线缆的处理方法	10			
任务成果	任务完成符合标准规范	10			
	正确敷设六类双绞线，并完成绑扎、固定	10			
	正确敷设超五类双绞线，并完成绑扎、固定	10			
	正确敷设信息点，并完成绑扎、固定	10			
总分		100			
评价说明	自我评价 ×20%+ 小组评价 ×30%+ 教师评价 ×50%= 总评成绩	总评成绩			

课后练习题

一、选择题

1. 水平子系统在国家标准《综合布线系统工程设计规范》(GB 50311—2016)中被称为(　　)。

A. 配线子系统　　B. 干线子系统

C. 建筑群子系统　　D. 进线间子系统

2. 若某单位附近存在较强的电磁干扰，在进行线缆敷设时不宜采用(　　)。

A. Cat 5e UTP　　B. Cat 5e STP

C. Cat 6 STP　　D. Cat 6A S/FTP

3. 下列关于开放式机架的说法中不正确的是(　　)。

A. 开放式机架价格便宜，管理设备操作方便

B. 开放式机架经常用在对环境条件要求不高的场所

C. 部分开放式机架具备电磁屏蔽、减小设备噪声的特点

D. 开放式机架移动方便，易于叠放设备，占地面积少

二、判断题

1. 在进行线缆敷设时，只要长度够用就行，冗余可有可无。 （　　）

2. 设备管理间需要做线缆冗余，楼层管理间不需要做线缆冗余。 （　　）

3. 在信息底盒内需要做线缆冗余，长度需要保留在 30 ~ 60 mm。 （　　）

三、技能训练题

1. 柔性波纹管道穿线训练

练习要点：使用柔性波纹管制作穿线管道，在穿线的过程中手不允许碰触管道；练习穿线器的使用要点。

2. 线箱抽线训练

练习要点：从整箱线中快速进行指定长度线缆的抽取，掌握线缆在线箱中存取的方法，逐步掌握抽线的技巧。

3. 单根线缆整理训练

准备长度超过 10 m 的双绞线一根，按从双绞线一端到另一端、从中间向两端两种方法对线缆进行快速盘圈收集整理，要求整理后的线圈大小一致，且打开后没有扭绞现象。

任务 2
网络配线架与信息点端接

学习目标

1. 掌握网络配线架的分类。
2. 掌握超五类模块、六类模块端接技术。
3. 掌握信息点安装与端接技术。
4. 掌握设备标签的制作方法。

任务描述

本任务是模拟一栋大楼内某一楼层的综合布线系统，第一批施工员已经完成了从网络中心的 42U（或 38U）大机架到楼层配线间的 12U 小机柜以及小机柜到信息点的线缆敷设，要求第二批施工员按时完成六类配线架、超五类配线架和信息点的端接，并做好设备标签和线缆标签。

相关知识

一、六类网络配线架

六类网络配线架是用来对六类线缆在局端进行管理的模块化设备，其标准不同，分类也不一样。

根据端口的数量不同，可分为 24 口、48 口等六类网络配线架。

根据有无屏蔽层，可分为非屏蔽网络、屏蔽网络等六类网络配线架。

根据端接形式不同，可分为固定式（卡线式）、模块式（直通式）等六类网络配线架。

因为固定式（卡线式）六类网络配线架存在更换成本高、维护不方便等问题，所以在现代工程中一般很少采用。当前在工程中一般使用模块式（直通式）六类网络配线架，一个端口对应一个六类信息模块，当这种配线架一个端口出现问题时，只需要更换或维护该端口对应的模块即可，非常方便维护，极大地降低了维修成本。

二、超五类网络配线架

超五类网络配线架是用来对超五类线缆在局端进行管理的模块化设备，它的分类方法和六类网络配线架一样。

同六类网络配线架的使用频率一样，目前在工程中一般也是采用模块式（直通式）超五类网络配线架，一个端口对应一个超五类信息模块。

小贴士

配线架是一种用来在局端对前端信息点进行管理的模块化设备。前端的信息点线缆（超五类线或者六类线）进入设备间后首先进入配线架，将线端接在配线架的模块上，然后用跳线（RJ-45 接口）连接配线架与交换机。总体来说，配线架是用来管理的设备，如果没有配线架，前端的信息点直接接入交换机，线缆一旦出现问题就要重新布线。此外，管理上也比较混乱，多次插拔可能引起交换机端口的损坏。配线架的存在就解决了此问题，可以通过更换跳线来实现较好的管理。

三、信息点

信息点（TO）是各类电缆或光缆终接的信息插座模块，信息点安装在信息底盒内。在国家标准《综合布线系统工程设计规范》（GB 50311—2016）中规定：暗装或明装在墙面或柱子上的信息插座盒底部距地面高度宜为 300 mm；安装在工作台侧隔板面及邻近墙面上的信息插座盒底部距地面高度宜为 1.0 m。信息点的数量根据各房间的需求进行配置，为满足扩展的需求，一般在设计时会留有 10% 的余量。

四、标签

在综合布线中，标签可分为三类：设备标签、干线标签和线缆标签。

在本任务中，设备标签有网络配线架、大机架、小机柜、桥架、面板等。干线标签有六类主干 CO-1 和超五类主干 CO-2、CO-3。线缆标签有与六类配线架端接的 8 根六类双绞线、与超五类配线架端接的 12 根超五类双绞线、与 TO 端接的 6 根超五类双绞线。

干线标签制作在前面线缆敷设中已经学习过，下面学习设备标签和线缆标签的制作方法。

设备标签制作相对来说简单一些，一般使用标签贴纸来标记。对于大的设备，标签一般要张贴在设备的左上角；桥架因为较长，制作一个标签显然是不够的，可以制作多个，需要张贴在显眼的地方，并张贴牢固。标签不能妨碍桥架的正常使用，配线架标签也需要贴在设备的左端，但不能贴在机架或机柜上。

线缆标签一般使用旗形标签扎带来制作，要求固定在线缆的末端，一般由以下 4 部分组成：本端设备名称 - 本端对应端口号 / 远端设备名称 - 远端对应端口号。

在实际应用中，因为线缆对应本端的配线架固定，所以一般不书写本端设备名称，标签组成变为 3 部分：本端对应端口号 / 远端设备名称 - 远端对应端口号。

如本任务中的超五类网络配线架端接的第一根线缆，1B 是大机架超五类网络配线架的名称，2B 是小机柜超五类网络配线架的名称。那么大机架第一根电缆的标签应写为 1/2B-1，小机柜的第一根电缆的标签应写为 1/1B-1，如图 2-2-1 所示。

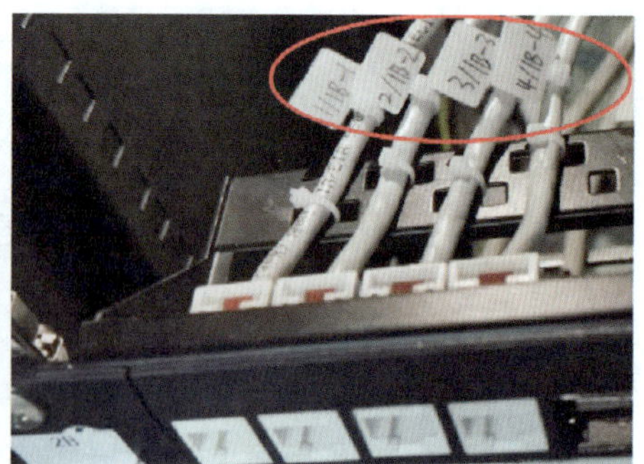

图 2-2-1　线缆标签示例

五、布线记录表

一般来说，布线记录表中包含了敷设线缆的类型、线缆主干的名称及与线缆端接的设备名称。维修人员可以根据这些信息，结合线缆标签，快速准确地找到对应的维修点，同时也方便验收人员对端接设备进行验收。

任务实施

在完成线缆敷设后，需要施工员完成配线设备和信息点的局端端接，并进行设备和线缆标记，端接的质量直接决定了信息传输的稳定性，标记的正确性决定了设备的可维护性，要求施工员必须有熟练的基本功。

一、准备工具和材料

1. 工具

剥线器、鲤鱼钳、剪刀、斜口钳、手电钻、记号笔。

2. 材料

六类网络配线架、超五类非屏蔽网络配线架、六类非屏蔽免打模块、超五类非屏蔽免打模块、卡扣式套装机柜螺钉、D 形理线环、标签扎带、标签贴纸、魔术贴。

二、端接六类网络配线架

以往六类网络配线架以固定式居多，因维护不方便，所以现在该类网络配线架应用很少；由于某些布线特殊环境必须要用到六类布线，为维护方便，一般也采用模块式配线架，配套六类非屏蔽模块，因为无屏蔽功能，所以六类模块式配线架和超五类非屏蔽模块式配线架在外观上是一样的，只是在配套使用模块上有差别，其性能主要通过安装的模块来体现。以六类非屏蔽网络配线架和六类非屏蔽模块为例学习六类线缆的端接方法，一般按以下步骤进行：

1. 将操作台移动到大机架正面附近，将用到的工具、材料、辅助设备准备就位，如图 2-2-2 所示。

2. 按照线缆编号，依次把 8 根六类线缆按模块端接说明压接到六类非屏蔽模块中，将模块按正确方向装入配线架上，并在配线架托盘上进行固定，然后再制作线缆标签并固定在对应线缆上，如图 2-2-3 和图 2-2-4 所示。

图 2-2-2　端接前准备

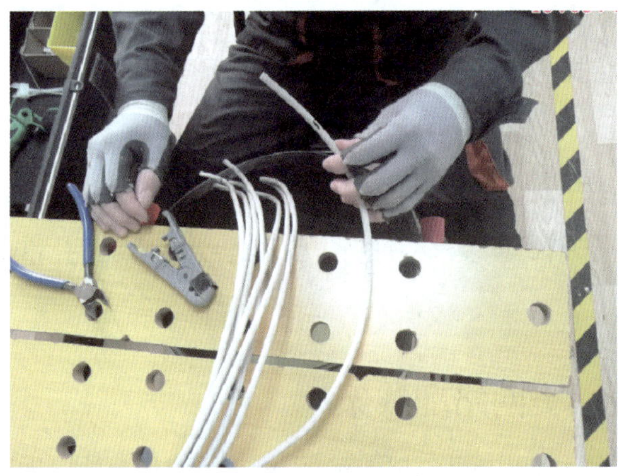
图 2-2-3　按线缆编号依次进行，将线缆压制到六类非屏蔽模块中

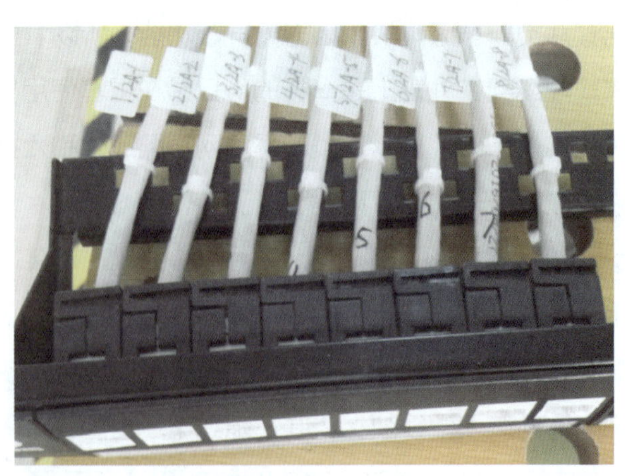
图 2-2-4　线缆模块压制、装配和固定，标签制作完成

3. 装配整理，将卡接完模块的配线架装入大机架，可利用 D 形理线环对大机架的主干线缆进行固定整理，如图 2-2-5 所示。

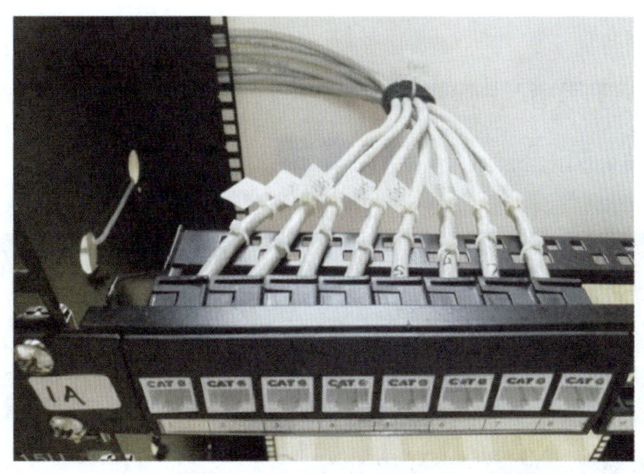

图 2-2-5　将网络配线架安装到大机架上

至此，完成大机架六类网络配线架的端接，按照同样的方法进行小机柜六类网络配线架的端接。

三、端接超五类网络配线架

超五类网络配线架的端接和六类网络配线架的端接过程基本一样，区别在于六类网络配线架使用六类非屏蔽模块，超五类网络配线架使用超五类非屏蔽模块。超五类非屏蔽模块的种类非常多，常见的超五类免打模块如图 2-2-6 所示。不同品牌的超五类模块接线方法略有不同，但大体上一致。

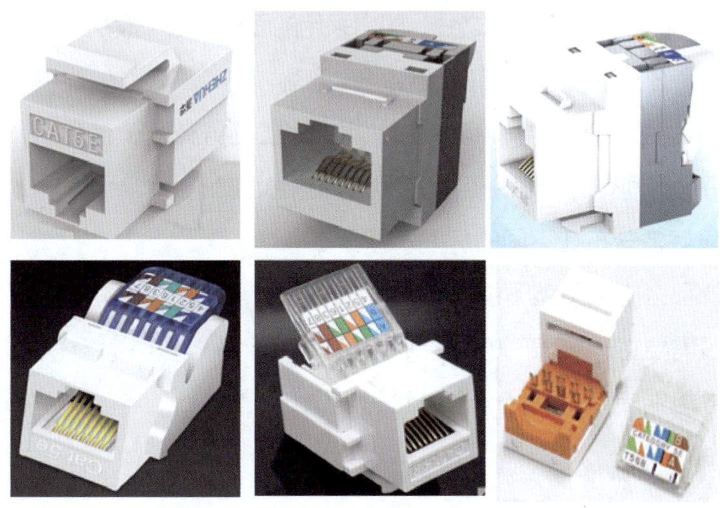

图 2-2-6　常见的超五类免打模块

免打模块的特点是都有一个压接盖，在压制时利用压接盖将双绞线的铜导线芯压入模块主体的 IDC 端子，最后再剪掉多余的线头。具体的压制方法还需要参照产品的使用说明书进行。

在对大机架的超五类配线架端接完成后，再按同样的方法端接小机柜的超五类配线架，并完成安装，如图 2-2-7 所示。

图 2-2-7　完成大机架的超五类配线架端接与安装

四、端接信息点

信息点包括 3 部分：信息面板、信息模块、信息底盒（或面板线槽）。将信息模块接入信息面板中，再将信息面板安装到信息底盒中，形成信息点。信息点的端接一般指的是信息模块的压制与卡接。

信息点是终端通过网线接入网络的节点，直接面对的是用户，所以制作质量非常重要。

面板有双口面板和单口面板之分，国内采用的面板规格一般是 86 mm × 86 mm，所以习惯上称为 86 信息面板，底盒称为 86 底盒。

根据图 2-0-2 和图 2-0-4 可得知，本次施工任务有 6 个信息点，分布在 3 个不同房间，每个房间有 2 个信息点，采用双口信息面板。

因为信息底盒分布在不同的房间，甚至在不同的楼层，那么施工员就不能采用流水线作业形式。一般需要将一个房间的信息点端接并安装完成，才能端接和安装另一个房间的信息点。

需要说明的是，端接并安装完成也包括标签制作完成。本任务中的 TO-1 端接完成如图 2-2-8 所示。

图 2-2-8　端接并安装完成的信息点

五、填写设备布线记录表

设备布线记录表一般存放在对应设备明显的地方，可以固定在机架和机柜上或放在对应设备的端盖上，以方便查阅。

本任务中的设备布线记录表一共有 4 张，六类网络配线架 2 张，超五类网络配线架 2 张。大机架中的六类网络配线架可按表 2-2-1 设计，超五类网络配线架可按表 2-2-2 设计。

表 2-2-1　1A 六类网络配线架布线记录表

本端连接	另一端连接
配线架名称	
1A 六类网络配线架	2A 六类网络配线架
安装位置	
29U	6U
线缆主干名称或编号	
CO-1	
线缆类型	
Cat 6 U/UTP	

表 2-2-2　1B 超五类网络配线架布线记录表

本端连接	另一端连接
配线架名称	
1B 超五类网络配线架	2B 超五类网络配线架
安装位置	
24U	10U
线缆主干名称或编号	
CO-2	
线缆类型	
Cat 5e U/UTP	

小机柜中的 2A 六类网络配线架布线记录表可按表 2-2-3 设计，2B 超五类网络配线架布线记录表可按表 2-2-4 设计。

表 2-2-3　2A 六类网络配线架布线记录表

本端连接	另一端连接
配线架名称	
2A 六类网络配线架	1A 六类网络配线架
安装位置	
6U	29U
线缆主干名称或编号	
CO-1	
线缆类型	
Cat 6 U/UTP	

表 2-2-4　2B 超五类网络配线架布线记录表

本端连接	另一端连接
配线架名称	
2B 超五类网络配线架	1B 超五类网络配线架
安装位置	
10U	24U
线缆主干名称或编号	
CO-2	
线缆类型	
Cat 5e U/UTP	

任务评价

学习任务综合评价表见表 2-2-5。

表 2-2-5　学习任务综合评价表

评价项目	评价内容	配分 / 分	评价分数		
			自我评价	小组评价	教师评价
职业素养	安全和责任意识强，遵守健康及安全标准	10			
	团队合作意识强，善于与人沟通交流	5			
	现场管理符合“6S”标准，做好定期整理工作	5			
专业能力	掌握网络配线架的分类	10			
	掌握超五类模块、六类模块端接技术	10			
	掌握信息点安装与端接技术	10			
	掌握设备标签的制作方法	10			
任务成果	任务完成符合标准规范	10			
	六类网络配线架端接符合标准	10			
	超五类网络配线架端接符合标准	10			
	信息点安装与端接符合标准	10			
总分		100			
评价说明	自我评价 ×20%+ 小组评价 ×30%+ 教师评价 ×50%= 总评成绩	总评成绩			

课后练习题

一、选择题

1．安装在墙面上的信息底盒离地高度宜为（　　）mm。

A．100　　B．200　　C．300　　D．400

2．下列关于标签的说法正确的是（　　）。

A．标签的作用是为了使布线更美观，电缆可以不用加标签

B．标签可分为设备标签、干线（一组电缆）标签、线缆标签

C．只需要在线缆的一端加标签，另一端不需要加标签

D．一组电缆主干只需要一个标签

3．下列电缆标签各部分组成正确的是（　　）。

A．本端设备名称 / 本端对应端口号 – 远端设备名称 / 远端对应端口号

B. 本端设备名称 – 远端设备名称 / 本端对应端口号 – 远端对应端口号

C. 远端设备名称 – 远端对应端口号 / 本端设备名称 – 本端对应端口号

D. 本端设备名称 – 本端对应端口号 / 远端设备名称 – 远端对应端口号

二、判断题

1. 安装在工作台侧隔板面及邻近墙面上的信息插座盒底部距地面高度宜为 1.0 m。 (　　)

2. 信息点的数量根据各房间的需求进行配置，为满足扩展的需求，一般在设计时会留有 10% 的余量。 (　　)

3. 免打线模块在将双绞线的铜导线芯压入模块主体的 IDC 端子后，裸露在外面的线头可以不用剪掉。 (　　)

三、技能训练题

1. 配线架端接训练

练习要点：使用两个模块式配线架来模拟两个楼层管理间，将定长双绞线使用模块压制完成后，再将模块装入配线架指定端口，掌握模块压制和安装方法。

2. 标签标记训练

练习要点：将两个配线架端接完成后，按标准对每根线缆进行标记，掌握线缆标签的书写方法。

3. 信息点端接训练

练习要点：在信息底盒内完成线缆的敷设和端接，要求信息底盒内保留一定的线缆冗余，端接完成之后要盖上面板盖板，并写好标签。

任务 3
测试与验收

学习目标

1. 掌握六类设备认证测试方法。
2. 掌握超五类设备认证测试方法。
3. 掌握福禄克测试仪记录表的编写与填写方法。

任务描述

在已经完成了线缆敷设、设备端接、信息点端接的一栋大楼内，现需要对端接设备进行认证测试验收，并填写好相关记录表。

相关知识

一般布线施工员在完成设备端接之后，都会使用简易测试仪器对链路进行通断测试，这也是常说的验证测试，但链路验证测试通过并不能代表链路一定合格，它只能证明链路的电气导通情况正常。实际工程中要求的链路除能正常导通之外，还要求链路的相关性能参数也达标，通过各项参数综合评定该链路是否真正合格，这和布线施工员的施工技术、布线材料的质量都有很大的关系。这就要用到认证测试，本次任务要求对所有链路进行认证测试，以达到全面验收的效果。

一、认证测试

当线缆布线施工完毕后，需对全部电缆系统进行认证测试。此时要根据供需方协定的标准，例如 TSB 67、ISO 11801 等，对线缆系统执行彻底测试，以保证所安装的电缆系统符合设计标准，如超五类标准、六类标准、超六类标准等。

该认证测试需测试各种电气参数，最后要给出每一条链路即每条线缆的测试报告。测试报告包括测试的时间、地点、操作人员姓名、运用的标准、测试的结果。测试的参数较多，例如 Ware Map 打线图、长度、衰减、近端串扰、衰减串扰比、回波损耗、传输时延、时延偏离、综合近端串扰、远端串扰、等效远端串扰等参数。

每一个参数都代表不同的含义，各个参数之间又不是独立的，而是相互影响的。如果某个参数不符合规范，需分析原因，然后对模块、配线架、水晶头的压接方法执行相应的调整或重新压接。如果使用的是假冒伪劣的线缆或者模块，会造成多个指标不合格，甚至需要重新敷设线缆。

二、认证测试使用的标准

ISO 11801 是全球认可的针对结构化布线的通用标准，由 ISO JTC1 SC25 WG3 委员会负责编写和修订，除了针对传统的商用楼宇，还包含了对工业建筑、居民住宅建筑、数据中心的结构化布线的设计及传输介质应用等级的描述。该标准在铜缆的信道链路等级标准定义了 100 Ω 平衡四对双绞线的链路及信道传输等。其中，Class D：支持带宽到 100 MHz 的链路及信道；Class E：支持带宽到 250 MHz 的链路及信道；Class EA：支持带宽到 500 MHz 的链路及信道；Class F：支持带宽到 600 MHz 的链路及信道；Class FA：支持带宽到 1 000 MHz 的链路及信道。

以上所描述的链路及信道等级的组成可以通过相应等级的双绞线和连接器组成，其对应的等级如下：Category 5 或 Category 5E（超五类）支持带宽到 100 MHz 的线缆及连接器；Category 6（六类）支持带宽到 250 MHz 的线缆及连接器；Category 6A（超六类）支持带宽到 500 MHz 的线缆及连接器；Category 7（七类）支持带宽到 600 MHz 的线缆及连接器；Category 7A（超七类）支持带宽到 1 000 MHz 的线缆及连接器。

福禄克 DTX、DSX 系列测试仪在极限值设置上对应 ISO/IEC 11801 通用标准，常用测试极限值对应线缆类型见表 2-3-1。

表 2-3-1　常用测试极限值对应线缆类型

福禄克测试极限值	对应线缆类型
ISO 11801 PL Class D	五类或超五类
ISO 11801 PL Class E	六类
ISO 11801 PL Class EA	超六类（6A）
ISO 11801 PL Class F	七类
ISO 11801 PL Class FA	超七类（7A）

掌握这些基本知识之后，在进行认证测试时要首先确定线缆类型，然后再根据线缆类型选择对应的测试极限值。

三、认证测试记录

认证测试需要使用专业设备，世界技能大赛信息网络布线项目指定的测试设备是美国福禄克公司生产的福禄克测试仪，如图 2-3-1 所示。因此，验收人员应会使用福禄克测试仪进行测试，并能对测试结果进行保存和导出。另外，为更直观地看到测试结果，一般需要将测试的结果填入福禄克测试仪记录表中，见表 2-3-2。

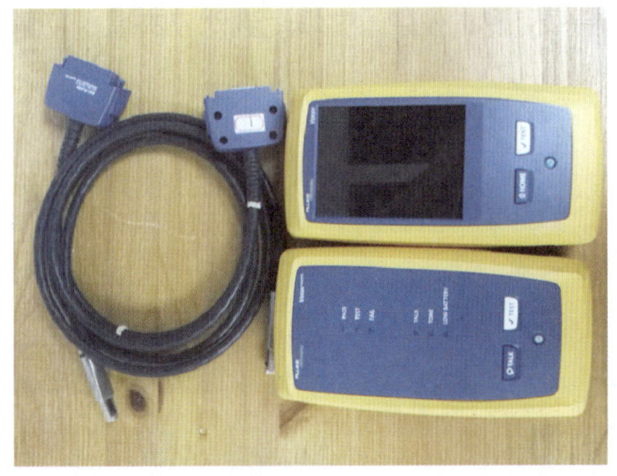

图 2-3-1　DSX-5000 福禄克测试仪

表 2-3-2 福禄克测试仪记录表

测试线缆的名称：	测试采用的极限值：
线缆类型：	操作员：
项目名称：	测试日期：

测试结果

端口号	测试结果（通过 / 失败）	保存名称

任务实施

设备端接完成之后，需要对所有的端接点进行验证测试。认证测试是第三批施工员需要进行的工作，验证测试是第二批施工员需要进行的工作。在本任务中，1A 六类网络配线架和 2A 六类网络配线架端接、1B 超五类网络配线架和 2B 超五类网络配线架端接、2B 超五类网络配线架和信息点端接，需要对 3 条主干进行认证测试，测试结果保存到福禄克测试仪中，并填写到对应的福禄克测试仪记录表中。

一、准备工具和材料

1. 工具

福禄克测试仪、记号笔。

2. 材料

福禄克测试仪记录表。

二、六类网络配线架端接端口认证测试

通常将测试仪的主机连接到大机架端、小机柜连接测试仪的远端进行认证测试。值得注意的是，如果主机端和远端两个设备反过来操作，测试结果可能会不一样，需要供需双方协商进行。

下面使用 DSX-5000 福禄克测试仪对六类网络配线架的第一个端口进行认

证测试验收，要求创建项目名称为 TASK2，添加操作员 TEST，测试极限值使用 ISO 11801 PL Class E，保存名称为 1A-1。

操作如下：

1. 新建项目 TASK2，如图 2-3-2 所示。

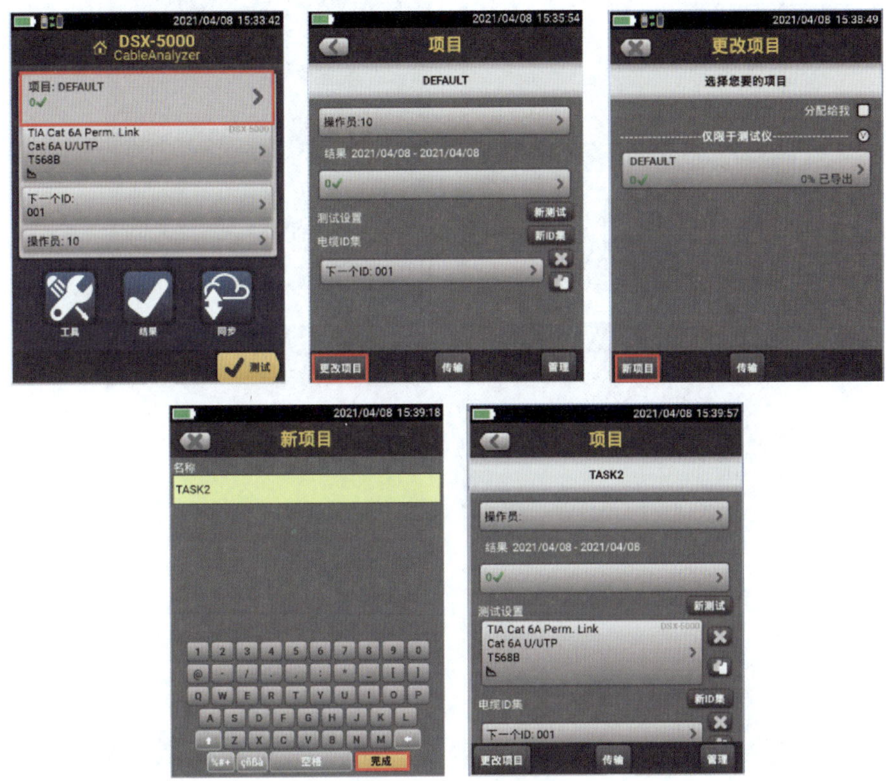

图 2-3-2　新建项目

2. 添加操作员 TEST，如图 2-3-3 所示。

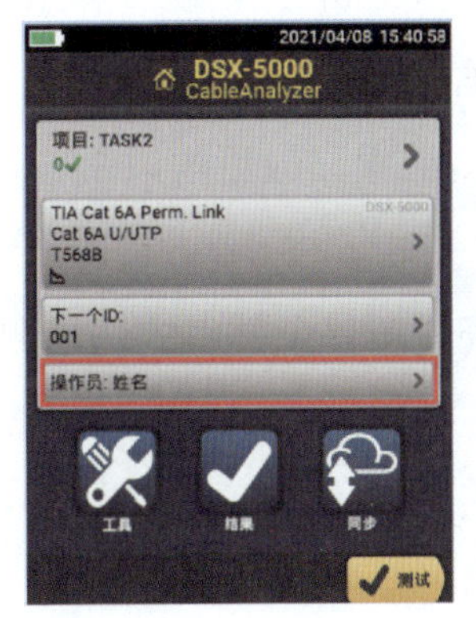

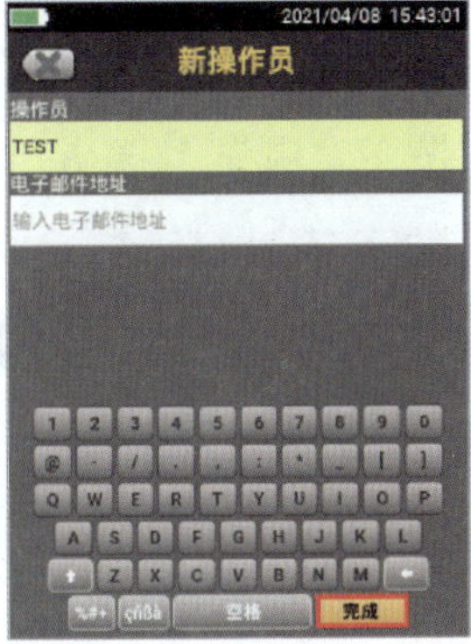

图 2-3-3　添加操作员

3. 按下述操作顺序选择线缆类型 Cat 6 U/UTP，如图 2-3-4 所示。

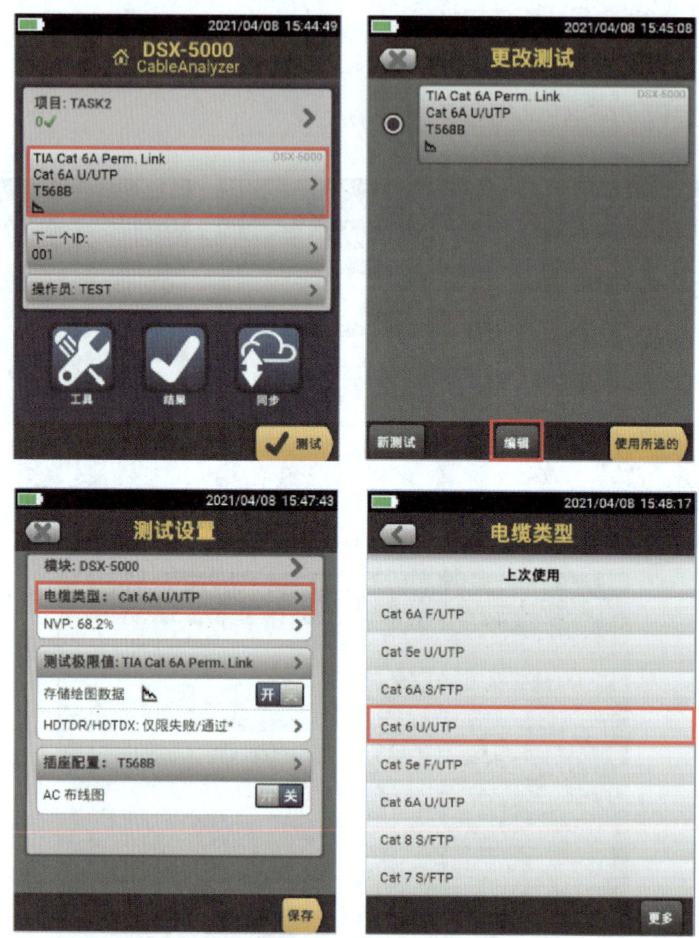

图 2-3-4 选择线缆类型

4. 选择测试极限值 ISO 11801 PL Class E，如图 2-3-5 所示。

5. 将设置好的福禄克测试仪主机插入大机架六类网络配线架第一个端口，智能远端插入小机柜六类网络配线架第一个端口（正确连接主机会发出“叮”的声响），按下“测试”键进行测试，数秒后会显示测试结果，最后再以 1A-1 命名存盘，如图 2-3-6 所示。

接下来再重复第五步的操作，来完成六类网络配线架其余端口的认证测试和保存。

测试完成后可参照表 2-3-3 填写福禄克测试仪记录表。

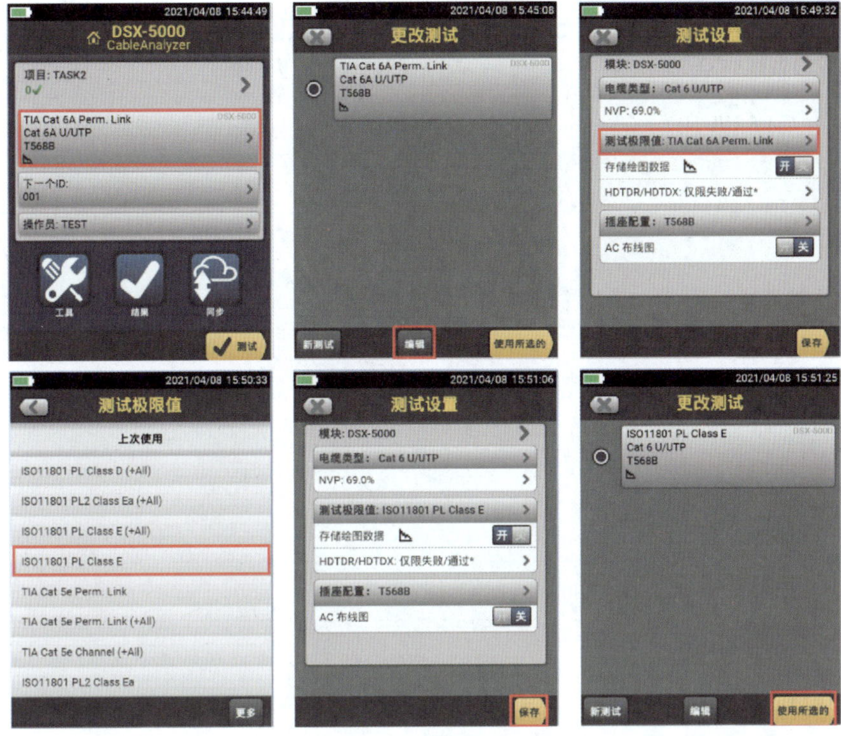

图 2-3-5　选择测试极限值

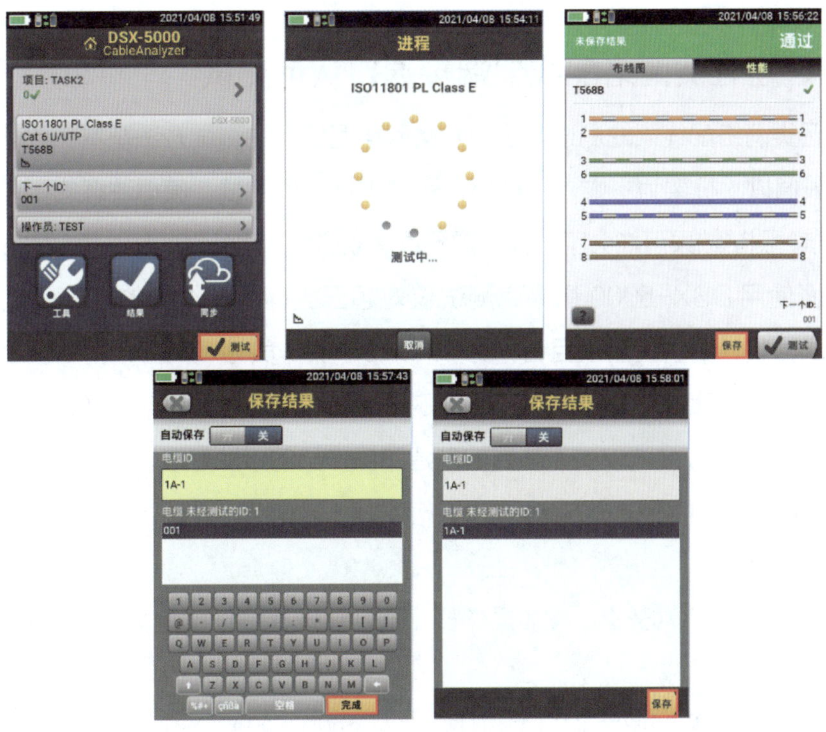

图 2-3-6　测试并存盘

表 2-3-3　六类网络配线架端接福禄克测试仪记录表

测试线缆的名称：CO-1	测试采用的极限值：
线缆类型：Cat 6 U/UTP	操作员：
项目名称：	测试日期：

测试结果

端口号	测试结果（通过 / 失败）	保存名称
1A-1		
1A-2		
1A-3		
1A-4		
1A-5		
1A-6		
1A-7		
1A-8		

三、超五类网络配线架端接端口认证测试

超五类网络配线架的测试方法和六类网络配线架的测试方法基本一致，但所采用的极限值以大机架为主端、小机柜为远端进行认证测试。值得注意的是，如果反过来操作，测试结果可能会不一样，需要供需双方协商进行。

下面使用 DSX-5000 福禄克测试仪对超五类网络配线架的第一个端口进行认证测试验收，要求设置项目名称为 TASK2，操作员为 TEST，测试极限值使用 ISO 11801 PL Class D，保存名称为 1B-1。在六类网络配线架测试时已经学习了 DSX-5000 福禄克测试仪关于项目的创建和操作员的添加方法，在这里重点讲解线缆类型、测试极限值的选择方法。

操作如下：

1. 新建项目 TASK2，添加操作员 TEST，选择线缆类型为 Cat 5e U/UTP，如图 2-3-7 所示。

2. 选择测试极限值为 ISO 11801 PL Class D，如图 2-3-8 所示。

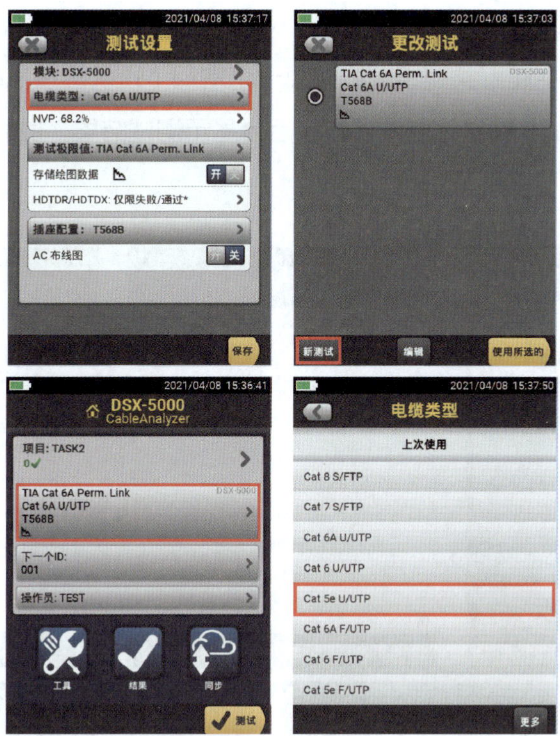

图 2-3-7　新建项目，添加操作员，选择线缆类型

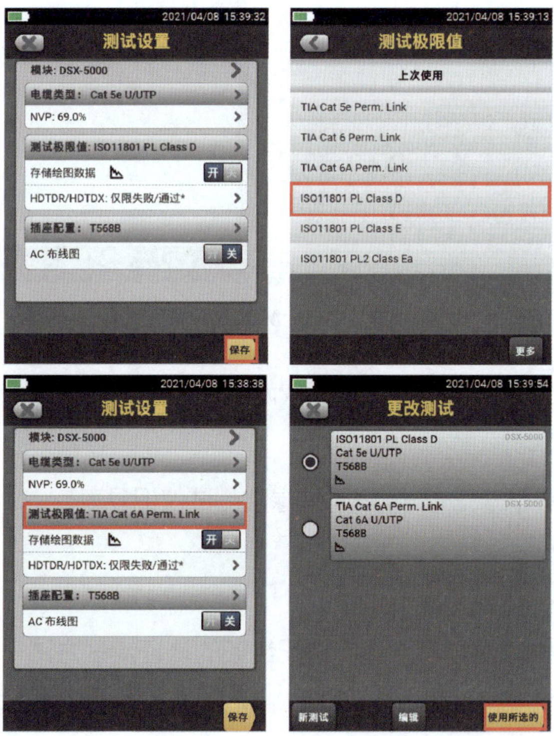

图 2-3-8　选择测试极限值

3. 将设置好的福禄克测试仪主机插入大机架超五类网络配线架第一个端口，智能远端插入小机柜超五类网络配线架第一个端口（正确连接主机会发出“叮”的声响），按下“测试”键进行测试，数秒后会显示测试结果，最后存盘为1B-1，如图2-3-9所示。

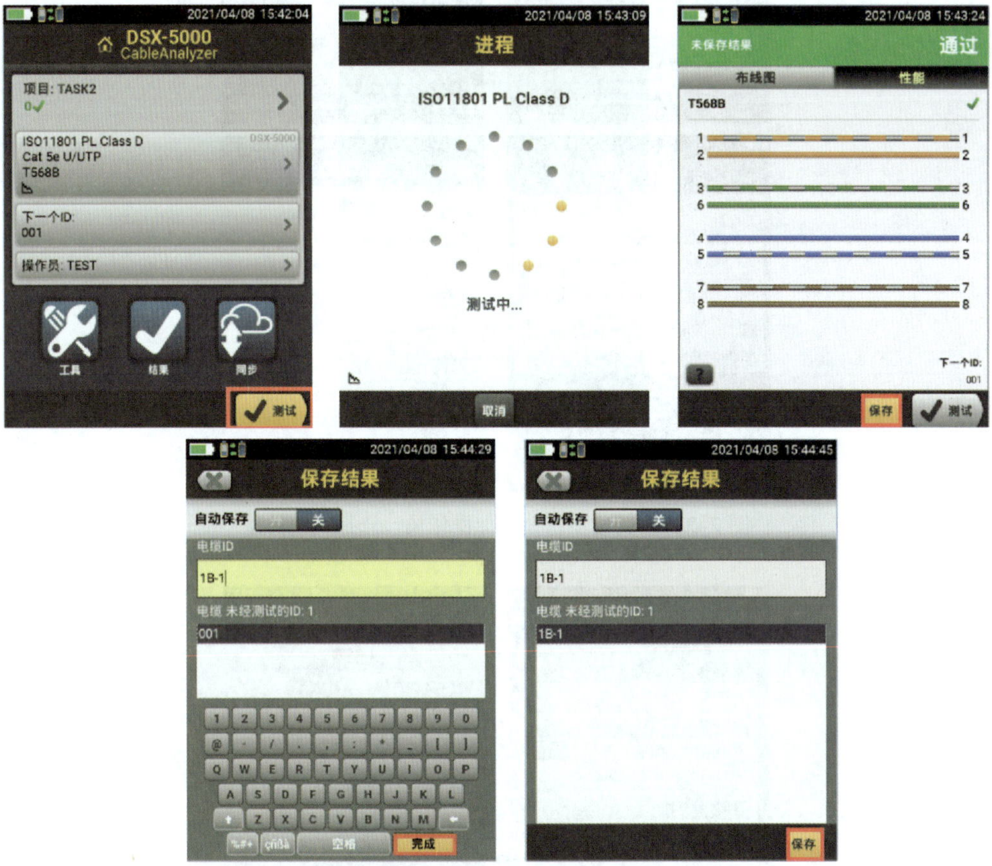

图 2-3-9　测试并存盘

接下来再重复第三步的操作，来完成超五类网络配线架其余端口的认证测试和保存。

测试完成后可参照表2-3-4填写福禄克测试仪记录表。

四、信息点认证测试

信息点认证测试方法与超五类网络配线架的认证测试方法一致，可参照超五类网络配线架的认证测试对信息点进行认证测试，认证测试完成之后按表2-3-5填写信息点测试记录表。

表 2-3-4　超五类网络配线架端接福禄克测试仪记录表

测试线缆的名称：CO-2		测试采用的极限值：
线缆类型：Cat 5e U/UTP		操作员：
项目名称：		测试日期：
测试结果		
端口号	测试结果（通过 / 失败）	保存名称
1B-1		
1B-2		
1B-3		
1B-4		
1B-17		
1B-18		
1B-19		
1B-20		
1B-21		
1B-22		
1B-23		
1B-24		

表 2-3-5　信息点测试记录表

测试线缆的名称：CO-3		测试采用的极限值：
线缆类型：Cat 5e U/UTP		操作员：
项目名称：		测试日期：
测试结果		
端口号	测试结果（通过 / 失败）	保存名称
TO-1（1）-1		
TO-1（1）-2		
TO-1（2）-1		
TO-1（2）-2		
TO-1（3）-1		
TO-1（3）-2		

任务评价

学习任务综合评价表见表 2-3-6。

表 2-3-6　学习任务综合评价表

<table>
<tr><th rowspan="2">评价项目</th><th rowspan="2">评价内容</th><th rowspan="2">配分 / 分</th><th colspan="3">评价分数</th></tr>
<tr><th>自我评价</th><th>小组评价</th><th>教师评价</th></tr>
<tr><td rowspan="3">职业素养</td><td>安全和责任意识强，遵守健康及安全标准</td><td>10</td><td></td><td></td><td></td></tr>
<tr><td>团队合作意识强，善于与人沟通交流</td><td>5</td><td></td><td></td><td></td></tr>
<tr><td>现场管理符合“6S”标准，做好定期整理工作</td><td>5</td><td></td><td></td><td></td></tr>
<tr><td rowspan="4">专业能力</td><td>会使用福禄克测试仪</td><td>10</td><td></td><td></td><td></td></tr>
<tr><td>能按要求对六类网络配线架进行认证测试</td><td>10</td><td></td><td></td><td></td></tr>
<tr><td>能按要求对超五类网络配线架进行认证测试</td><td>10</td><td></td><td></td><td></td></tr>
<tr><td>能按要求对信息点进行认证测试</td><td>10</td><td></td><td></td><td></td></tr>
<tr><td rowspan="4">任务成果</td><td>任务完成符合标准规范</td><td>10</td><td></td><td></td><td></td></tr>
<tr><td>六类网络配线架认证测试全部通过</td><td>10</td><td></td><td></td><td></td></tr>
<tr><td>超五类网络配线架认证测试全部通过</td><td>10</td><td></td><td></td><td></td></tr>
<tr><td>信息点认证测试全部通过</td><td>10</td><td></td><td></td><td></td></tr>
<tr><td colspan="2">总分</td><td>100</td><td></td><td></td><td></td></tr>
<tr><td>评价说明</td><td>自我评价 ×20%+ 小组评价 ×30%+ 教师评价 ×50%= 总评成绩</td><td>总评成绩</td><td colspan="3"></td></tr>
</table>

课后练习题

一、选择题

1. 某链路认证测试通过，则验证测试（　　）。

A. 一定通过　　　　B. 一定不会通过

C. 不一定能通过　　D. 以上都不对

2. 某链路验证测试通过，则认证测试（　　）。

A. 一定通过　　　　B. 一定不会通过

C. 不一定能通过　　D. 以上都不对

3．下列关于认证测试和验证测试的说法中，错误的是（　　）。

A．验证测试只进行通断测试，不进行性能测试

B．验证测试是最基本的测试，如果验证测试不通过，就没有必要再进行认证测试

C．认证测试除需测试各种电气参数外，最后要给出每一条链路的测试报告

D．认证测试必须使用专业的测试仪器才能进行

二、判断题

1．验证测试和认证测试是一样的，一个工程中只需要选择一种测试即可。（　　）

2．在 DSX-5000 福禄克测试仪中，不能创建多个项目，操作员也只能有一个。（　　）

3．能进行认证测试的设备只有福禄克测试仪。（　　）

三、技能训练题

使用福禄克测试仪进行操作训练，练习要点如下：使用福禄克测试仪对超五类网络配线架和六类网络配线架的每个已经端接的端口进行性能测试并按指定名称保存，通过反复训练熟练掌握福禄克测试仪的操作。

项目三 跨楼层网络综合布线实施

某企业办公楼为实现二、三层各办公室的数据传输，要求搭建一条通道，并在二层增设管理间，使二、三层办公室内的计算机成为一个整体网络。业务主管已经完成施工方案，现需要网络管理员按作业要求进行综合布线施工。图 3-0-1 所示为综合布线立面施工图，图 3-0-2 所示为综合布线平面施工图。

本项目主要是进行不同楼层之间网络的布线与端接，其中包括线缆的敷设、桥架的敷设、线缆与配线架的端接、各类标签制作以及最后的测试等。

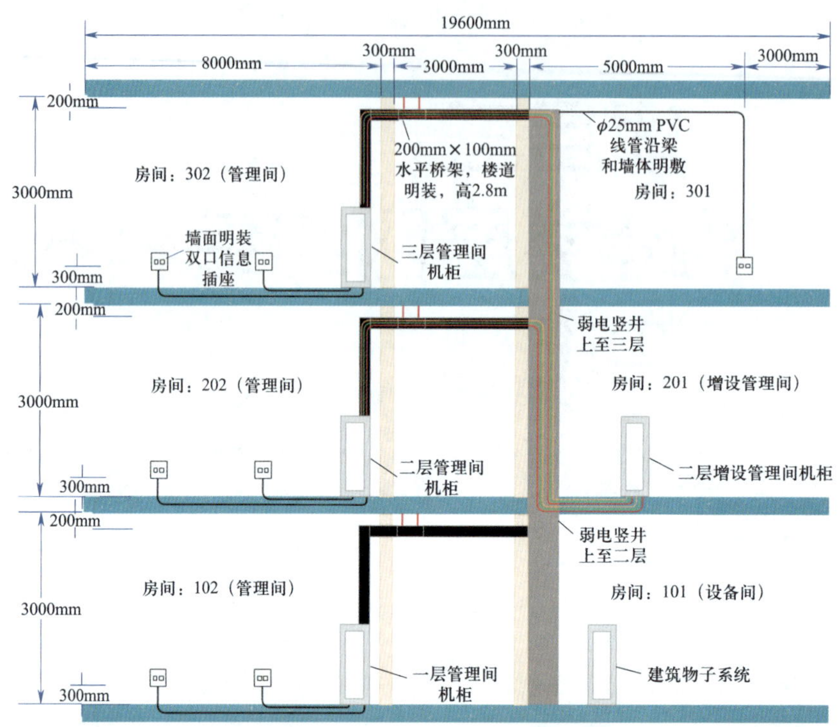

图 3-0-1　综合布线立面施工图

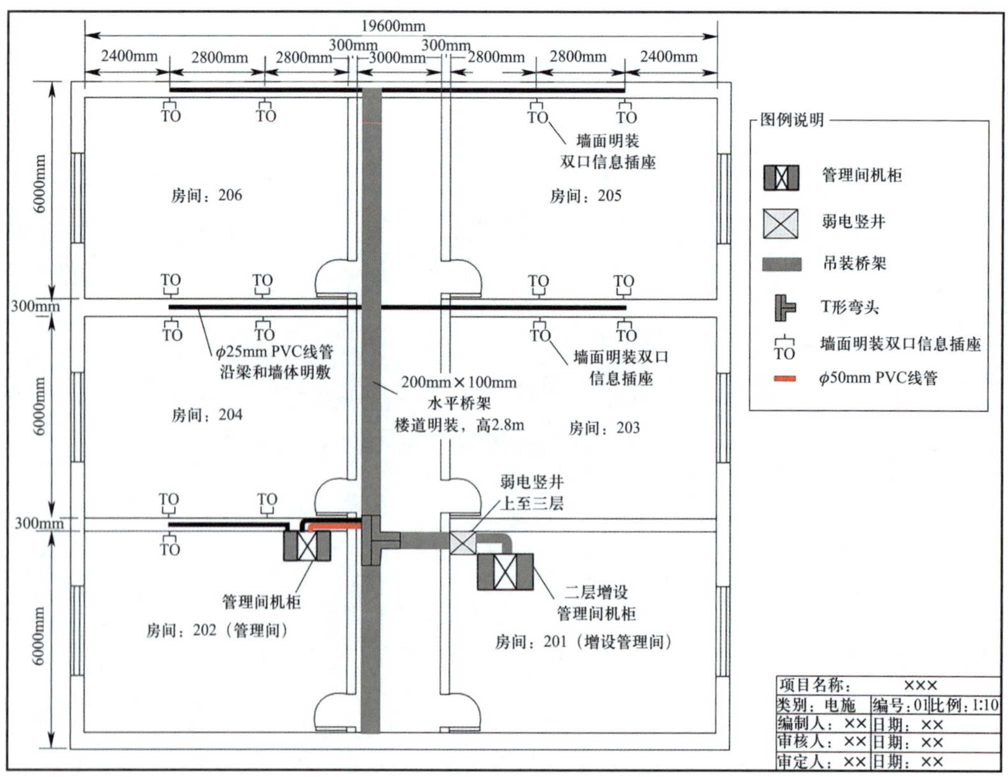

图 3-0-2　综合布线平面施工图

任务 1
施工前准备工作

学习目标

1. 掌握垂直子系统和设备间子系统的概念。
2. 掌握施工图标志注解的含义。
3. 能根据施工图明确要完成的施工任务。

任务描述

根据业务主管完成的施工图纸，现需要网络管理员从综合布线立面施工图、综合布线平面施工图、线缆标签图（见图 3-1-1）、配线架安装位置图（见图 3-1-2）、6A 屏蔽双绞线端接位置图（见图 3-1-3）、大对数电缆端接位置图（见图 3-1-4）和光缆熔接位置图（见图 3-1-5）中了解此次施工要完成的施工任务。

具体要求如下：

1. 分析 7 张施工图纸，了解施工内容。
2. 规划整体施工流程。

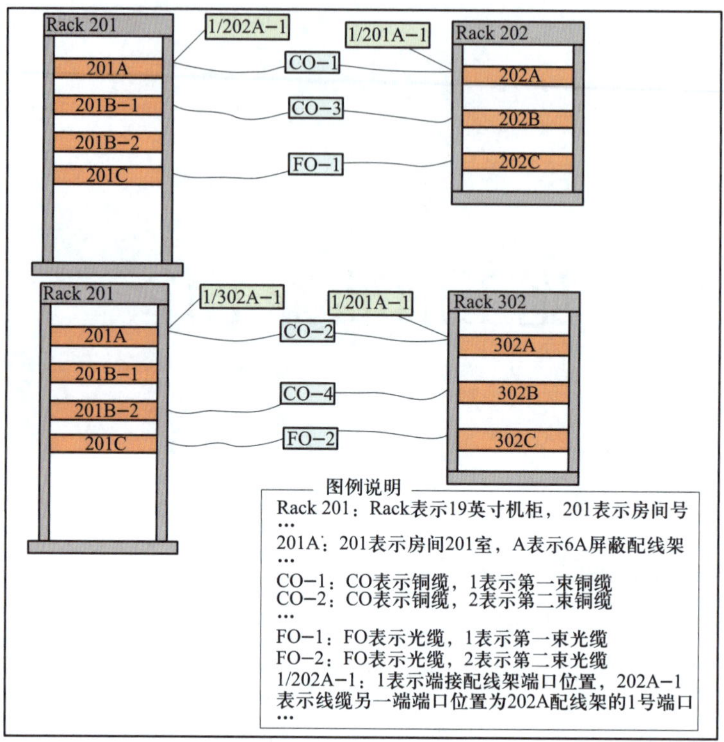

图 3–1–1　线缆标签图

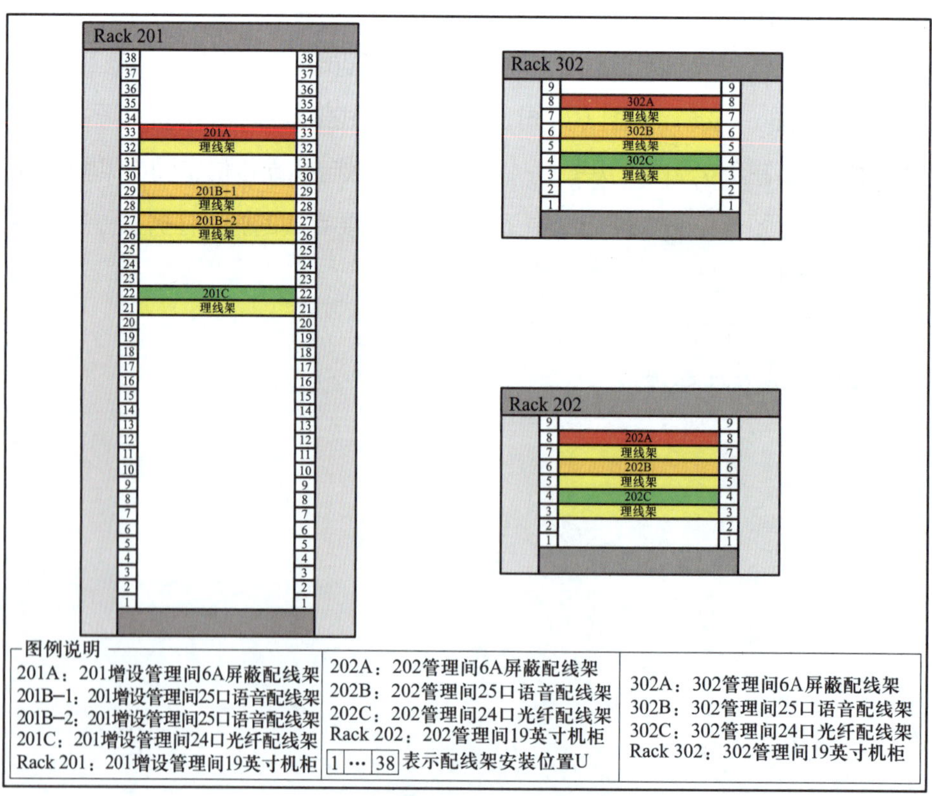

图 3–1–2　配线架安装位置图

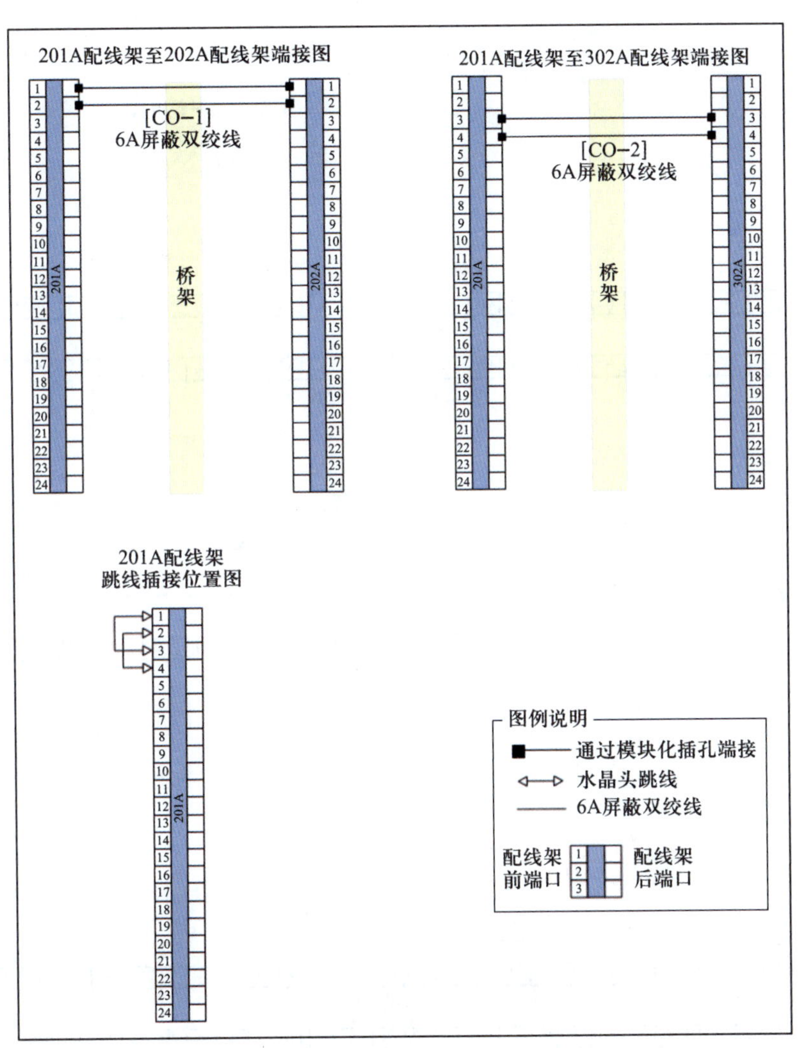

图 3-1-3　6A 屏蔽双绞线端接位置图

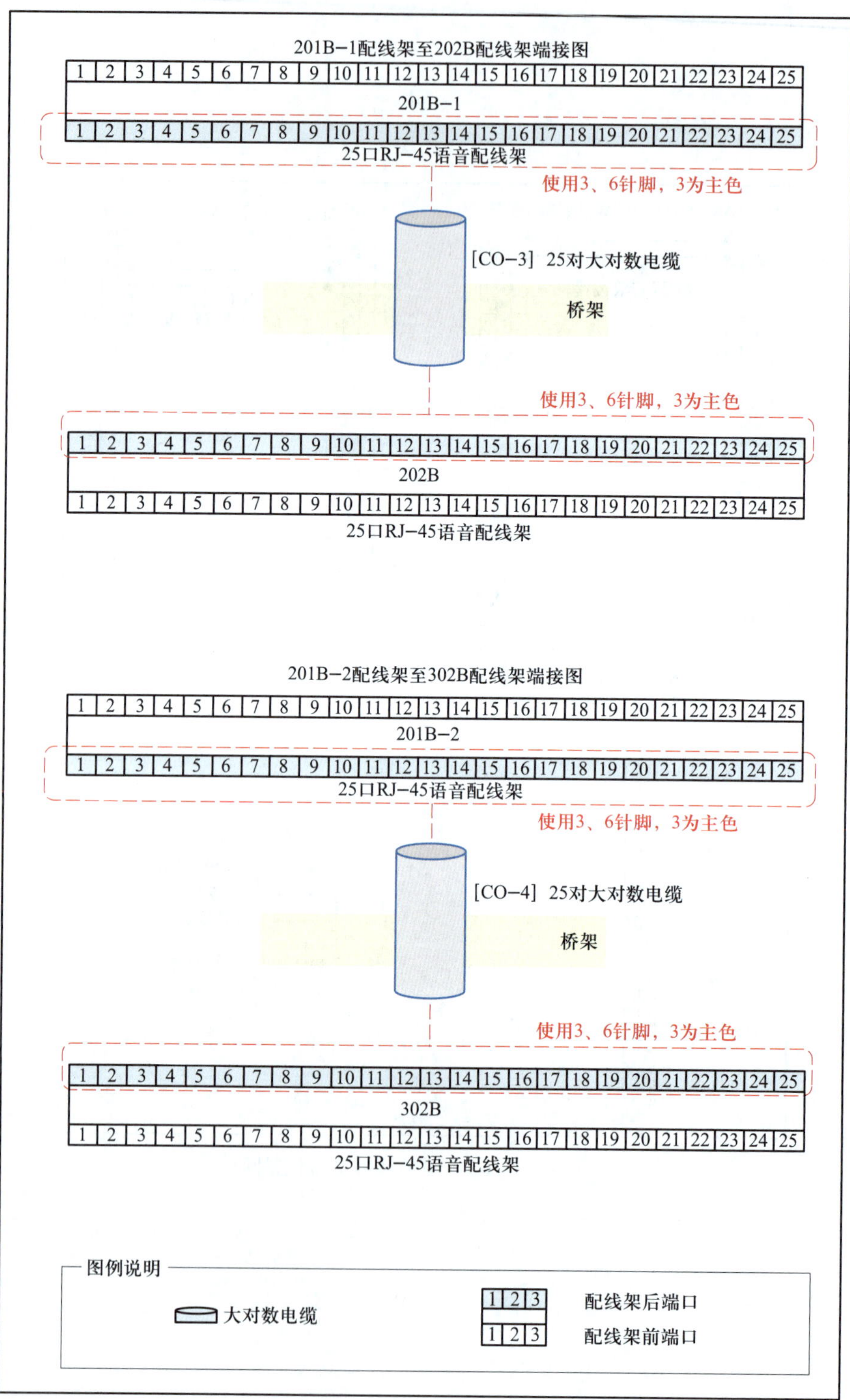

图 3-1-4 大对数电缆端接位置图

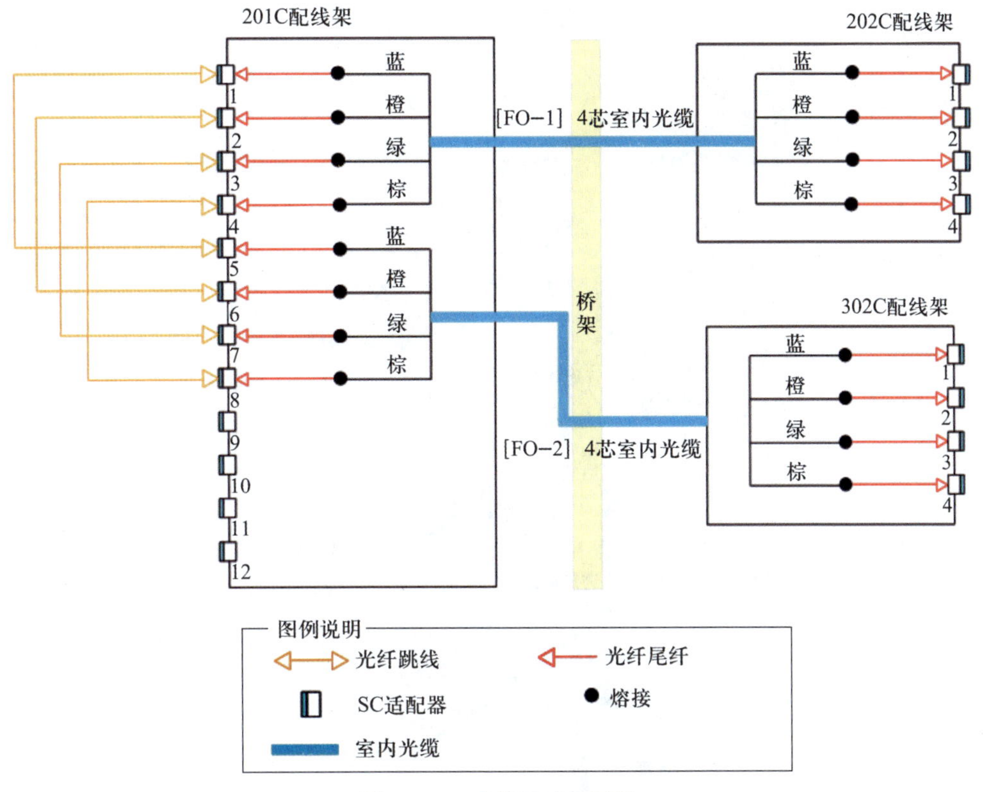

图 3-1-5　光缆熔接位置图

相关知识

一、垂直子系统简介

在国家标准《综合布线系统工程设计规范》（GB 50311—2016）中也把垂直子系统称为干线子系统。图 3-1-6 所示为垂直子系统图例。垂直子系统提供建筑物的干线电缆，负责连接管理间子系统到设备间子系统，实现主配线架与中间配线架，计算机、用户级交换机（PBX）、控制中心与各管理间子系统的连接。

垂直子系统由管理间配线架、设备间配线架以及它们之间连接的线缆组成。这些线缆包括铜缆和光缆，一般这些线缆都是垂直安装的，因此，在工程中通常称为垂直子系统。图 3-1-7 所示为垂直子系统原理图（铜缆），图 3-1-8 所示为垂直子系统原理图（光缆）。

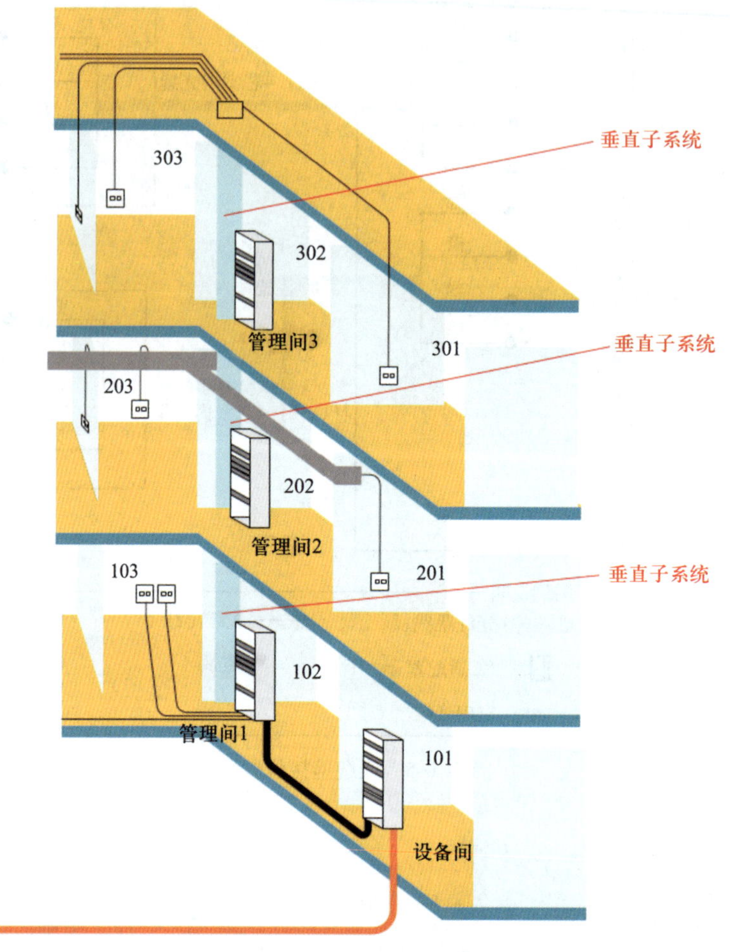

图 3-1-6　垂直子系统图例

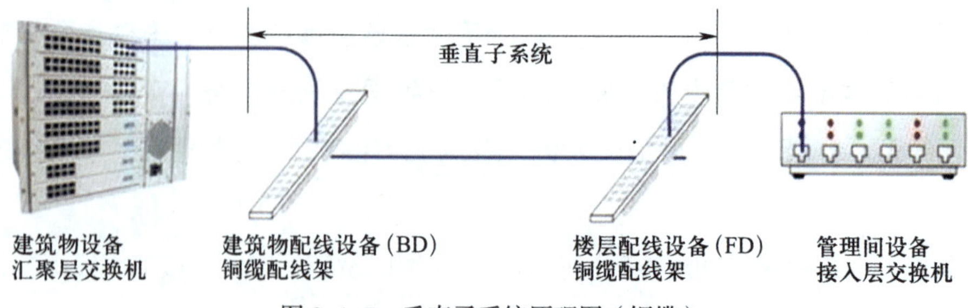

图 3-1-7　垂直子系统原理图（铜缆）

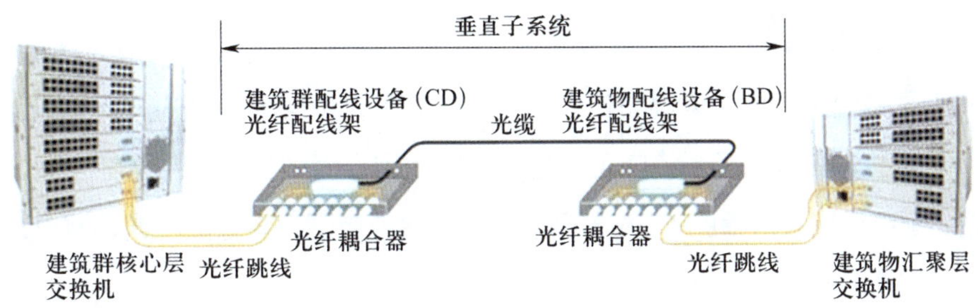

图 3-1-8　垂直子系统原理图（光缆）

二、设备间子系统简介

设备间在实际应用中一般称为网络中心或者机房，是在每栋建筑物适当的地点进行网络管理和信息交换的场地。其位置和大小应根据系统分布、规模以及设备的数量具体确定。设备间通常由铜缆、连接器和相关支撑硬件组成，通过线缆把各种公用系统设备互连起来。图 3-1-9 所示为设备间子系统示意图。

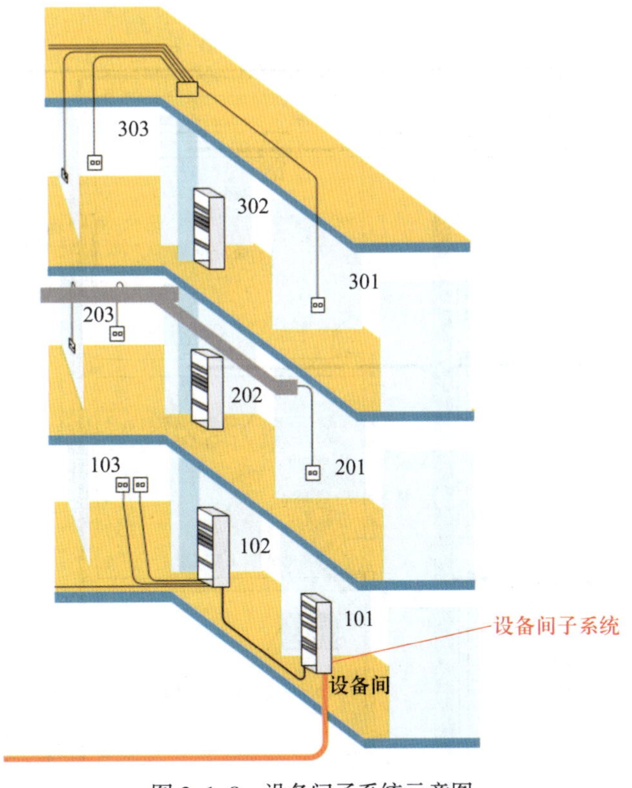

图 3-1-9　设备间子系统示意图

三、施工图简介

施工图是由工程设计人员设计，用于指导施工人员实际操作的图纸。施工图一般使用平面图。在垂直子系统施工过程中一般使用立面施工图、平面施工图、线缆标签图、配线架安装位置图、6A 屏蔽双绞线端接位置图、大对数电缆端接位置图和光缆熔接位置图。

1. 立面施工图

立面施工图可以识别主干线缆的敷设路由及建筑物的立面结构，如图 3-0-1 所示。

立面施工图包含建筑物的立面结构信息、宽度、高度、设备的安装位置、主干线缆的路由信息。

2. 平面施工图

平面施工图可以识别主干线缆的敷设路由及建筑物的平面结构。图 3-1-10 所示为平面施工图组成部分。

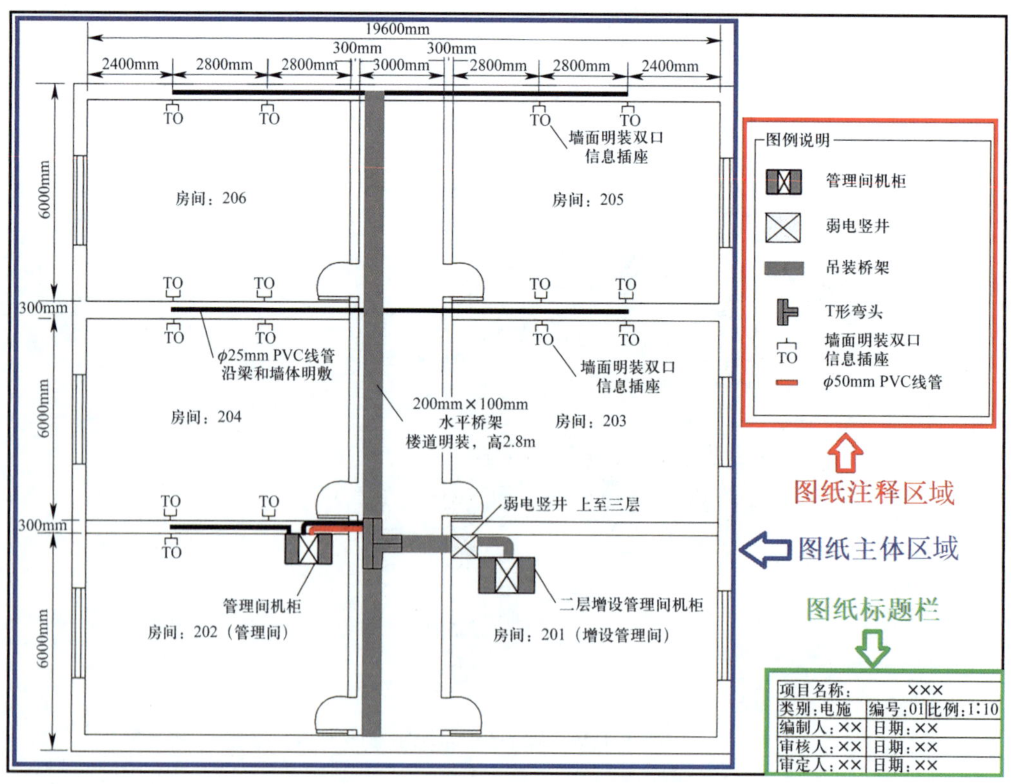

图 3-1-10　平面施工图组成部分

平面施工图由图纸主体区域、注释区域和标题栏 3 部分组成。

图纸主体区域用于标志某一层的平面结构、长度、宽度、各设备的摆放位置以及主干线缆的平面敷设方式。

注释区域用于标志主体区域中各图标的文字说明，如图 3-1-11 所示。

标题栏用于表明该图纸的各类信息。

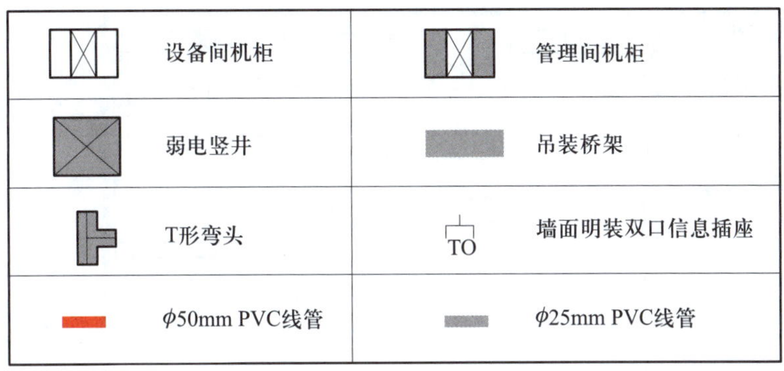

图 3-1-11　施工图图例注释

3. 线缆标签图

线缆标签图主要用于管理间和设备间内机柜、线缆、配线架的标志。线缆标签图由主体区域和注释区域两部分组成，如图 3-1-12 所示。

主体区域规定不同类型的线缆需要使用标签进行标志，单根线缆在末端需要制作标签进行标志。

注释区域说明了机柜、配线架、线缆标签的定义规范。

4. 配线架安装位置图

配线架安装位置图主要用于管理间机柜和设备间机柜的配线架安装，此图规定了配线架在机柜内的具体安装位置，如图 3-1-13 所示。

配线架安装位置图由主体区域和注释区域两部分组成。

主体区域规定了机柜内配线架的安装位置。

注释区域定义了机柜的名称、配线架的名称和机柜内的尺寸单位等。

5. 6A 屏蔽双绞线端接位置图

6A 屏蔽双绞线端接位置图主要用于规定 6A 屏蔽双绞线在线缆两端配线架的安装位置。

6A 屏蔽双绞线端接位置图由主体区域和注释区域两部分组成，如图 3-1-14 所示。

主体区域规定了 6A 屏蔽双绞线的端接、安装位置。

注释区域定义了 6A 屏蔽双绞线的端接方式、跳线的连接方式以及线缆标志。

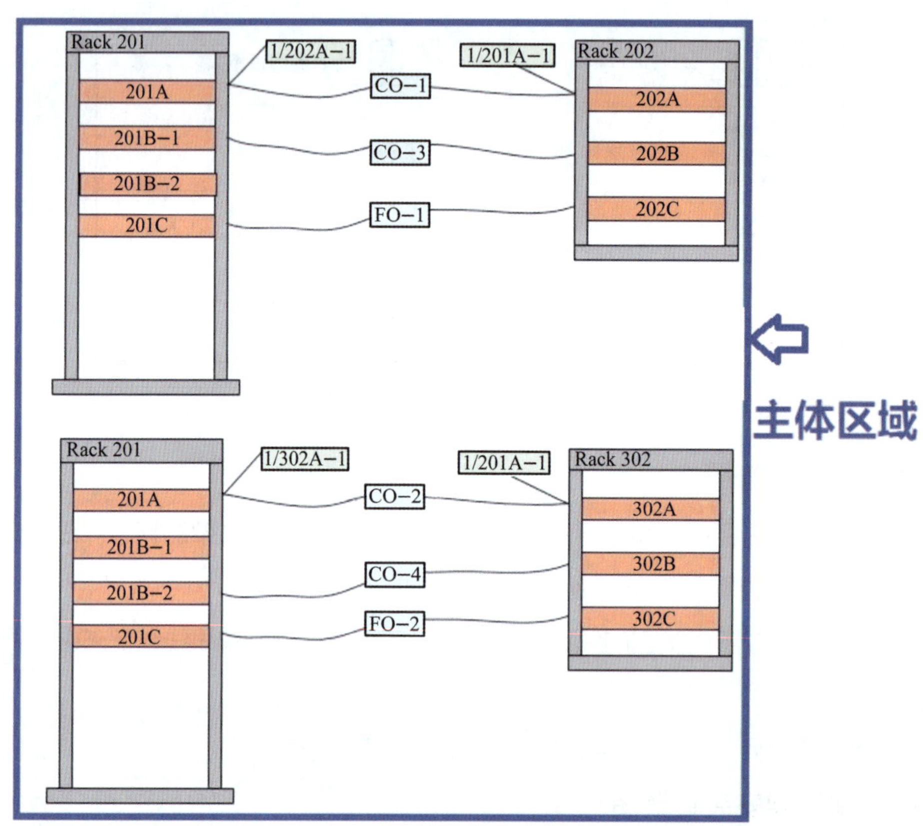

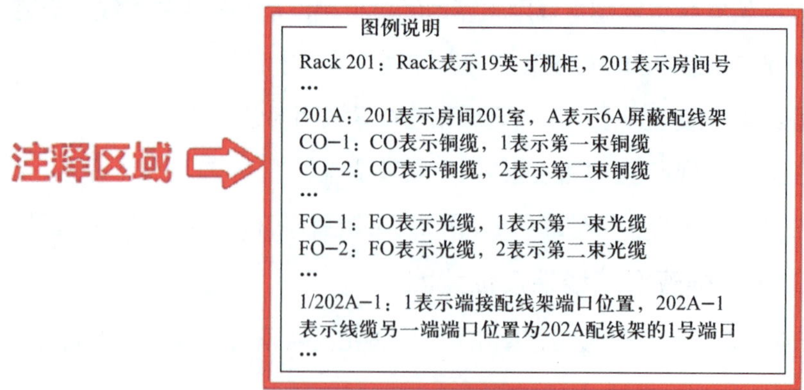

图 3-1-12　线缆标签图组成部分

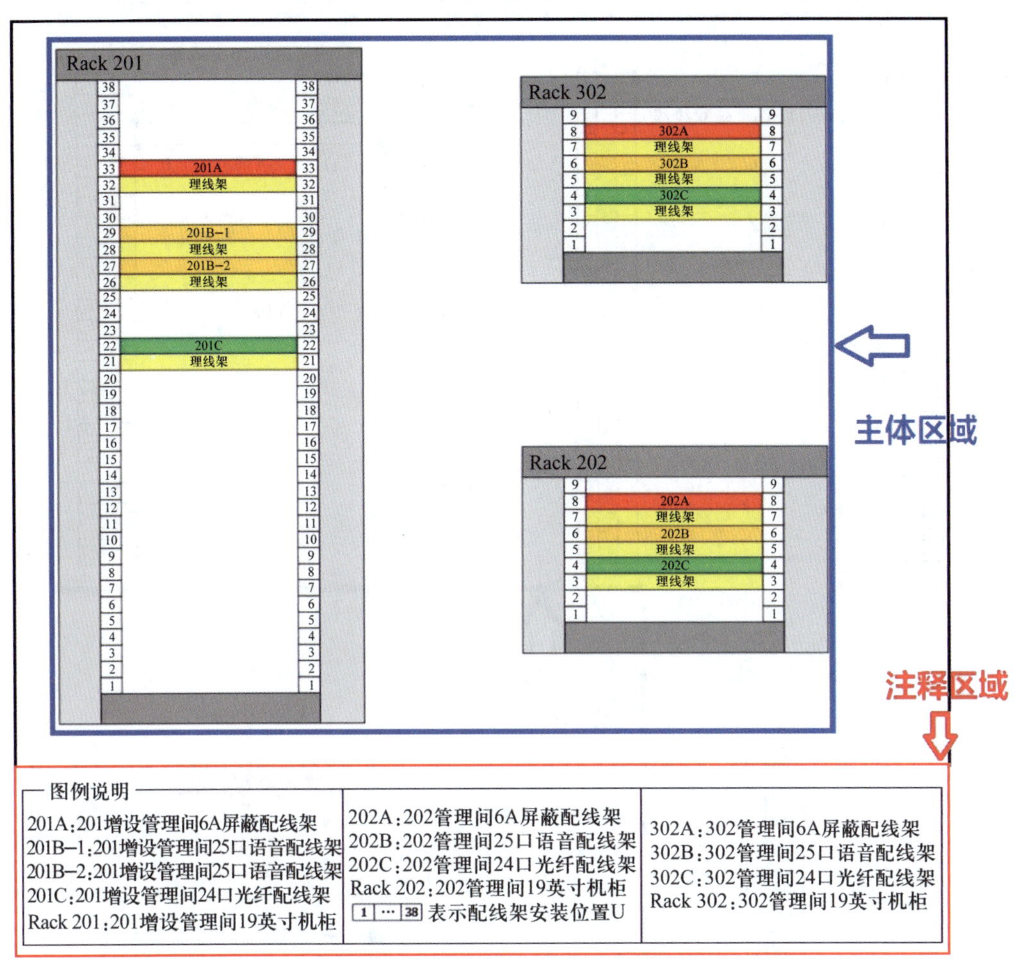

图 3-1-13　配线架安装位置图组成部分

6. 大对数电缆端接位置图

大对数电缆端接位置图主要用于规定大对数电缆两端的配线架端接位置。

大对数电缆端接位置图由主体区域和注释区域两部分组成，如图 3-1-15 所示。

主体区域规定了大对数电缆的端接端口、针脚和端接色序。

注释区域定义了大对数电缆在 25 口语音配线架上的端接位置。

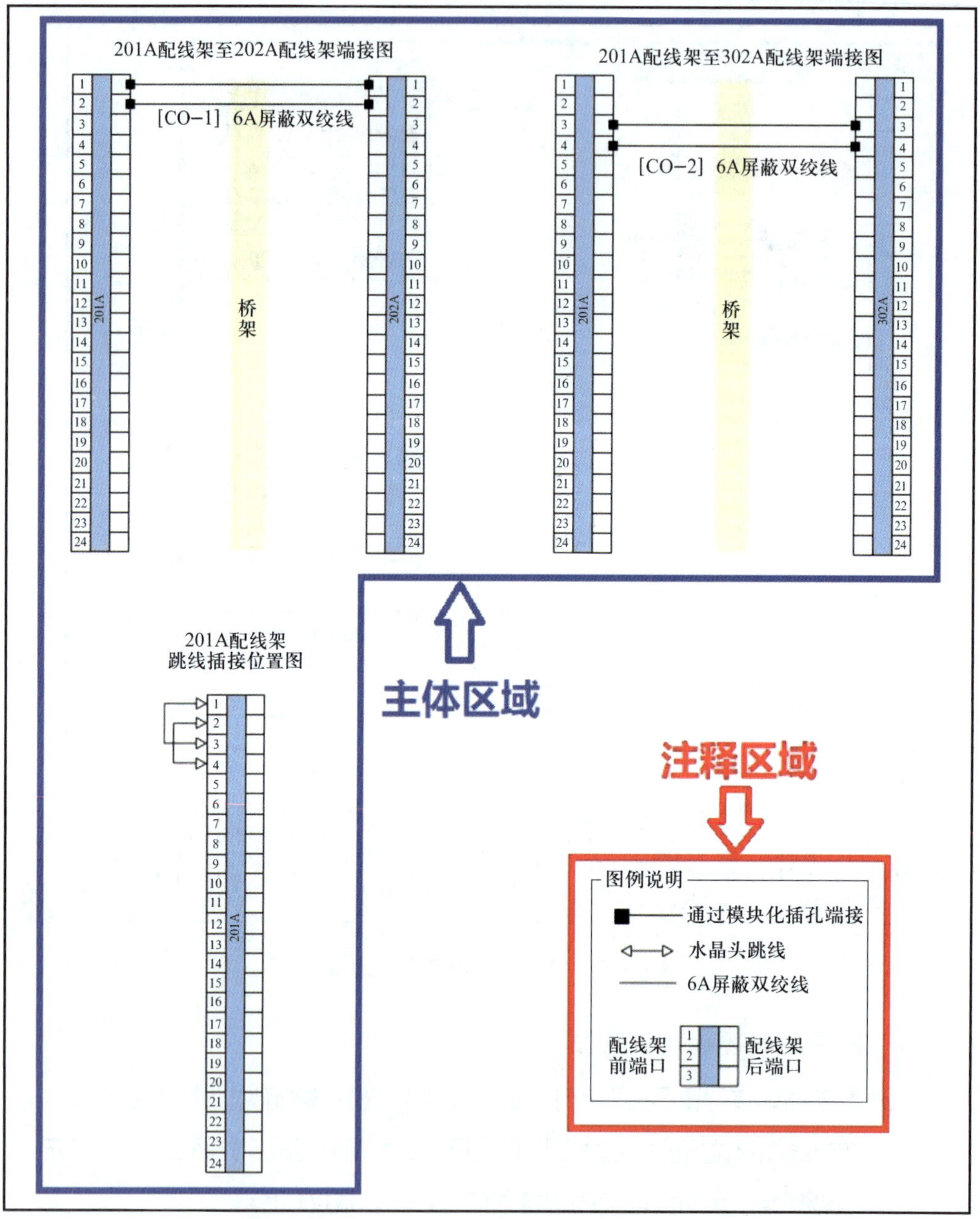

201A配线架至202A配线架端接图

[CO-1] 6A屏蔽双绞线

201A

桥架

202A

201A配线架至302A配线架端接图

[CO-2] 6A屏蔽双绞线

201A

桥架

302A

201A配线架
跳线插接位置图

201A

主体区域

注释区域

图例说明

通过模块化插孔端接

水晶头跳线

6A屏蔽双绞线

配线架前端口

配线架后端口

图 3-1-14　6A 屏蔽双绞线端接位置图组成部分

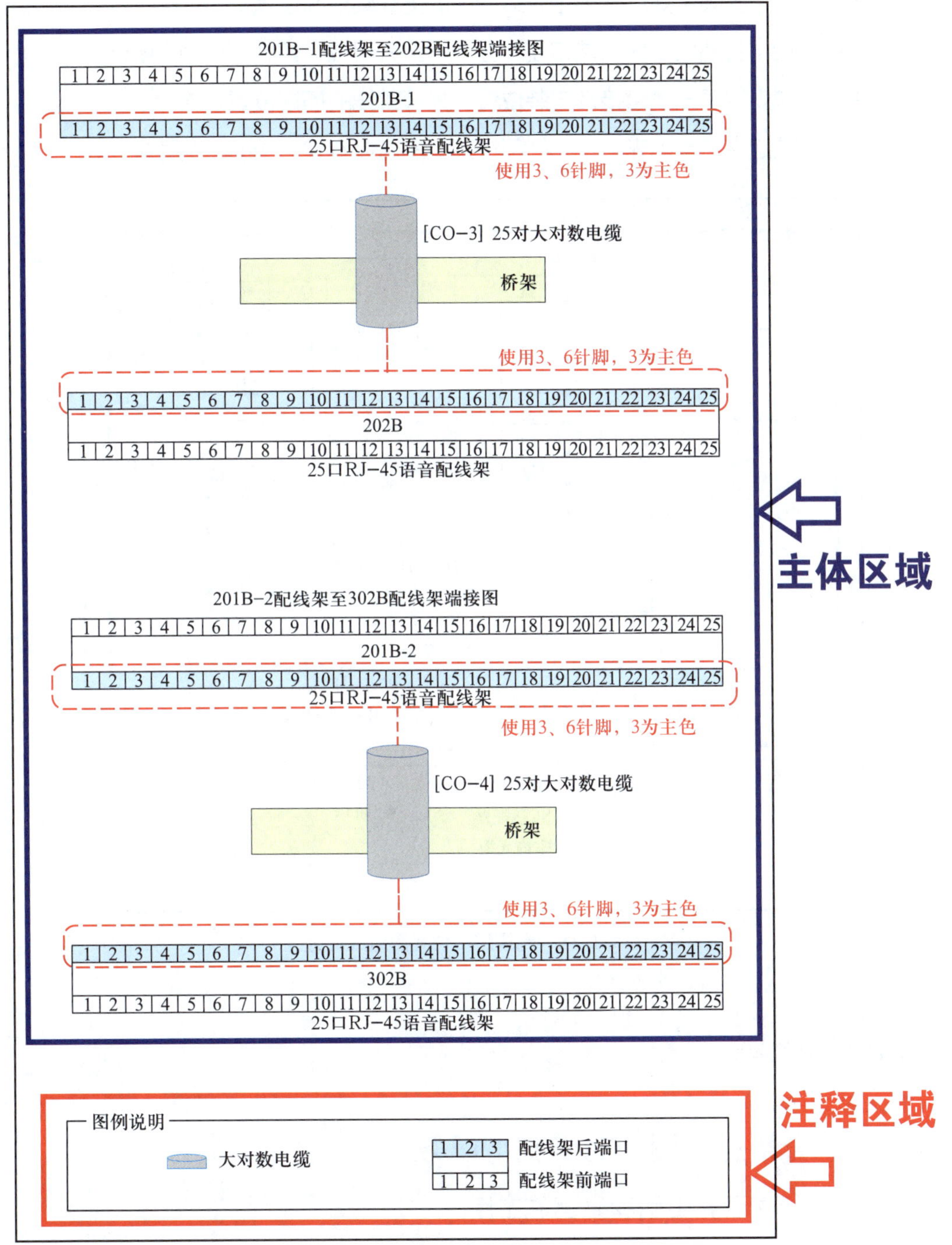

图 3-1-15　大对数电缆端接位置图组成部分

7. 光缆熔接位置图

光缆熔接位置图主要用于规定光缆两端的配线架安装位置。

光缆熔接位置图由主体区域和注释区域两部分组成，如图 3-1-16 所示。

主体区域规定了光缆熔接及安装位置、光纤跳线的插接位置。

注释区域定义了室内光缆在光纤配线架上的熔接方式、线缆和配件标志。

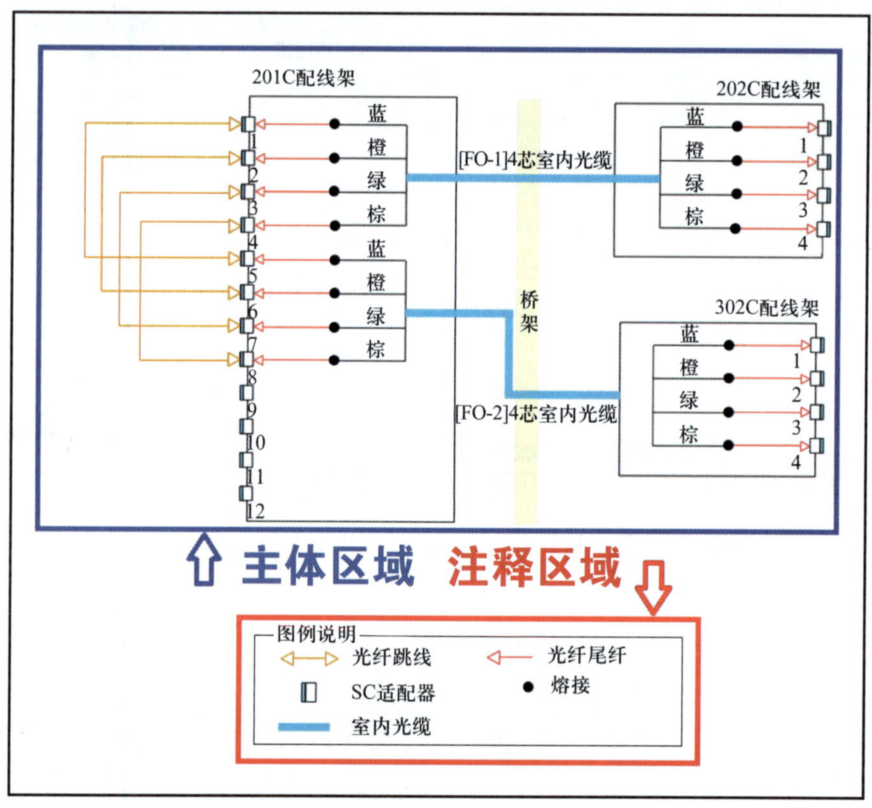

图 3-1-16　光缆熔接位置图组成部分

任务实施

一、分析施工图，明确施工任务

1. 分析立面施工图和平面施工图

从综合布线立面施工图（见图 3-0-1）和综合布线平面施工图（见图 3-0-2）可以得知，已有的二层管理间位于 202 室，三层管理间位于 302 室，增设的二层管理间位于 201 室。

201 室 Rack 201 机柜线缆一路通过弱电竖井垂直向上敷设进入二层水平吊装桥架并经垂直桥架进入 202 室管理间 Rack 202 机柜，一路进入三层水平吊装桥架并经垂直桥架进入 302 室管理间 Rack 302 机柜。

2. 分析线缆标签图

从线缆标签图（见图 3-1-1）可以得知，从 Rack 201 机柜到 Rack 202 机柜的线缆需要制作不同类型的标签，包括线缆束标签、线缆端口标签、设备标签。

本任务标签说明如下：

Rack 201：Rack 表示 19 英寸机柜，201 表示房间号。

…

201A：201 表示 201 房间，A 表示 6A 屏蔽配线架。

CO-1：CO 表示铜缆，1 表示第一束铜缆。

CO-2：CO 表示铜缆，2 表示第二束铜缆。

…

FO-1：FO 表示光缆，1 表示第一束光缆。

FO-2：FO 表示光缆，2 表示第二束光缆。

…

1/202A-1：1 表示端接 201A 配线架的 1 号端口位置，202A-1 表示线缆另一端端接 202A 配线架的 1 号端口位置。

…

3. 分析配线架安装位置图

从配线架安装位置图（见图 3-1-2）可以得知配线架需要安装机柜的指定位置。 在如图 3-1-17 所示的配线架安装位置局部图中，数字 33 表示 201A 配线架安装在机柜 33U 位置，数字 32 表示理线架安装在机柜 32U 位置。

33	201A	33
32	理线架	32

图 3-1-17 配线架安装位置局部图

4. 分析 6A 屏蔽双绞线端接位置图

从 6A 屏蔽双绞线端接位置图（见图 3-1-3）可以得知 6A 屏蔽双绞线两端在配线架上的安装位置。

由图 3-1-3 得知 CO-1 线束中的一根线缆一端安装到 201A 配线架的 1 号端

口，另一端安装到 202A 配线架的 1 号端口。同时从图 3-1-3 中得知在 201A 配线架 1 号端口位置和 3 号端口位置需要插接跳线。其他线缆依此类推。

5. 分析大对数电缆端接位置图

从大对数电缆端接位置图（见图 3-1-4）可以得知大对数电缆两端在配线架的端接位置。

由图 3-1-4 得知 CO-3 大对数电缆一端端接到 201B-1 配线架 1 ~ 25 号端口的 3、6 针脚，另一端端接到 202B 配线架 1 ~ 25 号端口的 3、6 针脚，大对数电缆的主色端接到 3 号针脚，辅色端接到 6 号针脚。其他线缆依此类推。

6. 分析光缆熔接位置图

从光缆熔接位置图（见图 3-1-5）可以得知 FO-1、FO-2 两根 4 芯室内光缆两端在光纤配线架的端接位置。

由图 3-1-5 得知 FO-1 室内光缆使用蓝、橙、绿、棕 4 个颜色的纤芯熔接尾纤后分别与 201C 配线架的 1、2、3、4 号耦合器连接，光缆另一端蓝、橙、绿、棕 4 个纤芯熔接尾纤后分别与 202C 配线架的 1、2、3、4 号耦合器连接。FO-2 室内光缆蓝、橙、绿、棕 4 个颜色的纤芯熔接尾纤后分别与 201C 配线架的 5、6、7、8 号耦合器连接，光缆另一端蓝、橙、绿、棕 4 个纤芯熔接尾纤后分别与 302C 配线架的 1、2、3、4 号耦合器连接。

完成熔接后再按图中跳线插接位置将 201C 配线架的 1、5 号端口，2、6 号端口，3、7 号端口，4、8 号端口用光纤跳线进行连接。

二、规划整体施工流程

根据以上 7 张图纸的分析结果，规划施工流程如下：

1. 从 201 室到 202 室、201 室到 302 室线缆的敷设。
2. 6A 屏蔽双绞线、大对数电缆的端接，光缆的熔接。
3. 配线架的安装。
4. 垂直子系统的测试。

任务评价

学习任务综合评价表见表 3-1-1。

表 3-1-1　学习任务综合评价表

评价项目	评价内容	配分 / 分	评价分数		
			自我评价	小组评价	教师评价
职业素养	安全和责任意识强，遵守健康及安全标准	10			
	团队合作意识强，善于与人沟通交流	10			
	现场管理符合“6S”标准，做好定期整理工作	10			
专业能力	能复述垂直子系统的基础内容	15			
	能复述设备间子系统的基础内容	15			
	能识别施工图的常用注释	10			
任务成果	明确施工任务	20			
	规划好整体施工流程	10			
总分		100			
评分说明	自我评价 ×20%+ 小组评价 ×30%+ 教师评价 ×50%= 总评成绩	总评成绩			

课后练习题

一、选择题

1. 语音配线架的（　　）号针脚端接大对数电缆的主色。

A. 1　　B. 2　　C. 3　　D. 4

2. 线缆标签图中的（　　）标签代表光缆。

A. CO-1　　B. CO-2　　C. FO-1　　D. MM-1

二、判断题

1. 铜缆跳线可以插接到光纤配线架上。（　　）

2. 光纤跳线可以用于测试铜缆链路。（　　）

3. 大对数电缆的端接可以部分线序端接。（　　）

任务 2
垂直子系统布线工作

学习目标

1. 掌握布线通道及桥架基础知识。
2. 能够正确截取线缆长度。
3. 掌握线缆的敷设方法。

任务描述

本任务将根据施工图纸，完成垂直子系统的布线任务，具体要求如下：

1. 垂直子系统线缆的敷设。
2. 垂直子系统线缆的捆扎及整理。

相关知识

一、布线通道及桥架的选择

1. 布线通道

垂直线缆布线路由的选择主要依据建筑的结构以及建筑物内预埋的管道而定。目前垂直型的干线布线路由主要采用电缆孔和电缆井两种方式。单层平面建筑物水平型的干线布线路由主要采用金属管道和电缆托架两种方式。

垂直子系统垂直布线通道有下列 3 种方式可供选择。

（1）电缆孔方式

通道中所用的电缆孔是很短的管道，通常用一根或数根外径为 63 ~ 102 mm

的金属管预埋在楼板内，金属管端口高出地面 20 ~ 50 mm，也可直接在地板中预留一个大小适当的孔洞。电缆往往捆在钢绳上，将钢绳固定在墙上已铆好的金属条上。当楼层配线间上下都对齐时，一般可采用电缆孔方式。

（2）管道方式

管道方式包括明管敷设和暗管敷设两种。

（3）电缆井方式

电缆井是指在每层楼板上开出一些方孔，一般宽度为 30 cm，并有 2.5 cm 高的井栏，具体大小要根据所布线的干线电缆数量而定，如图 3-2-1 所示。与电缆孔方式一样，电缆也是捆扎或箍在支撑用的钢绳上，钢绳靠墙上的金属条或地板三脚架固定。电缆井比电缆孔更为灵活，可以让粗细不一的各种型号电缆以任何方式布设通过。

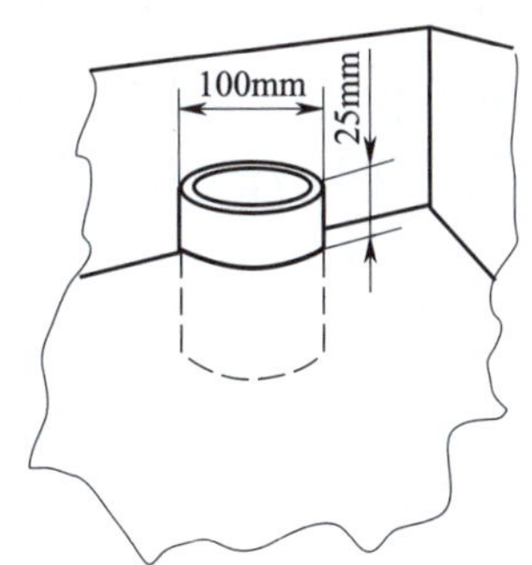

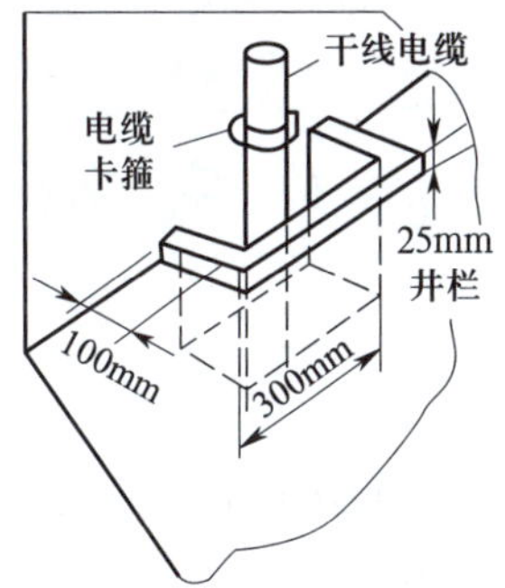

图 3-2-1　电缆井

2. 桥架

桥架是布线行业的专业术语，是建筑物内布线不可缺少的一个部分。桥架按照形式可以分为托盘式桥架、槽式桥架、梯级式桥架三种类型，如图 3-2-2 所示。

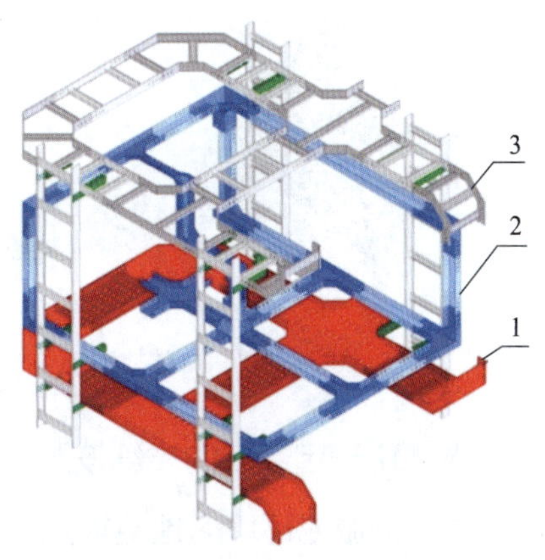

图 3-2-2　桥架

1—托盘式桥架　2—槽式桥架　3—梯级式桥架

（1）在托盘式桥架中，主要有以下配件组合：直通托盘式桥架、水平弯通、水平三通、水平四通、垂直凹弯通、垂直凸弯通和配套连接片。

（2）在槽式桥架中，主要有以下配件组

合：直通槽式桥架、水平等径弯通、水平等径三通、水平等径四通、垂直等径上弯通、垂直等径下弯通、垂直等径右下弯通、垂直等径左上弯通、垂直等径右上弯通、上角垂直等径三通、下角垂直等径三通、下角垂直等径五通、水平变径三通和垂直变径上弯通及配套连接片。

（3）在梯级式桥架中，主要有以下配件组合：直通梯级桥架、水平弯通、水平三通、水平四通、垂直凹弯通、垂直凸弯通和配套连接片。

二、线缆介绍

线缆是光缆、电缆等的统称。线缆的用途很多，主要用于控制安装、连接设备、输送电力等，是通信工程中常见的一种传输介质。

1. 大对数电缆

大对数即多对数的意思，是指将很多一对一对的电缆捆成一小捆，再将多个小捆组成一大捆。大对数电缆由 5 种主色和 5 种配色组成 25 种色谱，电缆的主色为白、红、黑、黄、紫，电缆的配色为蓝、橙、绿、棕、灰，如图 3-2-3 所示。

2. 光缆

光纤是一种传输光束的细微而柔韧的介质。光纤通常由石英玻璃制成，开关为横截面积很小的双层同心圆柱体，也称纤芯，其质地脆，易断裂，由于这一缺点，需要外加一层保护套。图 3-2-4 所示为光纤结构示意图。

图 3-2-3　大对数电缆

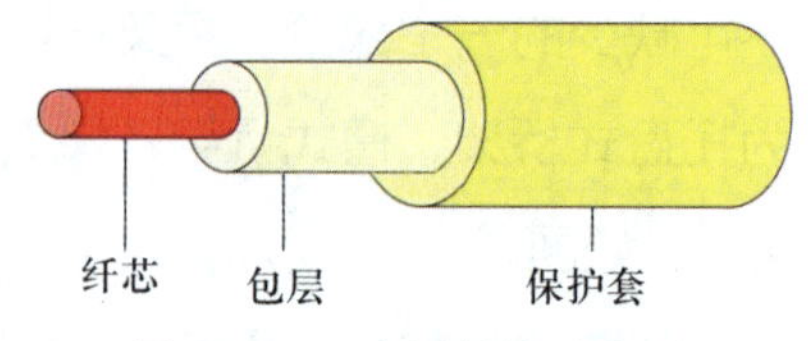

图 3-2-4　光纤结构示意图

光缆由一定数量的光纤按照一定方式组成，用以实现光信号传输。它是为了满足光学、机械或环境的性能规范而制造的，是利用置于包覆护套中的一根或多根光纤作为传输媒介并可以单独或成组使用的通信线缆组件。光缆一般包括填充绳、光纤、套管填充物和松套管等，如图 3-2-5 所示。

根据自然环境不同，光缆可以分为室内光缆和室外光缆两种。

（1）室内光缆

图 3-2-6 所示为室内光缆。室内光缆是敷设在建筑物内的光缆，主要用于建筑物内的通信设备，如计算机、交换机和终端用户设备等。室内光缆一般敷设距离不长，抗拉强度较小，保护效果较差，但相对更轻便、使用更经济。室内光缆主要适用于水平布线子系统和垂直主干子系统。

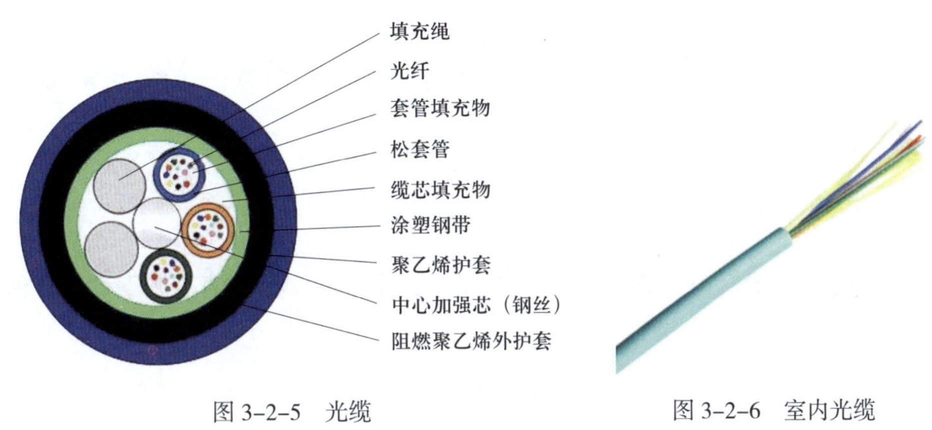

图 3-2-5　光缆　　　　图 3-2-6　室内光缆

（2）室外光缆

图 3-2-7 所示为室外光缆。室外光缆的抗拉强度较大，保护层较厚重，并且通常为铠装（金属皮包裹）。室外光缆主要适用于建筑物之间以及远程网络之间的互连。

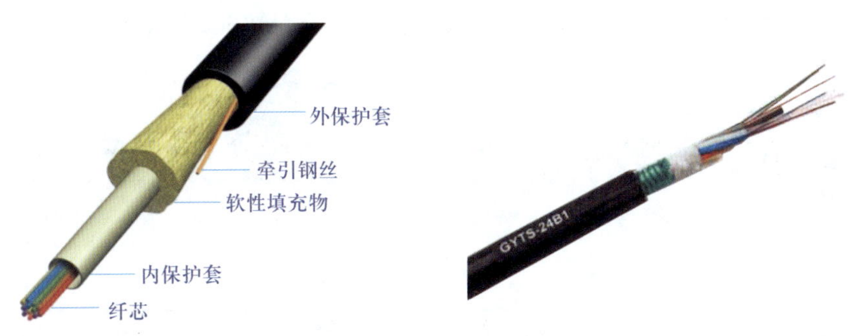

图 3-2-7　室外光缆

任务实施

一、准备工具和材料

1. 工具

剪刀、偏口钳、引线器、记号笔、签字笔。

2. 材料

Cat 6A 电缆、大对数电缆、室内光缆、魔术贴（粘扣带）、尼龙扎带、标签扎带、记录纸。

二、线缆长度

各段线缆长度应符合表 3-2-1 的规定，其中，C、W 取值应按下列公式进行计算：

$$C=(102-H)/(1+D)$$

$$W=C-T$$

式中 C——工作区设备线缆、电信间跳线及设备线缆的总长度；

H——水平线缆的长度，$(H+C)\leqslant 100\ \text{m}$；

T——电信间内跳线和设备线缆长度；

W——工作区设备线缆的长度；

D——调整系数，对 24AWG D 取 0.2，对 26AWG D 取 0.5。

表 3-2-1　各段线缆长度取值

线缆总长度 H/m	24AWG		26AWG	
	W/m	C/m	W/m	C/m
90	5	10	4	8
85	9	14	7	11
80	13	18	11	15
75	17	22	14	18
70	22	27	17	21

三、取线

线缆的长度一般由桥架长度、预留长度和操作长度三部分组成，其计算公式为：

线缆长度 = 桥架长度 + 预留长度 + 操作长度

一般从桥架布线到 19 英寸机柜预留长度为 3 ~ 5 m，到 9U 机柜里时，预留长度为 1 ~ 2 m。

本任务中从 Rack 202 机柜到 Rack 201 机柜截取线缆的长度约为 140 m；从 Rack 302 机柜到 Rack 201 机柜截取线缆的长度约为 170 m。在遇到无法计算长度的情况下，可以直接从线箱中拉线，通过完整路由的布线实测得出线缆的长度。截取的线缆要盘放整齐，如图 3-2-8 所示。

图 3-2-8　截取线缆的盘放

四、上线

将截取的线缆两端做好标志，以表明起始和终端位置。然后将多根线缆组成一束，将线缆从桥架的一端敷设到另一端，根据预留规范，两端做好线缆预留。线缆布放应平直，不得产生扭绞、打圈等现象，不应受到外力的挤压和损伤。不同类型的线缆应分开布放，各线缆间的最小净距离应符合设计要求，如图 3-2-9 所示。

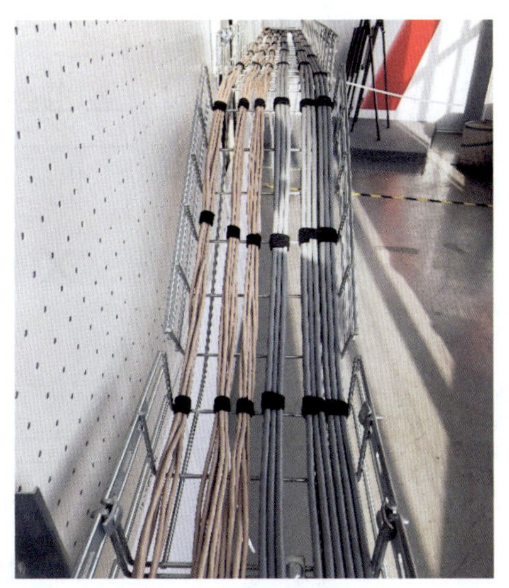

图 3-2-9　线缆的敷设

五、捆扎

布线完成后，应对线缆进行捆扎管

理。六类双绞线、大对数电缆、光缆及其他型号线缆根据线缆的类别、数量、缆径、线缆芯数分束捆扎。

线缆绑扎工艺要求如下：

1. 绑扎间距不宜大于 1.5 m，间距应均匀，防止线缆因自重产生拉力而造成线缆变形，不宜捆扎过紧或使线缆受到挤压。

2. 线缆绑扎要求整齐、清晰及美观。一般按类分组，线缆较多可再按列分类。

3. 机柜内部和外部线缆必须绑扎。绑扎后的线缆应相互紧密靠拢，外观平直整齐。

4. 使用扎带绑扎线束时，应视不同情况使用不同规格的扎带。

5. 线缆用扎带扎好后，应将多余部分齐根平滑剪齐，在接头处不得留有尖刺。

6. 线缆绑成束时扎带间距应为线束直径的 3 ~ 4 倍，且间距均匀。

图 3-2-10 所示为线缆捆扎示例。

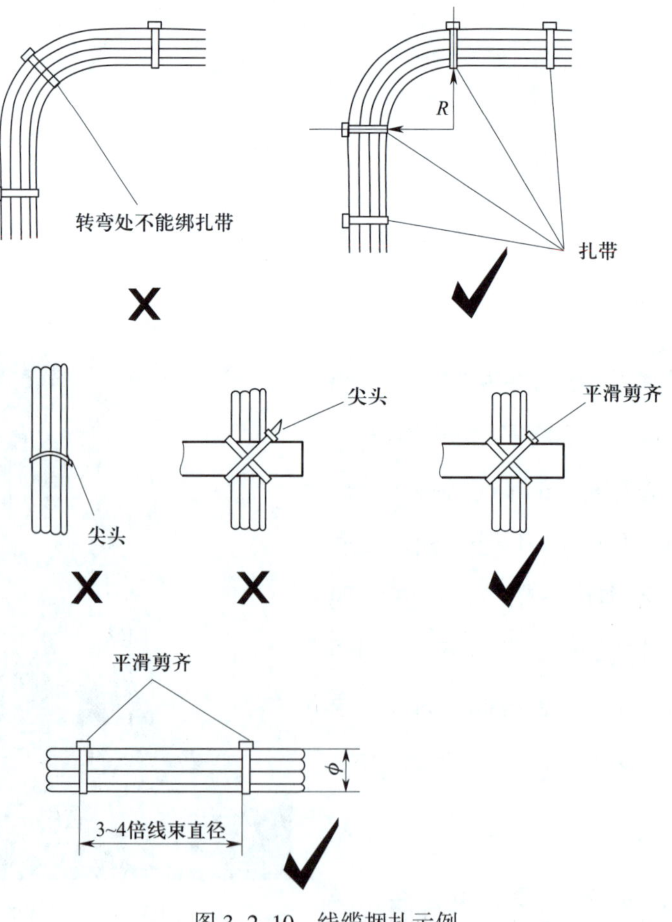

图 3-2-10　线缆捆扎示例

六、线缆标签

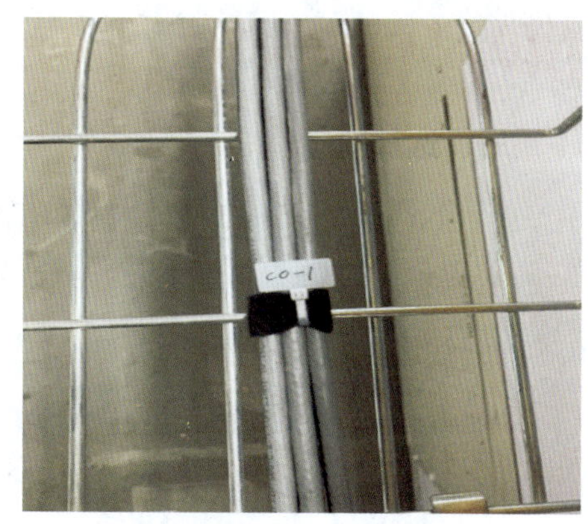

图 3-2-11　线缆标签

图 3-2-11 所示为线缆标签。桥架标签一般至少 5 处，分布于两端配线架、进出桥架、桥架中间等位置。标签要求规范整齐，字迹工整。不能用标签捆扎固定线缆。本任务中根据线缆标签图，第一束 6A 屏蔽双绞线标签标志为 CO-1，第二束 6A 屏蔽双绞线标签标志为 CO-2，第三束大对数电缆标签标志为 CO-3，第四束大对数电缆标签标志为 CO-4，第一束室内光缆标签标志为 FO-1，第二束室内光缆标签标志为 FO-2。

任务评价

学习任务综合评价表见表 3-2-2。

表 3-2-2　学习任务综合评价表

评价项目	评价内容	配分 / 分	评价分数		
			自我评价	小组评价	教师评价
职业素养	安全和责任意识强，遵守健康及安全标准	10			
	团队合作意识强，善于与人沟通交流	10			
	现场管理符合“6S”标准，做好定期整理工作	5			
专业能力	能正确选择布线通道及桥架	10			
	能正确选择线缆	10			
	能掌握线缆的绑扎方式	10			
	技能操作符合标准规定	10			
任务成果	完成线缆的截取	10			
	完成线缆的敷设	15			
	标签制作规范	10			
总分		100			
评价说明	自我评价 ×20%+ 小组评价 ×30%+ 教师评价 ×50%= 总评成绩	总评成绩			

课后练习题

一、选择题

1. 下列（　　）色不是大对数电缆的主色。

A. 红　　B. 白　　C. 黑　　D. 蓝

2. 线缆的长度一般由（　　）三部分组成。

A. 桥架长度、预留长度、操作长度

B. 桥架长度、冗余长度、重叠长度

C. 冗余长度、直线长度、截取长度

D. 桥架长度、直线长度、操作长度

二、填空题

1. 垂直型的干线布线路由主要采用______和______两种方法。

2. 单层平面建筑物水平型的干线布线路由主要采用______和______两种方法。

3. 光纤是一种传输媒介，它的种类较多，根据自然环境不同可以分为______和______两种。

任务 3
垂直子系统端接工作

学习目标

1. 熟悉语音配线架和室内光纤配线架的相关知识。
2. 掌握三类线缆的端接方法。
3. 掌握配线架的安装及标签的制作方法。
4. 能填写垂直子系统施工记录表。

任务描述

在上一个任务垂直子系统布线工作中，施工人员已经完成了 202（管理间）和 302（管理间）到 201（增设管理间）的线缆敷设，本任务需要根据图 3-3-1 所示配线架安装位置图、图 3-3-2 所示 6A 屏蔽双绞线端接位置图、图 3-3-3 所示大对数电缆端接位置图以及图 3-3-4 所示光缆熔接位置图，完成线缆与配线架的端接和配线架的安装，具体步骤如下：

1. 准备工具和材料。
2. 完成铜缆与配线架的端接。
3. 完成光缆与配线架的连接。
4. 完成配线架的安装和标签制作。
5. 完成跳线插接。
6. 填写施工记录表。

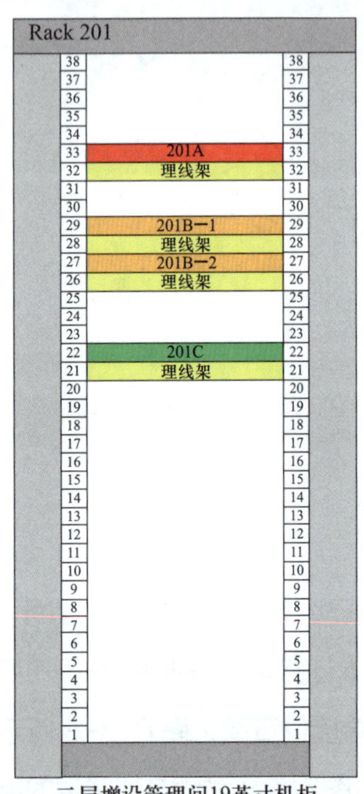

二层增设管理间19英寸机柜

Rack 302
302A
理线架
302B
理线架
302C
理线架

三层管理间9U机柜

Rack 202
202A
理线架
202B
理线架
202C
理线架

二层管理间9U机柜

图例说明

201A：201增设管理间6A屏蔽配线架
201B−1：201增设管理间25口语音配线架
201B−2：201增设管理间25口语音配线架
201C：201增设管理间24口光纤配线架
Rack 201：201增设管理间19英寸机柜

202A：202管理间6A屏蔽配线架
202B：202管理间25口语音配线架
202C：202管理间24口光纤配线架
1 … 38 表示配线架安装位置U
Rack 202：202管理间19英寸机柜

302A：302管理间6A屏蔽配线架
302B：302管理间25口语音配线架
302C：302管理间24口光纤配线架
Rack 302：302管理间19英寸机柜

图 3-3-1　配线架安装位置图

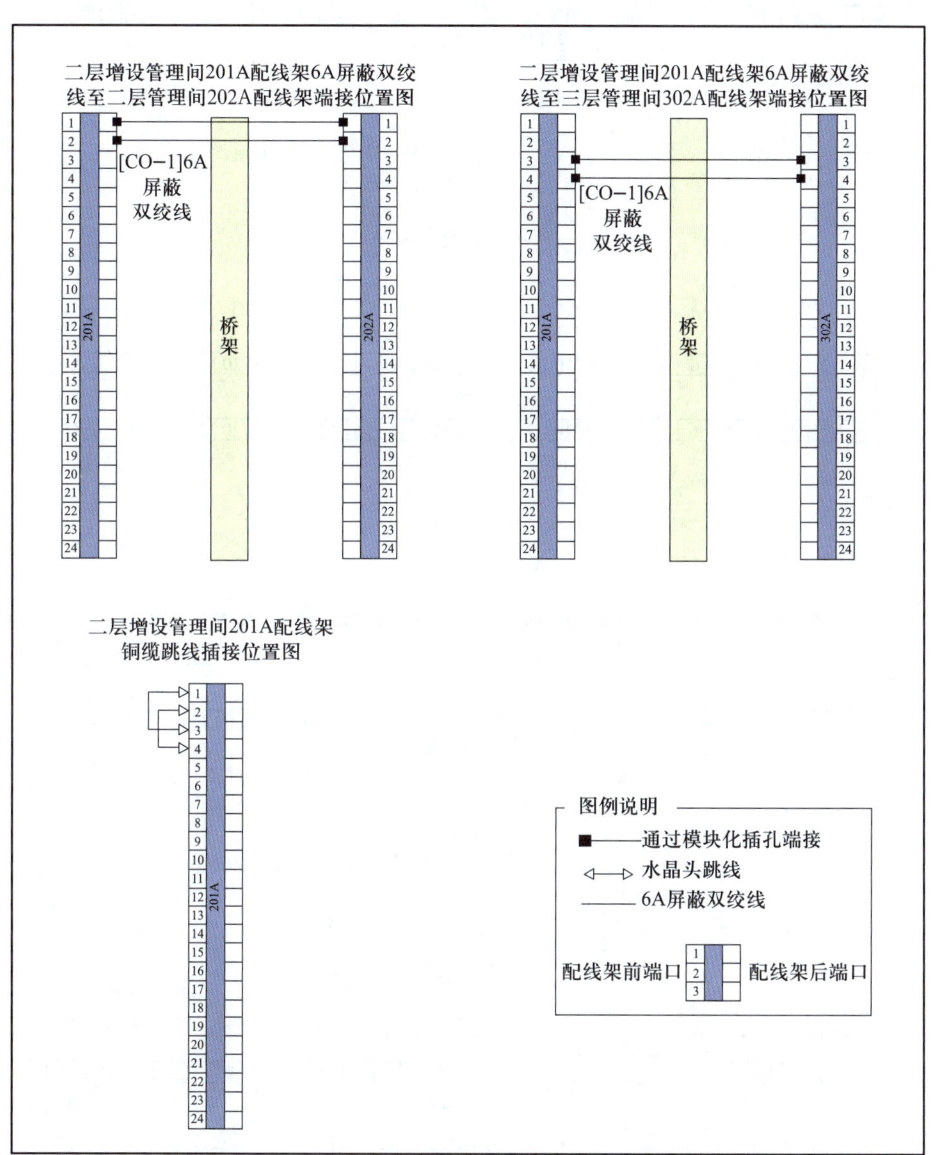

图 3-3-2　6A 屏蔽双绞线端接位置图

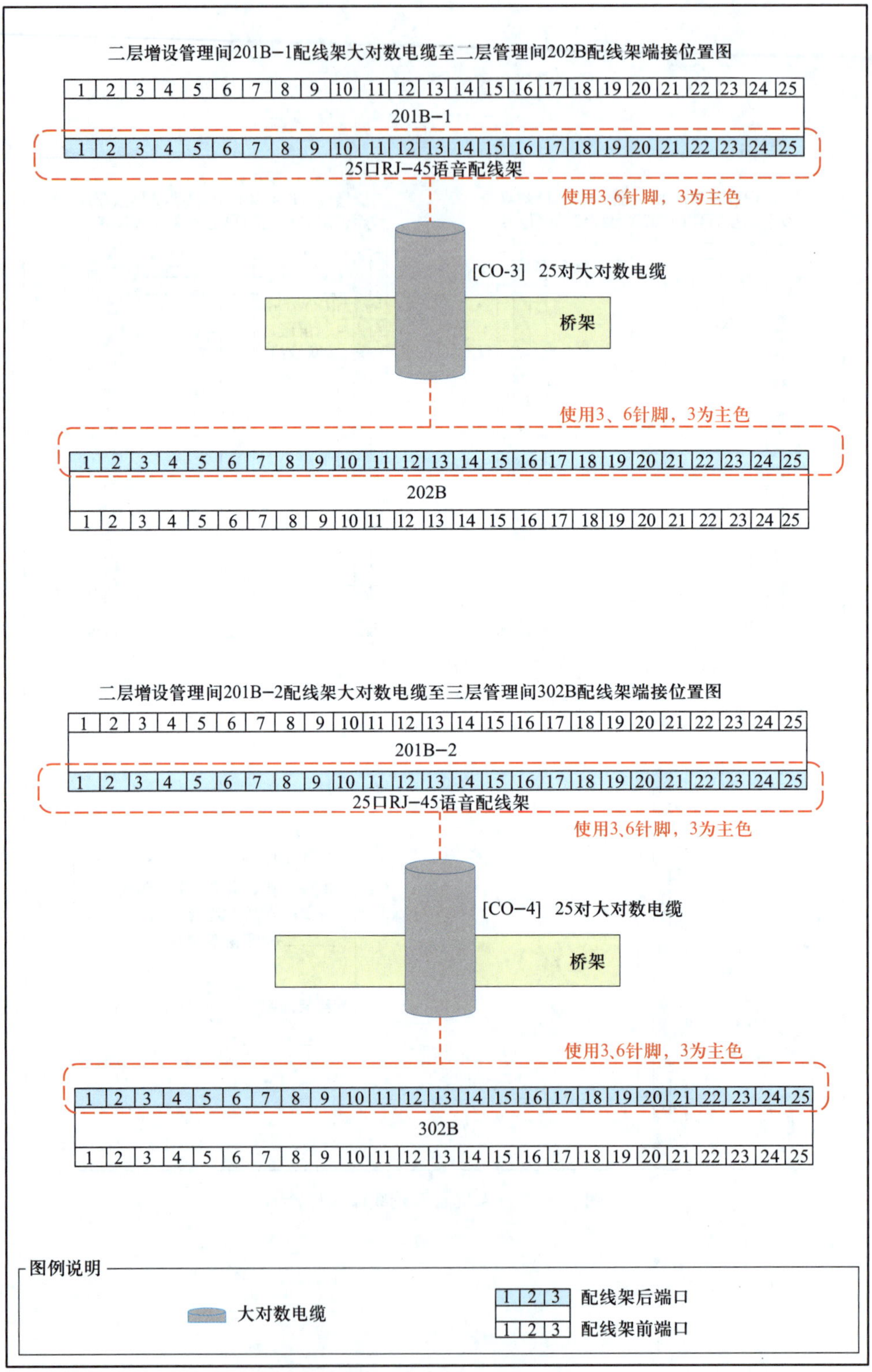

二层增设管理间201B-1配线架大对数电缆至二层管理间202B配线架端接位置图

1	2	3	4	5	6	7	8	9	10	11	12	13	14	15	16	17	18	19	20	21	22	23	24	25

201B-1

1	2	3	4	5	6	7	8	9	10	11	12	13	14	15	16	17	18	19	20	21	22	23	24	25

25口RJ-45语音配线架

使用3、6针脚，3为主色

[CO-3] 25对大对数电缆

桥架

使用3、6针脚，3为主色

1	2	3	4	5	6	7	8	9	10	11	12	13	14	15	16	17	18	19	20	21	22	23	24	25

202B

1	2	3	4	5	6	7	8	9	10	11	12	13	14	15	16	17	18	19	20	21	22	23	24	25

二层增设管理间201B-2配线架大对数电缆至三层管理间302B配线架端接位置图

1	2	3	4	5	6	7	8	9	10	11	12	13	14	15	16	17	18	19	20	21	22	23	24	25

201B-2

1	2	3	4	5	6	7	8	9	10	11	12	13	14	15	16	17	18	19	20	21	22	23	24	25

25口RJ-45语音配线架

使用3、6针脚，3为主色

[CO-4] 25对大对数电缆

桥架

使用3、6针脚，3为主色

1	2	3	4	5	6	7	8	9	10	11	12	13	14	15	16	17	18	19	20	21	22	23	24	25

302B

1	2	3	4	5	6	7	8	9	10	11	12	13	14	15	16	17	18	19	20	21	22	23	24	25

图例说明

大对数电缆

1	2	3	配线架后端口
1	2	3	配线架前端口

图 3-3-3　大对数电缆端接位置图

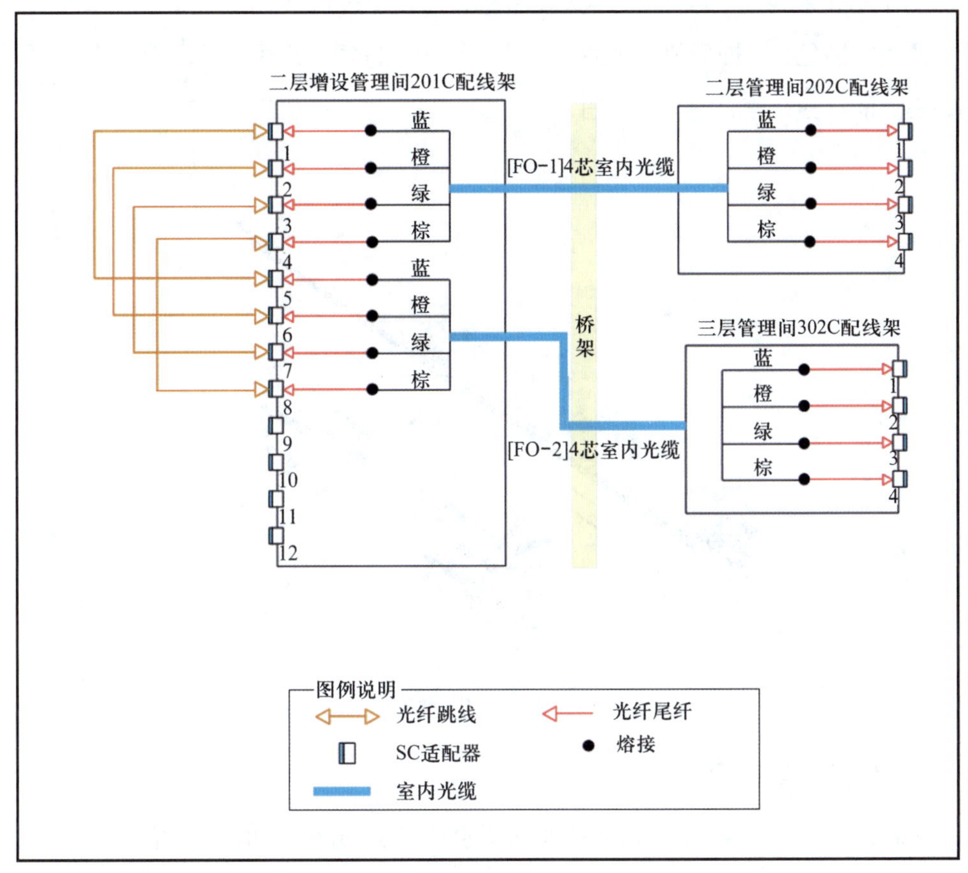

图 3-3-4　光缆熔接位置图

相关知识

一、语音配线架

语音配线架主要用于配线间和设备间的语音线缆的端接、安装和管理。常见的语音配线架有两种，分别是 110 配线架及 25 口语音配线架。

1. 110 配线架

110 配线架是早期网络系统使用的一种配线方式。110 配线架现在主要用于电话系统配线，俗称鱼骨架。一般一个 110 配线架为 1U 高度，包含了左、右两个各 50 对的鱼骨架，共可连接 100 对的 2 芯电话线。110 配线架一般配合使用 4 对和 5 对模块，如图 3-3-5 所示。

110 配线架线序：以 25 对大对数电缆为例，共有 5 种主色：白色、红色、黑色、黄色、紫色；5 种辅色：蓝色、橙色、绿色、棕色、灰色。从左至右 1 ~ 10 分别是白、蓝、白、橙、白、绿、白、棕、白、灰，11 ~ 50 依此类推。

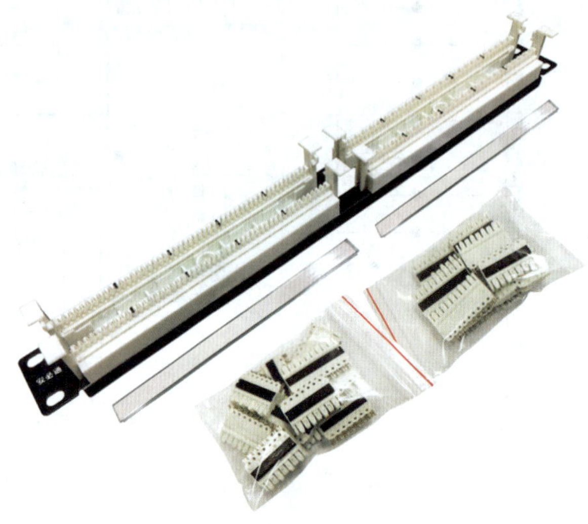

图 3-3-5　110 配线架

2. 25 口语音配线架

25 口语音配线架与 24 口网络配线架类似，配线架正面为 25 个 RJ-45 网络端口，以 1 ~ 25 号标记，背面则是模块凹槽，模块上共有 4 个凹槽，以 3、4、5、6 为标记，一般通过将大对数电缆线对卡入凹槽实现大对数电缆线对与配线架正面网络端口互连，如图 3-3-6 所示。

图 3-3-6　25 口语音配线架

二、室内光纤配线架

室内光纤配线架又称光纤终端盒，是一条光缆的末端设备，它的一端是光缆，另一端是耦合器，相当于是把一条光缆拆分成单条光纤的设备，其功能是提供光纤与光纤的熔接、光纤与尾纤的熔接，并对光纤及其元件提供机械保护、环境保护和光纤管理。室内光纤配线架通常由配线架主体外壳、盘纤盒和耦合器组成，如图 3-3-7 所示。

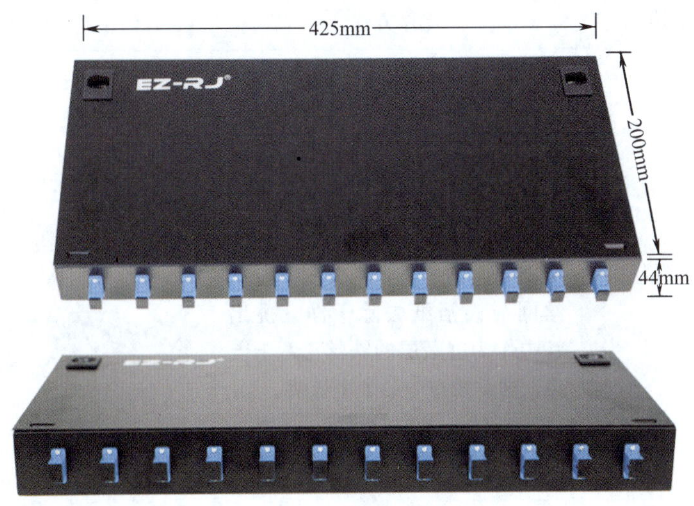

图 3-3-7　室内光纤配线架

任务实施

一、准备工具和材料

1. 工具

铜缆剥线器、斜口钳、语音打线刀、米勒钳、凯夫拉线剪、光纤熔接机及切割刀、模块钳。

2. 材料

6A 屏蔽网线、6A 屏蔽模块、小扎带（3 mm × 100 mm）、单模 / 多模室内光缆（4 芯）、单模 / 多模光纤跳线、热缩管（60 mm）、酒精、无尘布、光纤配线架、25 对大对数电缆、魔术贴、大扎带（5 mm × 300 mm）。

二、完成铜缆与配线架的端接

1. 6A 线缆与六类屏蔽配线架的端接

首先选择端接 Rack 201 的 6A 线缆，然后再依次完成 Rack 202 和 Rack 302 的 6A 线缆的端接。下面以 Rack 201 的 201A 配线架线缆为例进行端接，具体步骤见表 3-3-1。

表 3-3-1　6A 线缆与六类屏蔽配线架的端接

序号	步骤	操作方法	图示
1	开缆	将 201A 配线架的第一根线缆单独抽出，使用铜缆剥线器将线缆末端胶皮剥除 5 cm 左右长度，切剥端面需平整，将胶皮下方铁丝网与锡箔纸去除干净，挑出其中作为屏蔽层的铁丝，弯于一边，剪除线对中心十字骨架	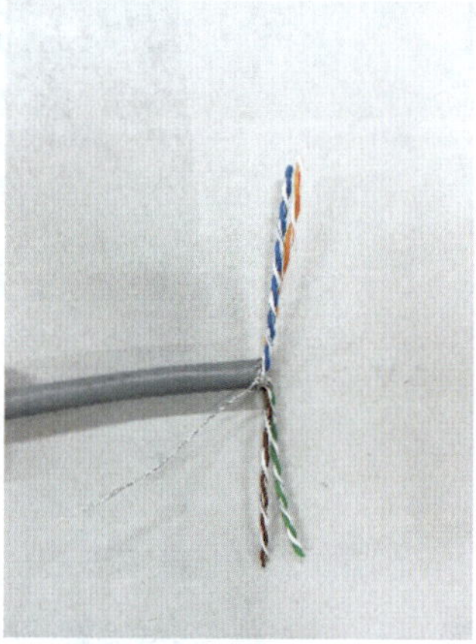
2	卡入线对	按照模块上标记的线序，将线对分别插入模块分线器，并卡入分线器凹槽，剪去多余线缆	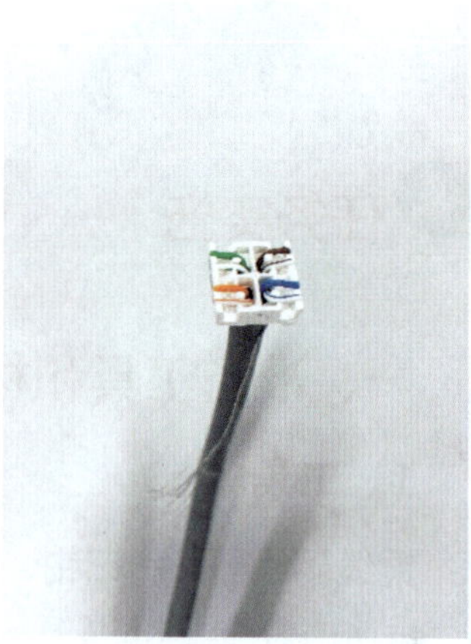
3	卡入模块	将分线器卡入模块（注意模块上方向与箭头对应），然后用手按紧外部金属护套，最后用弯至一旁的铁丝缠绕模块进线口，用小扎带进行固定，并剪去多余铁丝和扎带	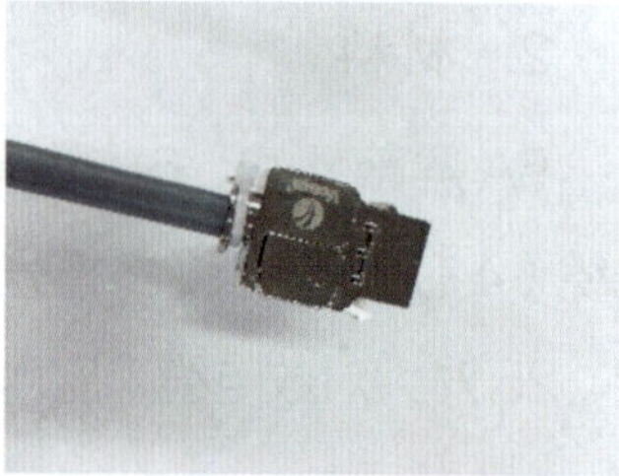

续表

序号	步骤	操作方法	图示
4	将模块插入六类屏蔽配线架	在端接完成后，按照图 3-3-2 所示，将模块插入六类屏蔽配线架 1 号端口，用扎带将线缆固定在配线架理线架上，做好线缆标志，剪去多余扎带，完成端接任务	

2. 大对数电缆与 25 口语音配线架的端接

首先选择端接 Rack 201 的大对数电缆，然后再依次完成 Rack 202 和 Rack 302 大对数电缆的端接。下面以 Rack 201 的 201B-1 配线架线缆端接为例进行介绍，具体步骤见表 3-3-2。

表 3-3-2　大对数电缆与 25 口语音配线架的端接

序号	步骤	操作方法	图示
1	开缆	将 201B-1 配线架的第一根大对数电缆抽出，在线缆末端量取 1 m 左右长度，使用铜缆剥线器将胶皮剥除，端面切剥平整，使用大扎带将电缆开剥并固定在配线架左侧立柱上，预留 20 cm 左右绕圈放置一旁备用	
2	固定线对	按照图 3-3-3 所示使用小扎带将电缆线裸露部位固定在配线架的固定柱上	
3	卡入线对	将电缆线对卡入模块凹槽中，凹槽上标注 3、4、5、6，其中 3 与 6 是一组线对，3 为主色；4 与 5 是一组线对，4 为主色	

续表

序号	步骤	操作方法	图示
4	打入线对	使用语音打线刀将线缆打入凹槽，剪去多余线缆与扎带，最后清理垃圾，做好线缆标志，完成大对数电缆与25口语音配线架的端接	

三、完成光缆与配线架的连接

首先选择连接 Rack 201 的室内光缆与配线架，然后再依次完成 Rack 202 和 Rack 302 室内光缆与配线架的连接。下面以 Rack 201 的 201C 配线架第一根室内光缆中的蓝色光纤为例进行介绍，具体步骤见表 3-3-3。

表 3-3-3　光缆与配线架的连接

序号	步骤	操作方法	图示
1	开缆	将201C配线架的第一根室内光缆从配线架进线口处通过固定立柱走线进入配线架，量取适当长度（以足够盘纤盒内盘两圈为准），使用铜缆剥线器剥除外部护套，平整切剥端面	
2	固定	使用凯夫拉线剪剪去光缆内凯夫拉线，留大约10 cm长度，将其拧成一股缠绕于固定立柱上，并固定牢固	
3	熔接	挑选出室内光缆的蓝色光纤套入热缩管，使用米勒钳剥除光纤表面涂覆层及油脂层，用蘸酒精的无尘布擦拭3次，将纤芯放入切割刀刻度15处进行切割，放入光纤熔接机V形槽；使用同样方法处理另一端尾纤，放入光纤熔接机V形槽完成熔接及加热	

续表

序号	步骤	操作方法	图示
4	盘纤	将光纤预留部分盘入光纤盘内，使光纤整齐美观，热缩管卡入盘纤盒卡槽处固定牢固，盘纤盒进线处使用扎带进行固定	
5	插入尾纤	将尾纤按照图 3-3-4 所示插入 1 号耦合器，在耦合器与尾纤上均做好标志，完成光缆与配线架的连接	

四、完成配线架安装及配线架标签的制作

首先选择完成 Rack 201 上配线架的安装，然后再依次完成 Rack 202 和 Rack 302 配线架安装。下面以 201A 配线架为例进行介绍，具体步骤见表 3-3-4。

表 3-3-4　配线架安装及配线架标签的制作

序号	步骤	操作方法	图示
1	安装配线架	根据图 3-3-1 所示，使用螺钉和螺母（或卡扣）将配线架固定在 19 英寸机柜对应的 33U 上，注意固定牢固	

续表

序号	步骤	操作方法	图示
2	固定线缆	将线缆与配线架相连的那一段使用扎带或者魔术贴固定于机柜背后理线环上，并有一定预留	
3	接上接地线	将接地线连接至机柜接地排上，固定牢固	
4	贴上标签	书写一张内容为 201A 的标签，将标签贴在配线架左侧，要求字迹清晰	

五、完成跳线的插接

以 201A 配线架上的跳线插接为例，根据图 3-3-2 所示选取 6A 屏蔽跳线两根，一根跳接 201A 配线架的 1、3 端口，一根跳接 201A 配线架的 2、4 端口，完成链路，实现 302A—202A—201A 的整体互连。

六、填写施工记录表

根据完成情况填写施工记录表，并使用扎带固定在机柜上。

施工记录表填写举例见表 3-3-5。

表 3-3-5　施工记录表　　　　施工人员：

项目	此处连接	另一边连接
配线架名称	1A	2A
安装位置	12U	4U
线缆标志	CO-1	
线缆类型	S/FTP	

下面是以 Rack 302 处举例的施工记录表，见表 3-3-6 至表 3-3-8。

表 3-3-6　施工记录表　　　　施工人员：

项目	此处连接	另一边连接
配线架名称	302A	201A
安装位置	8U	33U
线缆标志	CO-1	
线缆类型	Cat 6A S/FTP	

表 3-3-7　施工记录表　　　　施工人员：

项目	此处连接	另一边连接
配线架名称	201B-2	302B
安装位置	27U	6U
线缆标志	CO-2	
线缆类型	Cat 3 25P UTP	

表 3-3-8　施工记录表　　　　施工人员：

项目	此处连接	另一边连接
配线架名称	201C	302C
安装位置	22U	4U
线缆标志	FO-1	
线缆类型	室内 4 芯单模光缆 9/125	

任务评价

学习任务综合评价表见表 3-3-9。

表 3-3-9 学习任务综合评价表

<table>
<tr><th rowspan="2">评价项目</th><th rowspan="2" colspan="2">评价内容</th><th rowspan="2">配分 / 分</th><th colspan="3">评价分数</th></tr>
<tr><th>自我评价</th><th>小组评价</th><th>教师评价</th></tr>
<tr><td rowspan="3">职业素养</td><td colspan="2">安全和责任意识强，遵守健康及安全标准</td><td>10</td><td></td><td></td><td></td></tr>
<tr><td colspan="2">团队合作意识强，善于与人沟通交流</td><td>10</td><td></td><td></td><td></td></tr>
<tr><td colspan="2">现场管理符合“6S”标准，做好定期整理工作</td><td>5</td><td></td><td></td><td></td></tr>
<tr><td rowspan="4">专业能力</td><td colspan="2">能完成铜缆与配线架的端接</td><td>10</td><td></td><td></td><td></td></tr>
<tr><td colspan="2">能完成光缆与尾纤的熔接及盘纤</td><td>10</td><td></td><td></td><td></td></tr>
<tr><td colspan="2">能正确安装配线架及粘贴标签</td><td>10</td><td></td><td></td><td></td></tr>
<tr><td colspan="2">能完成跳线插接</td><td>10</td><td></td><td></td><td></td></tr>
<tr><td rowspan="4">任务成果</td><td colspan="2">完成线缆端接</td><td>15</td><td></td><td></td><td></td></tr>
<tr><td colspan="2">完成配线架的安装</td><td>10</td><td></td><td></td><td></td></tr>
<tr><td colspan="2">标签制作规范</td><td>5</td><td></td><td></td><td></td></tr>
<tr><td colspan="2">施工记录表填写正确</td><td>5</td><td></td><td></td><td></td></tr>
<tr><td colspan="3">总分</td><td>100</td><td></td><td></td><td></td></tr>
<tr><td colspan="2">评价说明</td><td>自我评价 ×20%+ 小组评价 ×30%+ 教师评价 ×50%= 总评成绩</td><td>总评成绩</td><td colspan="3"></td></tr>
</table>

课后练习题

一、选择题

1. 在 25 口语音配线架中，(　　) 号凹槽为大对数主色线缆端接位置。

A. 3　　B. 4　　C. 5　　D. 3 与 4

2. 室内光纤配线架通常由配线架主体外壳、盘纤盒和 (　　) 组成。

A. 理线架　　B. 尾纤　　C. 耦合器　　D. 红光笔

3. 在 6A 线缆的开缆过程中，一般剥除 (　　) cm 长度线缆末端胶皮。

A. 3　　B. 5　　C. 10　　D. 15

二、填空题

1. 安装配线架时使用______和___（或 ___）将配线架固定于 19 英寸机柜对应的_____U 上，注意固定牢固。

2. 在光纤熔接中，处理光纤需要使用____剥除光纤表面______及_____，用蘸酒精的无尘布擦拭三次，将纤芯放入切割刀刻度_____处进行切割。

任务 4
垂直子系统测试

学习目标

1. 熟练掌握铜缆链路测试。
2. 熟练掌握光缆链路测试。
3. 能编写测试报告。

任务描述

使用铜缆测试仪和光缆测试仪对已完成端接的链路进行测试，并填写测试报告。具体要求如下：

1. 进行铜缆测试。
2. 进行光缆测试。
3. 填写测试报告。

相关知识

一、铜缆测试仪简介

1. 网络电话测试仪

图 3-4-1 所示为网络电话测试仪，用来智能检测 RJ-45 网线和 RJ-11 电话线。其主、副机分离，便于长距离测试，主要用于检测线缆的通断。

2. 福禄克铜缆测试仪

图 3-4-2 所示为福禄克铜缆测试仪，主要用于铜缆认证测试和诊断测试。本

任务主要用于测试 6A 屏蔽双绞线的插入损耗、回波损耗、电阻、近端串扰、开路、短路、反接等电缆性能参数。

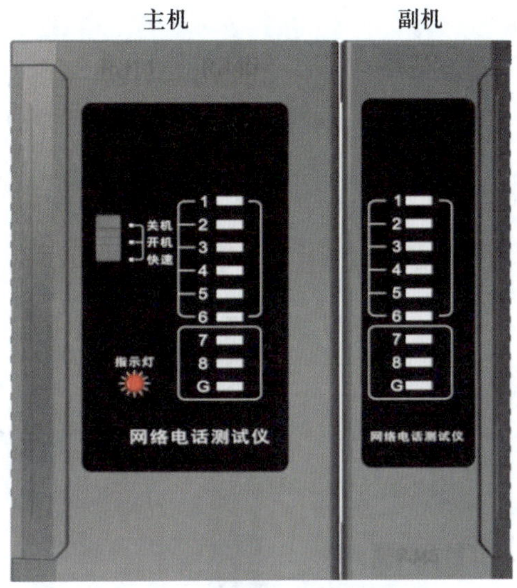

图 3-4-1　网络电话测试仪

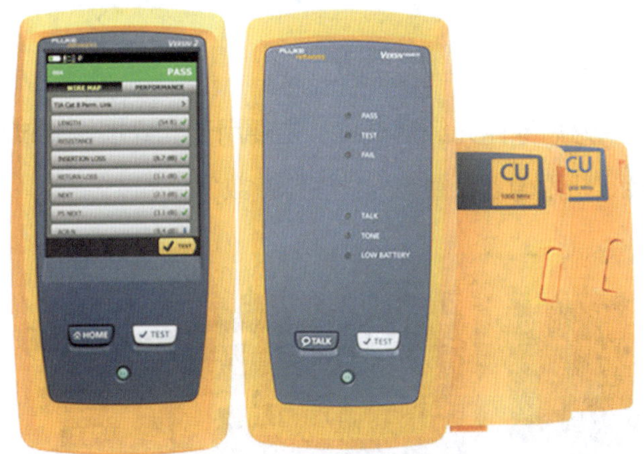

图 3-4-2　福禄克铜缆测试仪

二、光纤测试仪简介

1. 红光笔

红光笔又称通光笔、笔式红光源、可见光检测笔、光纤故障检测器、光纤故障定位仪等，多数用于检测光纤断点，按其最短检测距离划分为 5 km、10 km、15 km、20 km、25 km、30 km、35 km、40 km 等类型。红光笔通过恒流源驱动，发射出稳定的红光，与光接口连接进入光纤，从而实现光纤故障检测功能。

红光笔的主体结构分为金属笔身、光源口、防尘盖等部分，如图 3-4-3 所示。

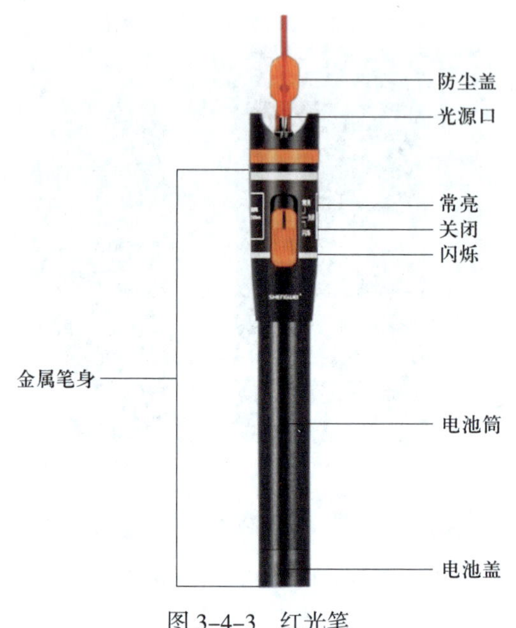

图 3-4-3　红光笔

2. 福禄克光纤测试仪

图 3-4-4 所示为福禄克光纤测试仪，主要用于光纤损耗测试。本任务主要用于测试光纤的损耗、极限值、余量等光纤性能参数。

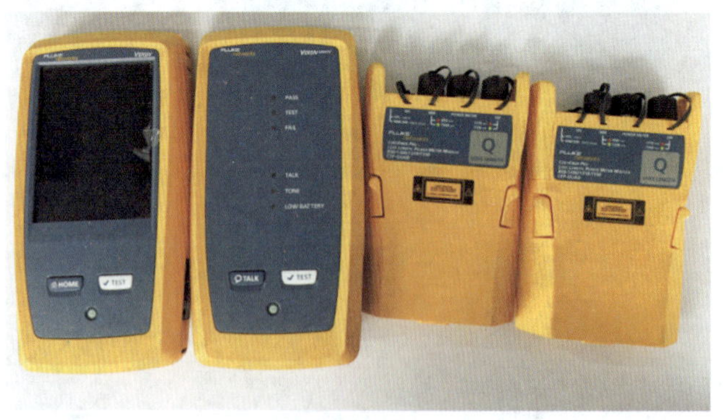

图 3-4-4　福禄克光纤测试仪

三、测试报告

图 3-4-5 所示为测试报告，是施工完成后用于记录链路测试结果的记录表。

测试报告由标题栏和测试结果区两部分组成。

标题栏包含测试线缆名称、极限值、线缆类型、操作员、房间号、语言等。

测试结果区包含所测试线缆的端口号、测试结果通过 / 失败、存盘名称等。

福禄克铜缆测试记录表

测试人员按照如下格式填写必要的测试信息，包括测试结果、极限值等。

表1　测试人员按照此格式填写。

标题栏

测试线缆名称：CO−1	极限值：ISO 11801 PL Class E
线缆类型：Cat 6A S/FTP	操作员：××
房间号：201	语言：中文

测试结果区

测试结果

端口号	测试结果通过/失败	存盘名称
01	通过	C−201A−Port_01−201
02	通过	C−201A−Port_02−201
03	通过	C−201A−Port_03−201
04	通过	C−201A−Port_04−201

图 3-4-5　测试报告

任务实施

一、铜缆链路测试

1. 6A 屏蔽双绞线测试

6A 屏蔽双绞线测试要求较高，普通测试仪无法完成，本任务使用福禄克铜缆测试仪进行测试。

根据 6A 屏蔽双绞线端接图，将型号为 DSX-5000 的福禄克铜缆测试仪的主机、远端插上永久链路适配器，主机端的永久链路适配器 RJ-45 端插入二层增设管理间 201A 配线架的 1 号端口，按照线缆标签标志，将副机端的永久链路适配器 RJ-45 端插入对应的二层管理间的 202A 配线架的 1 号端口。单击“测试”按钮进行铜缆链路测试，如图 3-4-6 所示。按上述方法测试其余端口。

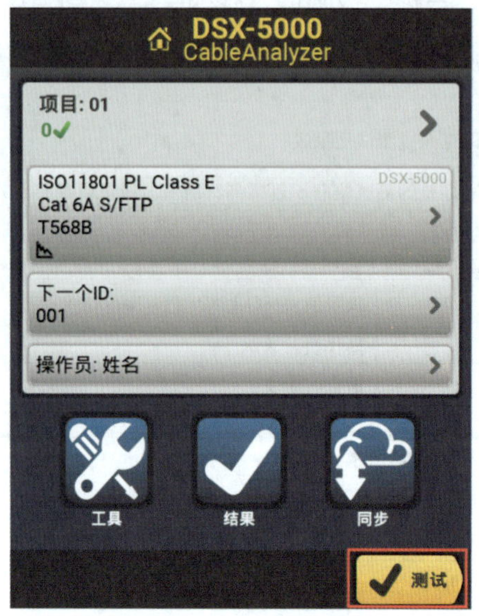

图 3-4-6　使用福禄克铜缆测试仪测试铜缆链路

测试结果分为三种类型，分别为测试通过（见图 3-4-7）、测试临界通过（见图 3-4-8）、测试失败（见图 3-4-9）。

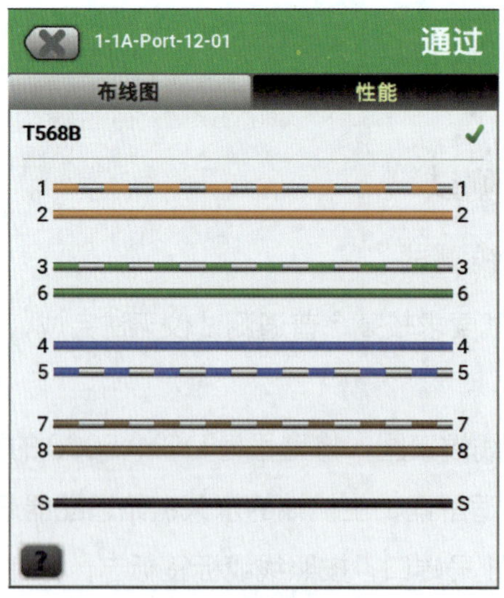

图 3-4-7　测试通过

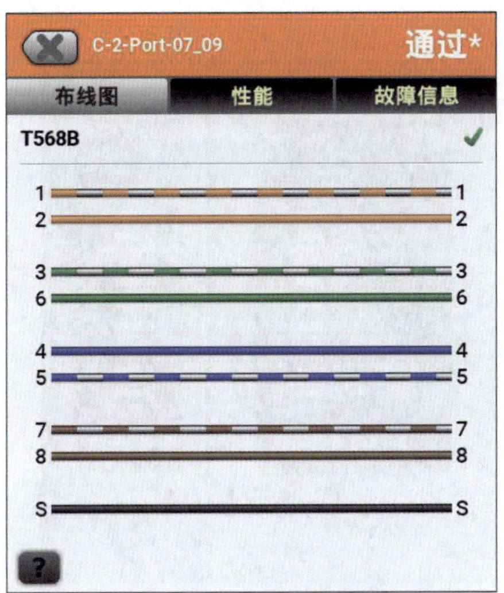

图 3-4-8　测试临界通过

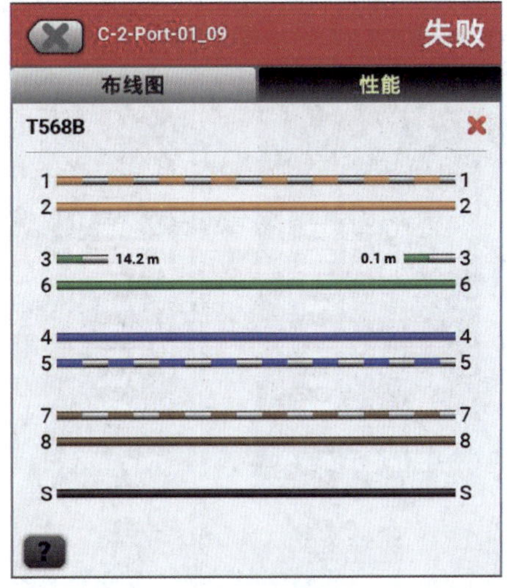

图 3-4-9　测试失败

2. 大对数电缆测试

大对数电缆仅需测试物理通断，本任务使用网络电话测试仪进行测试。

根据大对数电缆端接图，将网络电话测试仪的主机、远端 RJ-45 口各插上一根铜缆跳线，主机端的铜缆跳线插入 201B-1 配线架的 1 号端口，按照大对数电缆端接图标志，将远端的铜缆跳线插入 202B 配线架的 1 号端口。将测试仪开关推至开机位置，测试仪自动测试。如测试仪主机、远端的 3、6 指示灯对应依次闪烁，说明测试通过（见图 3-4-10）；如 3、6 指示灯有不亮的，说明测试失败（见图 3-4-11），按上述方法依次测试其余端口。

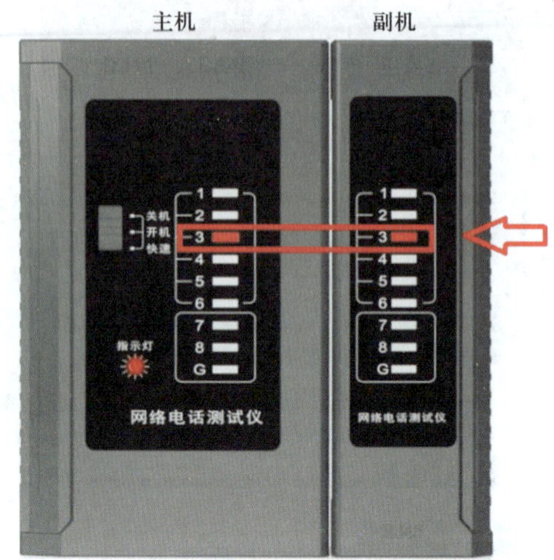

图 3-4-10　测试通过

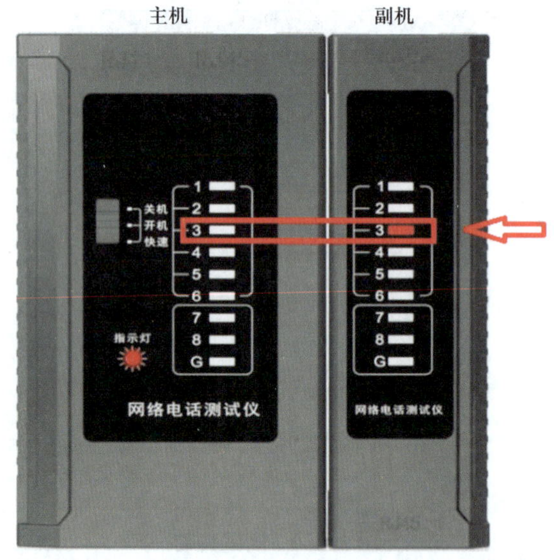

图 3-4-11　测试失败

二、光纤测试

1. 光纤通断测试

根据光缆熔接位置图，将光纤跳线一端插入红光笔光源口，另一端插入 201C 配线架的 1 号端口（见图 3-4-12），将红光笔的开关推至常亮位置，在光缆的另一端 202C 配线架的 1 号端口观测可见红光（见图 3-4-13），按上述方法依次测试其余端口。

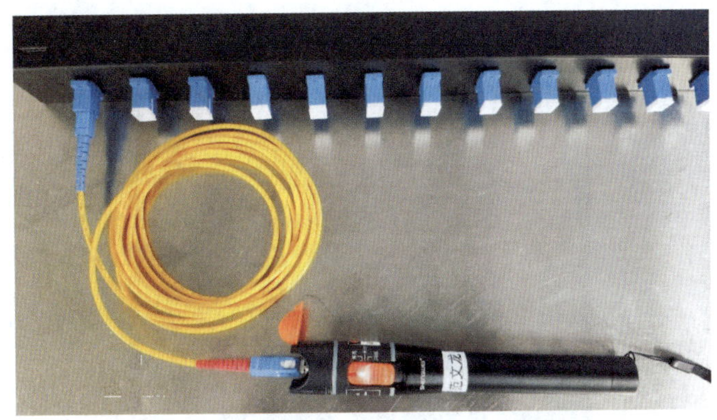

图 3-4-12　红光笔插接位置

图 3-4-13　可见光图例

如可见红光较强，表明光缆链路测试通过，并且链路损耗较低；如可见红光较弱，表明光缆链路测试通过，但链路损耗较高；如无可见红光，表明光缆链路测试失败。

2. 光纤损耗测试

光纤的测试不仅需要测试光纤的通断，也需要测试光纤的损耗，本任务使用福禄克光纤测试仪进行测试。

根据光缆熔接位置图，先对光纤测试仪进行参数设置，然后将主机端的测试跳线插入二层管理间 202C 配线架的 1、2 号端口，按照线缆标签标志，将远端对应的测试跳线插入三层管理间 302C 配线架的 1、2 号端口。单击“测试”按钮进行光纤链路损耗测试，如图 3-4-14 所示。按上述方法测试其余端口。

测试结果分为两种类型，分别为测试通过（见图 3-4-15）和测试失败（见图 3-4-16）。

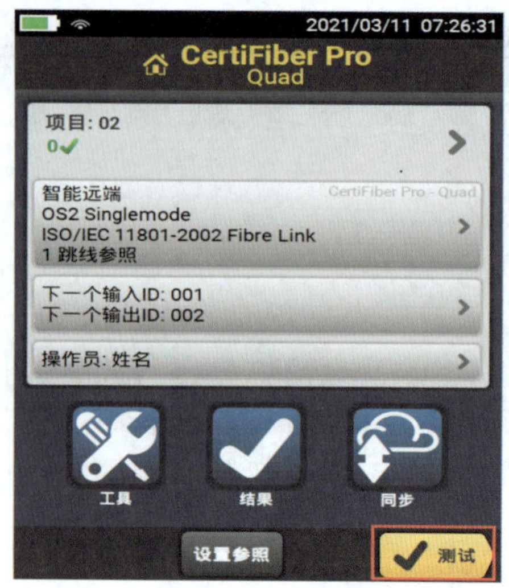

图 3-4-14　使用福禄克光纤测试仪测试光纤链路

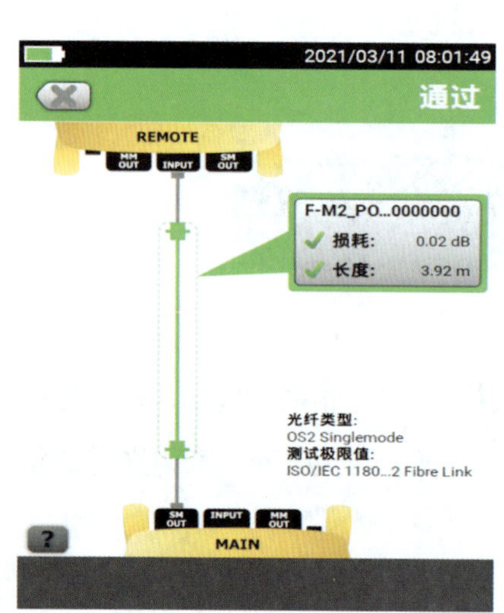

图 3-4-15　测试通过

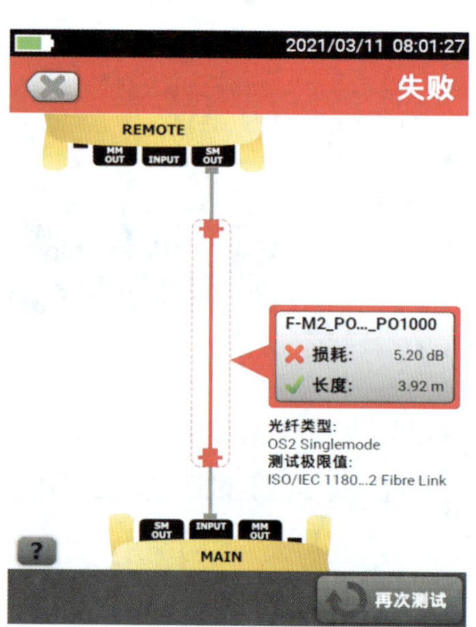

图 3-4-16　测试失败

三、测试报告的填写

将铜缆和光缆的测试结果填写在测试记录表中。

以 6A 屏蔽双绞线的测试为例：

1. “测试线缆名称”一栏填写所要测试的线缆名称，此处填写 CO-1。

2. “极限值”一栏填写所测试线缆使用的测试标准，此处填写 ISO 11801 PL Class E（使用福禄克铜缆测试仪测试时选择的测试标准）。

3. “线缆类型”一栏填写被测试线缆的类型，此处填写 Cat 6A S/FTP。

4. “操作员”一栏填写测试人员的姓名，此处填写 ×× 。

5. “房间号”一栏填写所测试线缆所处的房间位置，此处填写 201。

6. “语言”一栏填写测试报告所使用的语种，此处填写中文。

7. “端口号”一栏填写所测试配线架的端口位置，此处填写 01 ~ 04。

8.“测试结果通过 / 失败”一栏填写被测试端口的测试结果，有“通过”和“失败”两种。

9. “存盘名称”一栏填写福禄克铜缆测试仪测试端口的保存名称。

完整的测试记录表如图 3-4-17 和图 3-4-18 所示。

福禄克铜缆测试记录表

测试人员按照如下格式填写必要的测试信息，包括测试结果、极限值等。

表1　测试人员按照此格式填写。

测试线缆名称：CO–1	极限值：ISO 11801 PL Class E
线缆类型：Cat 6A S/FTP	操作员：××
房间号：201	语言：中文

测试结果

端口号	测试结果通过/失败	存盘名称
01	通过	C–201A–Port_01–201
02	通过	C–201A–Port_02–201
03	通过	C–201A–Port_03–201
04	通过	C–201A–Port_04–201

图 3-4-17　铜缆测试报告

福禄克光缆测试记录表

测试人员按照如下格式填写必要的测试信息，包括测试结果、极限值等。

表1　测试人员按照此格式填写。

测试线缆名称：FO–1	极限值：ISO/IEC 11801–2002 Fibre Link
线缆类型：09-4 SM	操作员：××
房间号：201	语言：中文

测试结果

端口号	测试结果通过/失败	存盘名称
01	通过	
02	通过	
03	通过	
04	通过	
05	通过	
06	通过	
07	通过	
08	通过	

图 3-4-18　光缆测试报告

任务评价

学习任务综合评价表见表 3-4-1。

表 3-4-1 学习任务综合评价表

评价项目	评价内容	配分 / 分	评价分数		
			自我评价	小组评价	教师评价
职业素养	安全和责任意识强，遵守健康及安全标准	10			
	团队合作意识强，善于与人沟通交流	10			
	现场管理符合“6S”标准，做好定期整理工作	10			
专业能力	能使用福禄克铜缆测试仪测试铜缆	10			
	能使用网络电话测试仪测试铜缆	10			
	能使用红光笔测试光缆	10			
	能正确填写测试报告	10			
任务成果	使用福禄克铜缆测试仪测试永久链路	10			
	使用红光笔测试光纤链路	10			
	完成测试报告的填写	10			
总分		100			
评价说明	自我评价 ×20%+ 小组评价 ×30%+ 教师评价 ×50%= 总评成绩	总评成绩			

课后练习题

一、选择题

1. 测试 6A 屏蔽铜缆链路选择（　　）电缆类型。

A. Cat 6 U/UTP　　B. Cat 5e U/UTP

C. Cat 6A S/FTP　　D. Cat 5e F/UTP

2. 下列（　　）可用于测试光缆链路。

A. 红光笔　　B. 网络电话测试仪

C. 福禄克铜缆测试仪　　D. 寻线仪

二、判断题

1. 可以使用红光笔测试铜缆链路损耗。　　（　　）
2. 可以使用福禄克铜缆测试仪测试光纤链路损耗。　　（　　）
3. 福禄克铜缆测试仪可以测试链路插入损耗。　　（　　）

项目四
建筑群子系统的安装配置

建筑群子系统由建筑群配线设备、建筑物之间的干线电缆或光缆、跳线等组成，它与进线间组成一个不可分割的整体。图 4-0-1 所示为建筑群及进线间布线示意图。

建筑群子系统和其他子系统相比，有以下主要特点：

1. 建筑群子系统负责建筑物之间的线路连接，通过进线间使建筑间的网络连成一个整体。

2. 除了建筑群配线架等设备装在室内，建筑群子系统中所有线路设施都装在室外，所以要使用室外线缆，安装布线时要注意线路安全。

3. 室外布线一般安装在地下电缆管道或架空通信杆路上，这样可以使线路更为美观，同时便于管理，以免重复建设及浪费投资。

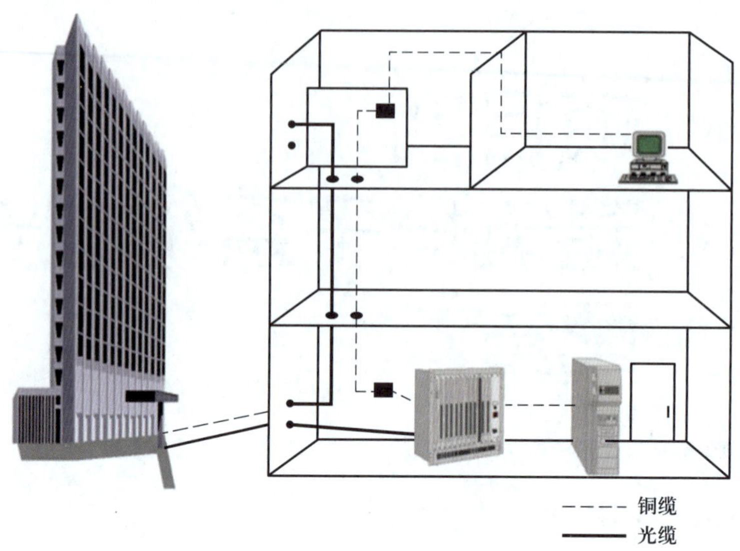

图 4-0-1　建筑群及进线间布线示意图

任务 1
光缆与光缆开缆

学习目标

1. 了解光缆的特点、光纤的分类及光缆与光纤的关系。
2. 了解光缆的三种敷设方式。
3. 掌握光缆的开缆方法。

任务描述

某学校新建了一栋图书馆和一栋宿舍楼，需要从网管中心铺设光缆到这两栋建筑。从网管中心使用 48 芯光缆进入园区井下接续盒，分成两路 24 芯，一路到图书馆光纤配线架，一路到宿舍楼壁挂。现图纸已经设计好，需要完成以下任务：

1. 根据图纸选择合适的光缆。
2. 完成光缆的开缆操作。

相关知识

一、光缆的相关知识

1. 光缆的特点

光缆作为传输介质，具有以下优点：

（1）频带较宽。

（2）电磁绝缘性能好。光缆中传输的是光束，由于光束不受外界电磁场干扰与影响，本身也不向外辐射信号，因此，适用于长距离的信息传输以及要求高度安全的场合。当然，光缆抽头困难是其固有难题，因为割开的光缆需要再生和重发信号。

（3）衰减较小。在较长距离和范围内信号是一个常数。

（4）中继器的间隔较大。根据贝尔实验室的测试，当光缆数据传输速率为 420 Mbit/s 且距离为 119 km 无中继器时，其误码率为 10^{-8}，可见光缆的传输质量很好。

2. 光缆与光纤的关系

如图 4-1-1 所示，光缆是光纤的组合，实际运用中光纤是以光缆的形式进行通信的。光缆对光纤起到保护作用。光信号是在光纤里传送的。光纤经过一定的工艺而形成光缆。

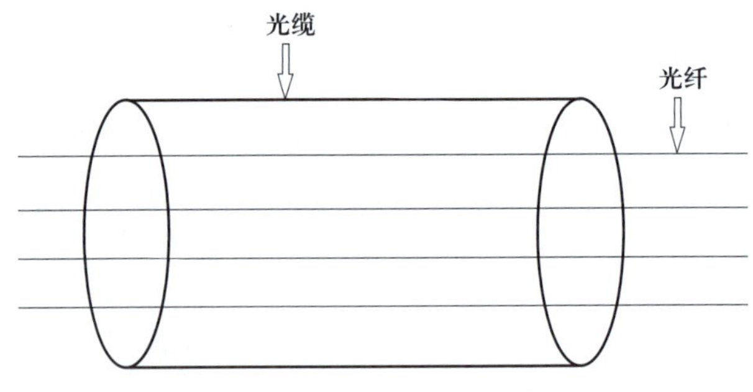

图 4-1-1　光缆与光纤的关系

3. 光纤的分类

根据光纤传输模式不同，光纤可分为单模光纤和多模光纤两种。

（1）单模光纤

单模光纤的纤芯直径一般为 9 μm 或 10 μm。单模光纤通常是指跃变光纤中内芯尺寸很小、光纤传输模数很少、原则上只能传送一种模数的光纤。这类光纤传输性能能较好，频带很宽，具有较好的线性度，但纤芯尺寸小，难以制造和耦合。

（2）多模光纤

多模光纤的纤芯直径一般为 50 μm 或 62.5 μm，通常是指跃变光纤中内芯尺寸较大、光纤传输模数很多的光纤。这类光纤性能较差，频宽较窄，但纤芯的截面积大，容易制造，连接耦合比较方便，也得到广泛应用。

单模光纤和多模光纤特性的比较见表 4-1-1。

表 4-1-1 单模光纤和多模光纤特性的比较

单模光纤的特性	多模光纤的特性
用于高速度、长距离	用于低速度、短距离
成本较高	成本较低
窄芯线，需要激光源	宽芯线，聚光好
耗散很小，高效	耗散大，低效

光纤的类型由材料（玻璃纤维或塑料纤维）及光纤芯和外层尺寸决定，光纤芯的尺寸决定着光的传输质量。常用的光纤有 9 μm 芯 /125 μm 外层，单模；10 μm 芯 /125 μm 外层，单模；62.5 μm 芯 /125 μm 外层，多模；50 μm 芯 /125 μm 外层，多模。

图 4-1-2 所示为常见光纤芯和外层尺寸。

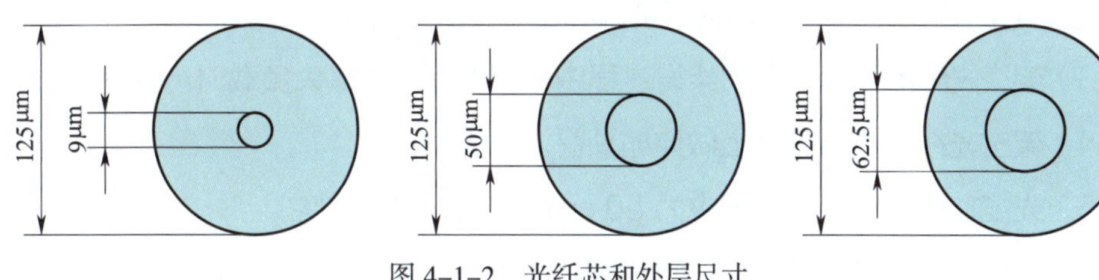

图 4-1-2 光纤芯和外层尺寸

目前，光通信使用的光波波长范围在近红外线区域，波长为 0.8 ~ 1.8 μm，可分为短波长段（0.85 μm）和长波长段（1.31 μm 和 1.55 μm）。光的波长越长，在光纤中传播时损耗越小。

光在光纤中传输时的能量损耗（衰减）如下：对于单模光纤，波长为 1 310 nm，损耗为 0.4 ~ 0.6 dB/km；波长为 1 550 nm，损耗为 0.2 ~ 0.3 dB/km。对于多模光纤，损耗为 300 dB/km。

小贴士

安装光缆时需小心谨慎。每条光缆的连接都要磨光端头，通过电烧烤工艺与光学接口连接在一起，也就是熔接。要确保光通道不被阻塞，光缆不能拉得太紧，也不能形成直角。

二、光缆的敷设方式

长距离光缆布线主要用于建筑物、高速公路、电力系统等领域。光缆的敷设方式主要有架空敷设、直埋敷设、管道敷设三种。

1. 架空敷设

架空敷设光缆主要有钢绞线支撑式和自承式两种。自承式不用钢绞吊线，造价高，光缆下垂，承受风力较差。因此，我国基本上采用钢绞线支撑式，其结构是通过杆路吊线托挂或捆绑架设。

（1）光缆架空敷设的要求

1）架空线路的杆间距离，在市区为 30 ~ 40 m，在郊区为 40 ~ 50 m，其他地段最大不超过 70 m。

2）架空光缆的吊线应采用规格为 7 芯 ϕ2.2 mm 的镀锌钢绞线，采用铠装光缆挂设时，可采用 7 芯 ϕ2.0 mm 或 7 芯 ϕ1.8 mm 的钢绞线。

3）架空光缆的垂度要考虑架设过程中和架设后受到最大负载时产生的伸长率。

4）架空光缆可适当在杆上做伸缩预留。

5）光缆挂钩的卡挂间距要求为 50 cm，光缆卡挂应均匀。

6）光缆转弯时弯曲半径应大于或等于光缆外径的 10 ~ 15 倍，施工布放时弯曲半径应大于或等于光缆外径的 20 倍。

7）吊线与光缆要良好接地，应有防雷、防电措施，并有防振、防风的力学性能。

8）架空吊线与电力线的水平与垂直距离要在 2 m 以上，离地面最小高度为 5 m，离房顶最小距离为 1.5 m。

9）架空杆路选定。架空杆路基本上沿各条公路的一侧敷设。架空杆路跨越较大的公路时，公路的两边应立加高杆，视现场情况可立 6 m、7 m、8 m、9 m、10 m 及 12 m 杆。

电杆与其他建筑物间隔的最小水平净距离见表 4-1-2。

（2）光缆吊线架设的方法

在长距离架空敷设光缆时，采用导向滑轮，使用牵引绳（用直径为 13 mm 的绳套绑扎光缆）将一端用线预先装入吊线线槽内；在架杆和吊线上预先挂好滑轮，每隔 20 ~ 30 m 安装一个导引小滑轮，在另一端电杆部位安装一个大号滑轮，将牵引绳通过滑轮按顺序直至达到光缆所要牵引的另一端头。施工中一般光缆分多次牵引。

表 4-1-2　电杆与其他建筑物间隔的最小水平净距离

序号	建筑物名称	说明	最小水平净距离 /m	备注
1	铁路	电杆间距铁路最近钢轨的水平距离	11	
2	公路	电杆间距公路情况可以增减	H	H 为电杆在地面的杆高
3	人行道边沿	电杆与人行道边沿平行时的水平距离	0.5	或根据城市建设部门的批准位置
4	通信线路	电杆与电杆的距离	H	H 为电杆在地面的杆高
5	地下管线	地下管线（煤气管等）	1	电杆与地下管线平行时的距离
6	地下管线	地下管线（电信管道、直埋电缆）	0.75	电杆与地下管线平行时的距离
7	房屋建筑	电杆与房屋建筑的边缘距离	1.5	

光缆牵引完毕后，用挂钩将光缆托挂在吊线上，通常采用坐滑板车操作较快较好，也可以采用其他方法。

2. 直埋敷设

光缆布线直埋敷设的方法主要是人工抬放敷设光缆。光缆布线直埋敷设的要求主要有以下内容：

（1）光缆布放前，应对施工及相关人员就施工操作应注意的事项进行适当的培训，如放线方法要领和安全等内容，并确保施工人员服从指挥。

（2）核定光缆路由的具体走向、敷设方式、环境条件及接头的具体地点是否符合施工图设计要求。

（3）核定地面距离和中继段长度。

（4）核定光缆穿越障碍物需要采取防护措施的地段、具体位置和处理措施。

（5）核定光缆沟坎、护坎、护坡等光缆保护的地点、地段和数量。

（6）光缆与其他设施、树木、建筑物及地下管线等之间的最小距离要符合验收技术标准。

（7）光缆的路由走向、敷设位置及接续点应保证安全可靠，便于施工和维护。

（8）开挖缆沟前，施工单位应依据批准的施工图设计，沿路由撒放灰线，直线段灰线撒放应顺直，不应有蛇形弯或脱节现象。

（9）直埋光缆沟的深度标准要求见表 4-1-3。

表 4-1-3　直埋光缆沟的深度标准要求

敷设地段或土质	埋深 /m	备注
普通土（硬土）	≥ 1.2	
沙砾土质（半石质土、沙砾土、风化石）	≥ 1.0	沟底应平整，无碎石和硬土块等有碍于施工的杂物
全石质	≥ 0.8	从沟底加垫 10 cm 细土或沙土
流沙	≥ 0.8	
市郊、村镇的一般场合	≥ 1.2	不包括车行道
市内人行道	≥ 1.0	包括绿化地带
穿越铁路、公路	≥ 1.2	距道砟底或距路面
沟、渠、塘	1.2	
农田排水沟	0.8	

（10）不能挖沟的地方可以架空或钻孔预埋管道敷设。

（11）由于爬坡直埋光缆重力较大，且布放地形复杂，因此，施工比较困难，所需人工较多，应配备足够的人员。

（12）沟底应平缓坚固，需要时可预填一部分沙子、水泥或支撑物。

（13）光缆布放时，工程技术人员应配备必要的通信设备，如对讲机、扬声器等。

（14）光缆的弯曲半径不应小于光缆外径的 15 倍，施工过程中不应小于 20 倍。

（15）敷设时可用人工或机械牵引，但要注意导向和润滑。

（16）机械牵引时，进度调节范围应为 3 ~ 15 m/min，调节方式应为无级调速，并具有自动停机功能。牵引时应根据牵引长度、地形条件、牵引张力等因素选用集中牵引、中间辅助牵引、分散牵引等方式。

（17）光缆布放完毕，光缆端头应做密封防潮处理，不得浸水。

（18）敷设完成后，应尽快回土覆盖并夯实。

直埋光缆必须经检查确认符合质量验收标准，方可全沟回填。

光缆布放完毕后，检查光缆排列顺序，应无交叉、重叠，光缆外皮无破损，可以首先回填 30 cm 厚的细土。对于坚石、软石沟段，应外运细土回填，严禁将石块、砖头、硬土推入沟内。

待 72 h 后，测试直埋光缆的护层对地绝缘电阻合格，可进行全沟回填。回填土应分层夯实并高出地面，形成龟背样式，回填土应高出地面 10 ~ 20 cm。

直埋光缆沿公路排水沟敷设时，若遇石质沟，光缆埋深应不小于 0.4 m，回填土后用水泥、砂浆封沟，封层厚度为 15 cm。

3. 管道敷设

光缆管道布线施工应注意以下内容：

（1）布线时应从中间开始向两边牵引，一次布放光缆的长度不要太长，光缆配盘的长度一般为 2 ~ 3 km。

（2）布缆时应牵引光缆的加强芯部分。

（3）做好光缆端部的防水处理。

（4）光缆引入和引出处需加顺引装置，不可直接拖地。

（5）城市 ϕ90 mm 标准管孔可容纳 3 ~ 4 英寸塑料子管 3 根。1 英寸子管适于直径小于 20 mm 的光缆。对于其他种类光缆，应选用合适的子管。

（6）对于管道光缆敷设通过人孔的入口、出口路由上出现拐弯、曲线以及管道人孔至管道的高差等情况，应适时配置导引装置，以减小光缆的摩擦力和牵引拉力。

（7）光缆的端头应留出适当长度盘圈后挂在人孔壁上，不要浸泡于水中。

（8）放管前应将管外凹状定位筋朝上放置，并严格按照管外箭头标志方向顺延，不可颠倒方向。

（9）在放管时，严禁泥沙混入管内。

（10）布放两根以上的塑料子管，如管材已有不同颜色可以区别时，其端头可不必做标志。如使用无颜色的塑料子管，应在其端头做好区分标志。

（11）光缆采用人工牵引布放时，每个人孔或手孔应有人帮助牵引；机械布放光缆时，不需每个孔均有人，但在拐弯处应由专人看护。整个敷设过程必须严密组织，并由专人统一指挥。

（12）光缆一次牵引长度一般不应大于 1 000 m。需超长距离牵引时，应将光缆盘呈倒 8 字形分段牵引或在中间适当地点增加辅助牵引，以减小对光缆的牵引拉力，提高施工效率。

（13）在光缆穿入管孔或在管道拐弯处与其他障碍物有交叉时，应采用导引装置或喇叭口保护光缆。

（14）根据需要可在光缆四周加涂中性润滑剂等材料，以减小牵引光缆时的摩擦阻力。

（15）光缆敷设后，应逐个在人孔或手孔中将光缆放置在规定的托板上，并应留有适当余量。

任务实施

掌握了光缆的基本知识后，可根据光缆布线图纸选择合适的光缆，并完成开缆的操作。

一、准备工具和材料

1. 工具

斜口钳、美工刀、尖嘴钳、钢丝钳、光纤剥线器、钢卷尺、记号笔等。

2. 材料

室外光缆、酒精、无尘纸、棉球、棉布等。

二、选择光缆

根据图4-1-3可知，从网管中心到图书馆使用的是24芯室外单模光缆，长度为1.2 km；从网管中心到宿舍楼使用的是24芯室外单模光缆，长度为4.5 km。为方便在实训室操作，选用2 m的24芯室外单模光缆进行操作。

三、光缆开缆方法

第一步：在光缆开口处找到光缆内部的两根钢丝，用斜口钳剥开光缆外皮，用力向侧面拉出一小截钢丝，如图 4-1-4 所示。

第二步：一只手握紧光缆，另一只手用斜口钳夹紧钢丝，向身体内侧旋转拉出钢丝，如图 4-1-5 所示。

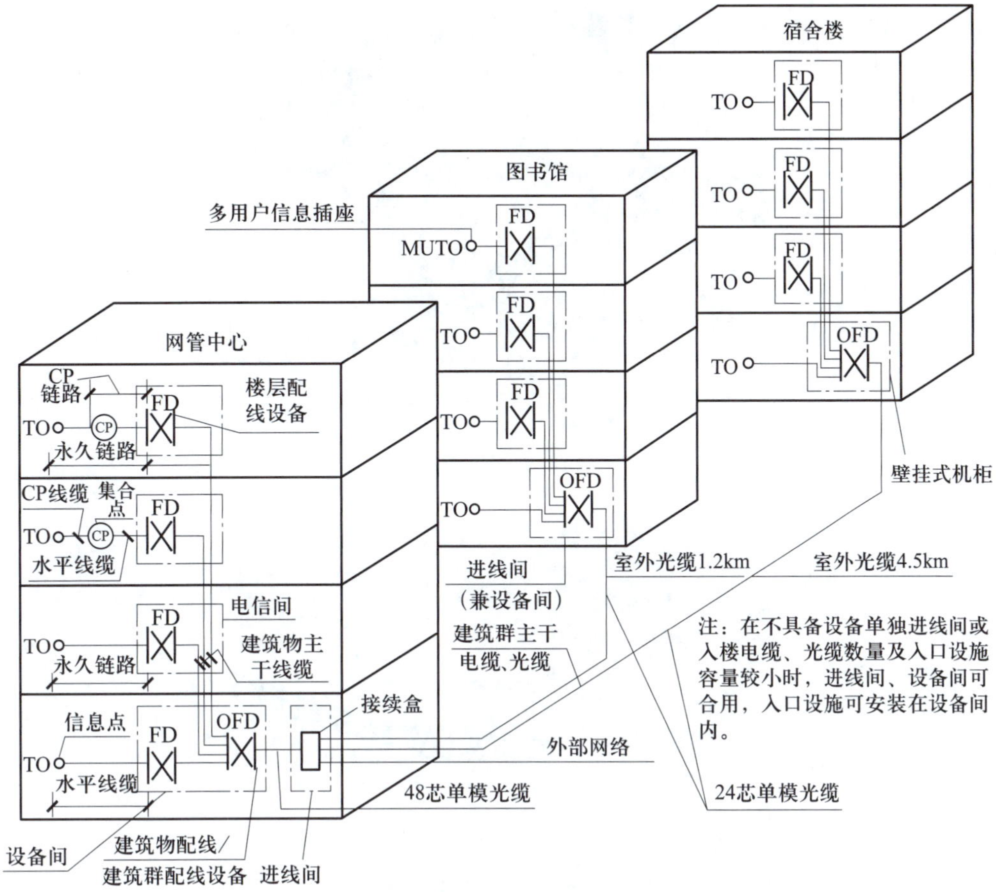

图 4-1-3　光缆布线图纸

图 4-1-4　拉出一小截钢丝

第三步：用同样的方法拉出另外一根钢丝，将两根钢丝都旋转拉出，如图 4-1-6 所示。

图 4-1-5　拉出钢丝

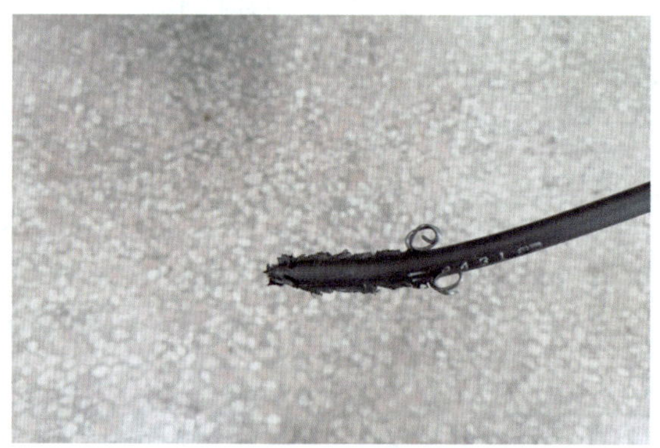

图 4-1-6　拉出另外一根钢丝

第四步：用尖嘴钳将任意一根旋转钢丝剪断，留一根以备在光纤配线盒内固定。当两根钢丝都拉出后，外部的黑皮保护套就被拉开了。用手剥开黑皮保护套，用斜口钳剪掉拉开的黑皮保护套，用光纤剥线器将其剪剥后抽出，如图 4-1-7 所示。

图 4-1-7　剥开黑皮保护套

第五步：用光纤剥线器将内层保护套剪剥开，并将其抽出，如图 4-1-8 所示。

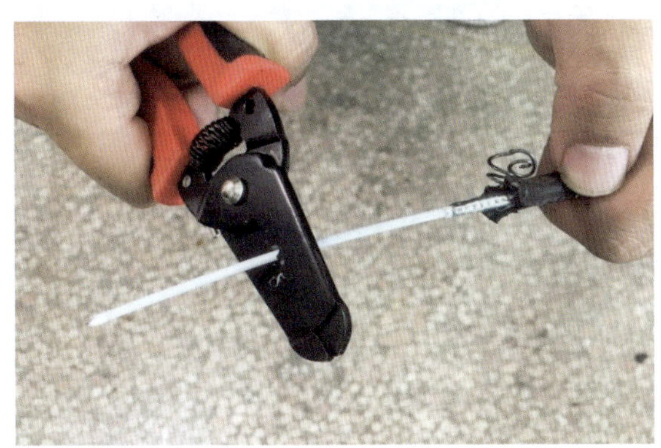

图 4-1-8　抽出内层保护套

第六步：完成开缆，如图 4-1-9 所示。

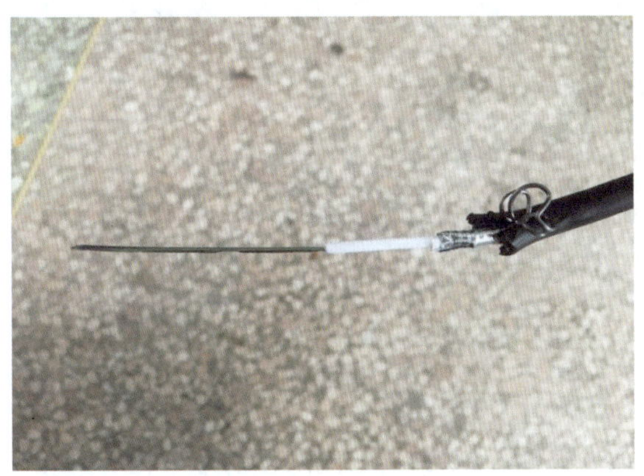

图 4-1-9　完成开缆

小贴士

注意：在取下保护套后，保护套内部油状的填充物（起润滑作用）应清洁干净。

四、光缆开缆

在教师的指导下，根据上述光缆开缆方法，合理利用工具，分组完成两次开缆任务。开缆过程中要规范使用开缆工具，确保安全。

任务评价

学习任务综合评价表见表 4-1-4。

表 4-1-4　学习任务综合评价表

评价项目	评价内容	配分 / 分	评价分数		
			自我评价	小组评价	教师评价
职业素养	安全和责任意识强，遵守健康及安全标准	10			
	团队合作意识强，善于与人沟通交流	10			
	现场管理符合“6S”标准，做好定期整理工作	5			
专业能力	了解光缆与光纤的关系	10			
	了解光纤的分类	10			
	了解光缆的三种敷设方式	10			
	掌握光缆的开缆方法	10			
任务成果	根据图纸选择正确的光缆	10			
	能熟练使用开缆工具	10			
	完成两次开缆	10			
	任务完成符合标准规范	5			
总分		100			
评价说明	自我评价 ×20%+ 小组评价 ×30%+ 教师评价 ×50%= 总评成绩	总评成绩			

课后练习题

一、选择题

1. 下列不属于单模光纤特点的是（　　）。

A. 传输性较好　　B. 频带较窄

C. 具有较好的线性度　　D. 难以制造和耦合

2. 目前，光通信使用的光波波长范围在近红外区域内，波长为（　　）μm。

A. 0.9 ~ 1.9　　B. 0.7 ~ 1.7　　C. 0.8 ~ 1.8　　D. 0.6 ~ 1.6

3. 下列不属于自承式架空光缆特点的是（　　）。

A．不用钢绞吊线　　　　　　B．造价低

C．光缆下垂　　　　　　　　D．承受风力较差

二、填空题

1．光纤的类型由材料及光纤芯和外层尺寸决定，________的尺寸决定着光的传输质量。

2．单模光纤的纤芯直径一般为________或________，多模光纤的纤芯直径一般为________或________。

3．长距离光缆布线主要用于__________、__________、__________等领域。

任务 2
光纤熔接与盘纤

学习目标

1. 能进行光纤的熔接。
2. 能正确使用光纤终端盒。

任务描述

光纤的熔接是计算机网络综合布线的重要组成部分。随着时代的发展，大多数办公室及家庭都接入了光缆。现有某学院图书馆及学生公寓都需要接入光缆，图书馆需接入 24 芯光缆，学生公寓需接入 24 芯光缆。现光缆已敷设完成，需要在光纤终端盒中进行光纤熔接，并对终端盒内光纤进行整理。

相关知识

一、尾纤

如图 4-2-1 和图 4-2-2 所示，剥开尾纤后，微细的光纤封装在塑料护套中，使得它能够弯曲而不至于断裂。通常，光纤一端的发射装置使用发光二极管或一束激光将光脉冲传送至光纤，光纤另一端的接收装置使用光敏元件接收检测脉冲。

二、光纤切割刀

光纤切割刀（见图 4-2-3）用于切割像头发一样细的石英玻璃光纤，切割的光纤末端经数百倍放大镜观察，若其切割面仍是平整的，才可以用于器件封装、冷接和放电熔接。

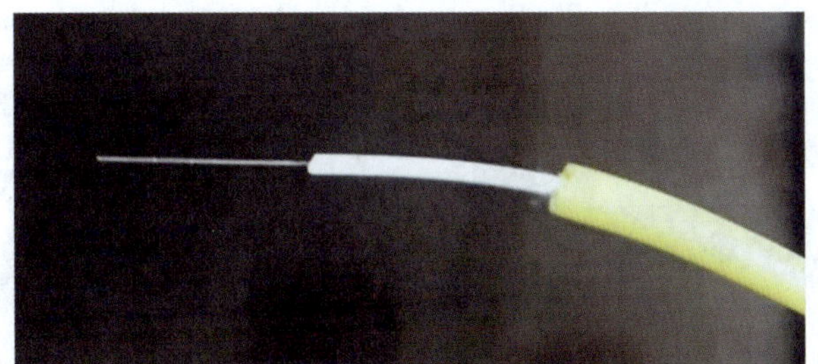

图 4-2-1　尾纤实物图 1

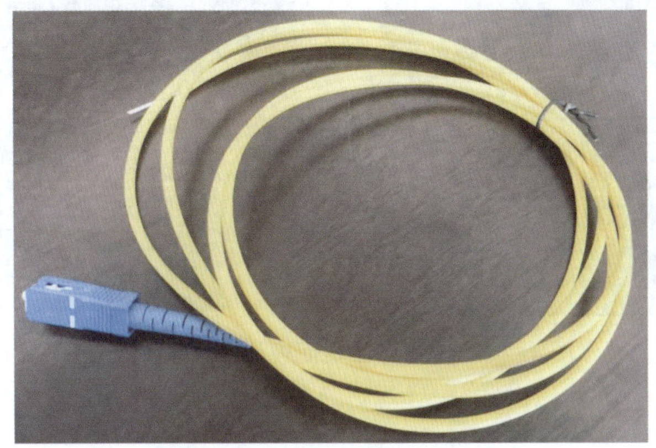

图 4-2-2　尾纤实物图 2

图 4-2-3　光纤切割刀

三、光纤熔接机

光纤熔接机主要用于光通信中光缆的施工和维护，所以又称光缆熔接机。其工作原理是在利用高压电弧将两光纤断面熔化的同时，用高精度运动机构平缓推进，使两根光纤熔合成一根，以实现光纤的耦合。光纤熔接机面板及其内部展示图如图 4-2-4 所示。

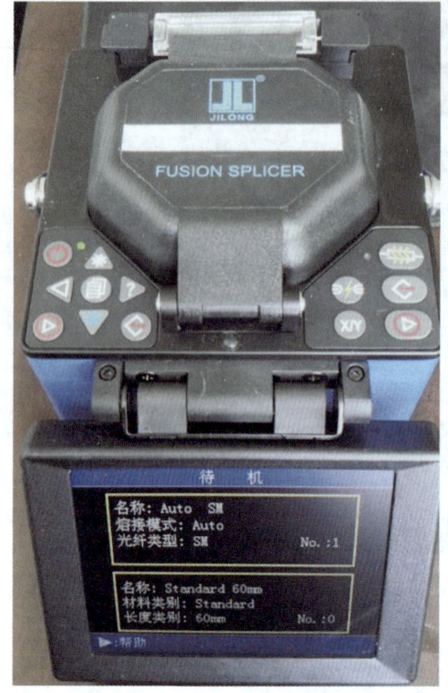

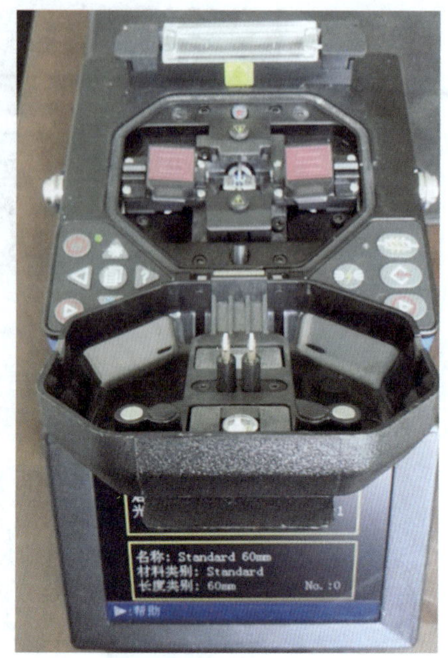

图 4-2-4　光纤熔接机面板及其内部展示图

任务实施

光纤熔接主要是用光纤熔接机将光纤和光纤或光纤和尾纤连接，把光缆中的裸纤和光纤尾纤熔合在一起变成一个整体，而尾纤则有一个单独的光纤头。

一、准备工具和材料

1. 工具

光纤熔接机、光纤切割刀、光纤剥纤钳（米勒钳）、剪刀、螺钉旋具、开缆刀、钢丝钳、记号笔。开缆刀与钢丝钳为室外光缆使用。

2. 材料

热缩管、酒精、无尘纸、棉球、标签扎带、光纤终端盒、耦合器、防水胶带。

二、光纤熔接

第一步：剥缆。在剥光缆时，先将光缆两端捋直，一般在光缆端 80 ~ 100 cm 处使用开缆刀剥除光缆保护层，去除无芯带组，留 10 cm 的加强芯用于固定光缆。

第二步：固定。如图 4-2-5 所示，将剥好的光缆固定在接头盒的固定器材上，打开光缆接头盒，拧下螺钉，将光缆放在固定器材上，带组要按顺时针方向与纤盘水平摆放，以保证不会对纤芯造成损伤。光缆固定要确保牢固，加强芯应 90° 角弯曲，防止拉扯或损伤纤芯。

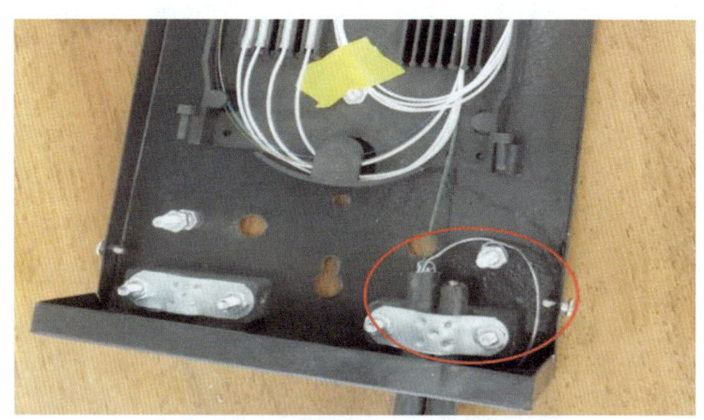

图 4-2-5　光缆固定

第三步：熔纤

（1）固定好光缆后，在规范位置内剥去纤芯的保护层，再用酒精或无尘纸将纤芯擦拭干净并规范摆放。注意：熔纤前先用热缩管套入光纤。

（2）如图 4-2-6 所示，用精密光纤切割刀切割光纤，切割长度一般为 15 mm。

（3）如图 4-2-7 所示，将切割好的光纤放到光纤熔接机的 V 形槽当中，小心压上光纤夹具和光纤压板，根据光纤切割长度调整光纤在压板中的位置，让光纤的切割面尽量靠近电极尖端位置。然后用同样的方法将另一端也放入光纤熔接机，关上防风罩，即可自动完成熔接。

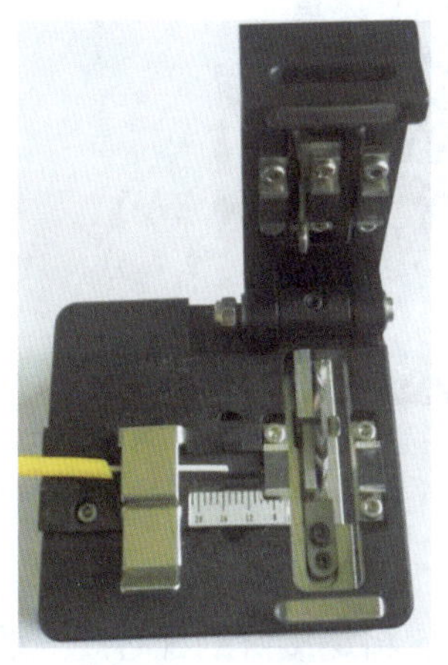

图 4-2-6　切割光纤

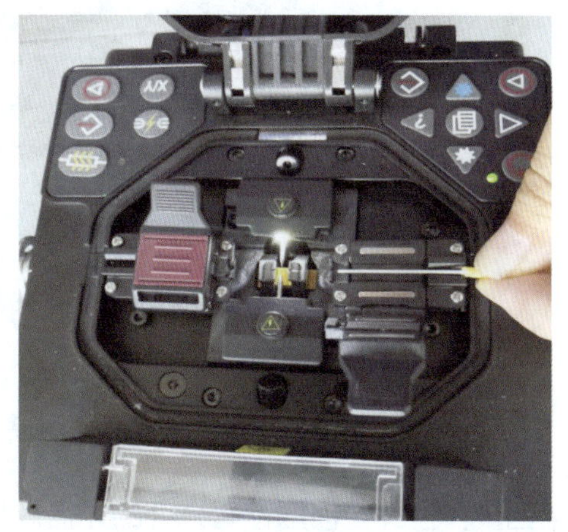

图 4-2-7　将切割好的光纤放入光纤熔接机

小贴士

如图 4-2-8 所示，在光纤熔接后，光纤熔接机会显示当前熔接后的损耗估算值，一般熔接时会将损耗估算值调整至 0.01 dB。如超过 0.01 dB，建议对光纤重新进行熔接。

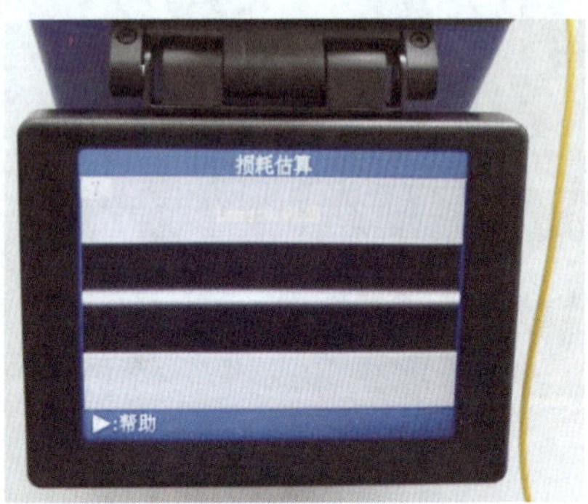

图 4-2-8　熔纤耗损估算

（4）如图 4-2-9 所示，打开防风罩移出光纤，将热缩管放在裸纤中间，然后把热缩管放到加热炉中，单击面板上的加热键进行加热。加热时可将热缩管两端固定，以保证光纤熔接处可承受一般外力的作用而不会折断。加热完成后将其取出。

光纤熔接按蓝、橙、绿、棕、灰、白、红、黑、黄、紫、浅粉、浅蓝顺序依次熔接。

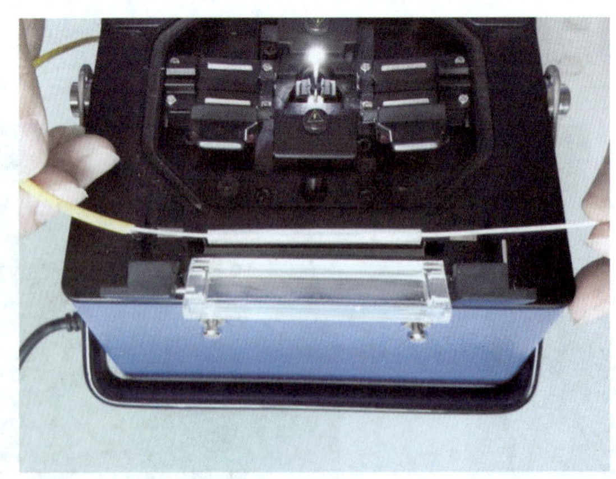

图 4-2-9　加热热缩管

第四步：盘纤。根据存储光纤的托盘规格不同，将熔接好的纤芯规范摆放在光纤托盘中并固定，盘纤时光纤的弯曲半径不能太小（一般要在 30 ~ 40 mm），以免纤芯损坏。根据不同的光纤种类，若光纤盘纤小于其最小弯曲半径，会影响光纤传输性能。盘好光纤后将光纤固定（工程中一般用防水胶带和小扎带固定）并插入耦合器，如图 4-2-10 和图 4-2-11 所示。

图 4-2-10　盘纤图 1

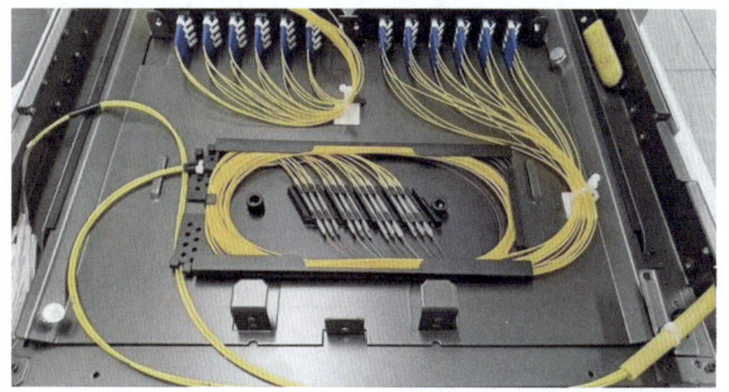

图 4-2-11　盘纤图 2

小贴士

盘纤一般都是先将热缩管固定在槽中，然后再处理两侧余纤。如个别光纤过长或过短，可将其放在最后单独盘绕。

第五步：将光纤终端盒固定。光纤终端盒固定前一定要密封好，至此光纤熔接完成。

任务评价

学习任务综合评价表见表 4-2-1。

表 4-2-1　学习任务综合评价表

评价项目	评价内容	配分 / 分	评价分数		
			自我评价	小组评价	教师评价
职业素养	安全和责任意识强，遵守健康及安全标准	10			
	团队合作意识强，善于与人沟通交流	10			
	现场管理符合“6S”标准，做好定期整理工作	5			
专业能力	能复述光纤熔接流程	10			
	能正确使用光纤熔接机对熔接点进行熔接	10			
	能熟练地盘整光纤	10			
	会测试检查以及维修光纤的连通性	10			
任务成果	任务完成符合标准规范	10			
	正确熔接光纤	10			
	正确有序地整理光纤终端盒	10			
	能将光纤终端盒规范地固定于机柜中	5			
总分		100			
评价说明	自我评价 ×20%+ 小组评价 ×30%+ 教师评价 ×50%= 总评成绩	总评成绩			

课后练习题

一、选择题

1．用光纤切割刀切割光纤时，切割长度一般为（　　）mm。

A．10　　B．15　　C．20　　D．25

2．在光纤熔接后，光纤熔接机会显示当前熔接后的熔接损耗值，一般熔接时会将损耗值调整至（　　）dB。

A．1　　B．0.1　　C．0.01　　D．10

3．光纤熔接所用到的工具有（　　）。

A．光纤熔接机　　B．光纤切割刀

C．网线钳　　D．剪刀

E．记号笔　　F．光纤剥纤钳

二、填空题

1. 光纤熔接按______、______、______、______ 、灰、白、______、______、黄、紫、浅粉、______顺序依次熔接。

2. 光纤熔接机主要用于光通信中光缆的___________和___________，所以又称光缆熔接机。

3. 光纤熔接机的工作原理是在利用高压电弧将两光纤断面___________的同时，用高精度运动机构平缓推进，使两根光纤___________成一根，以实现光纤的耦合。

任务 3
光缆设备安装与使用

学习目标

1. 了解光缆相关设备。
2. 掌握光缆设备的安装方法。
3. 学会光缆设备的使用。

任务描述

某学校新建了一栋图书馆和一栋宿舍楼，需要从网管中心铺设光缆到这两栋建筑。从网管中心使用 48 芯光缆进入园区井下接续盒，分成两路 24 芯，一路到图书馆光纤配线架，一路到宿舍楼壁挂。现光缆已经敷设完成，需完成以下任务：

1. 完成光纤接续盒的安装。
2. 完成光纤配线架的安装。

相关知识

进线间光缆设备包括光纤跳线、光纤终端盒、光纤耦合器、光纤接续盒和光纤配线架等。

一、光纤跳线

光纤跳线又称光纤连接器，是指在光缆两端都装上连接器插头，以便在连接终端设备时更加便捷。若光纤跳线一端装有连接器插头，另一端不接连接器插头，则称为尾纤。

小贴士

光纤跳线是从设备到光纤布线链路的跳接线，有较厚的保护层，一般用于光端机和终端盒之间的连接。

尾纤又叫猪尾线，只有一端有连接头，而另一端是一根光缆纤芯的断头，通过熔接与其他光缆纤芯相连，常出现在光纤终端盒内，用于连接光缆与光纤收发器（之间还用到耦合器、跳线等）。

按传输媒介的不同，光纤跳线可分为单模光纤跳线和多模光纤跳线两种。

按连接头结构形式不同，光纤跳线可分为 FC 接口跳线、SC 接口跳线、ST 接口跳线、LC 接口跳线、MTRJ 接口跳线、MPO 接口跳线、MU 接口跳线、SMA 接口跳线、FDDI 接口跳线、E2000 接口跳线、DIN4 接口跳线、D4 接口跳线等多种形式。根据设备接口的不同，光纤跳线的两端接口可能为不同的结构形式。比较常见的光纤跳线也可分为 FC 接口 -FC 接口、FC 接口 -SC 接口、FC 接口 -LC 接口、FC 接口 -ST 接口、SC 接口 -SC 接口、SC 接口 -ST 接口等。图 4-3-1 所示为常见的光纤跳线接口。

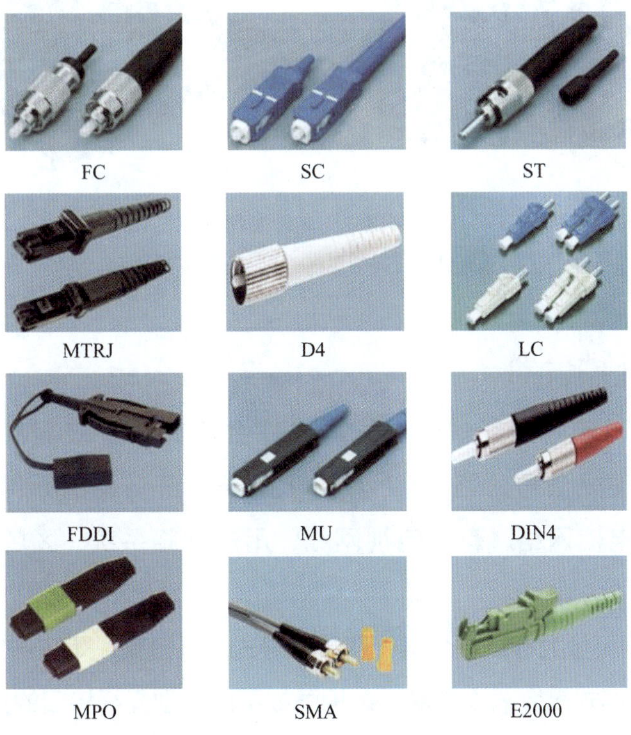

图 4-3-1　常见的光纤跳线接口

> **小贴士**
>
> 单模光纤跳线一般用黄色表示，接头和保护套颜色为蓝色，传输距离较长。
>
> 多模光纤跳线一般用橙色表示，也有的用灰色表示，接头和保护套颜色用米色或黑色表示，传输距离较短。

二、光纤终端盒

光纤终端盒是一条光缆的终接头，它的一头是光缆，另一头是尾纤，相当于是把一条光缆拆分成单条光纤的设备。安装在墙上的用户光纤终端盒的功能是提供光纤与光纤的熔接、光纤与尾纤的熔接以及光连接器的交接，为光纤及其元件提供机械保护和环境保护，并允许进行适当的检查，使其保持高标准的光纤管理。

图 4-3-2 所示为光纤终端盒，分为挂墙式光纤终端盒和机架式光纤终端盒两种。

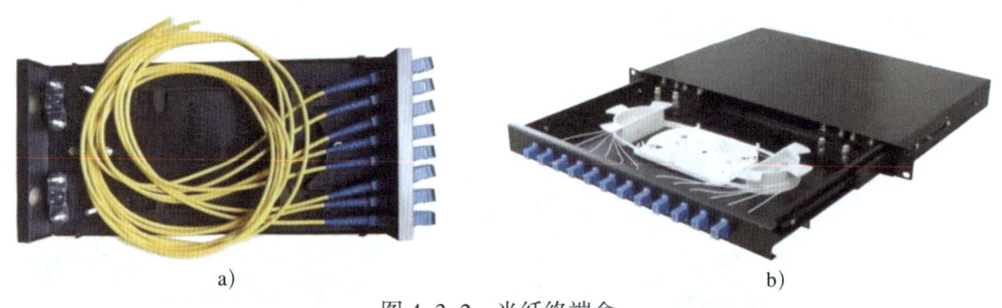

a)　　　　b)

图 4-3-2　光纤终端盒

a）挂墙式光纤终端盒　b）机架式光纤终端盒

三、光纤耦合器

图 4-3-3 所示为光纤耦合器。光纤耦合器又称分歧器、连接器、适配器，是用于实现光信号分路 / 合路或用于延长光纤链路的元件，属于光被动元件领域，在电信网络、有线电视网络、用户回路系统、区域网络中都会应用到。

光纤耦合器可分为标准耦合器（属于波导式，双分支，即将一个光信号分成两个光信号）、直连式耦合器（连接两条相同或不同类型光纤接口的光纤，以延长光纤链路）和星状 / 树状耦合器三种。

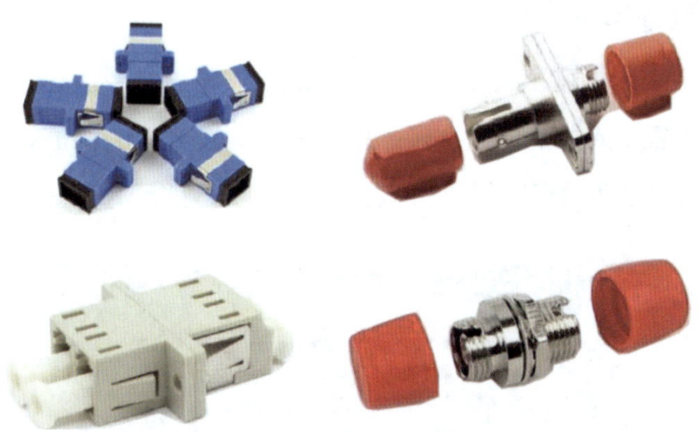

图 4-3-3　光纤耦合器

小贴士

光纤跳线通常是通过光纤耦合器与终端盒连接的，所以光纤耦合器的接口种类和光纤跳线的接口种类相同。

四、光纤接续盒

图 4-3-4 所示为光纤接续盒。光纤接续盒又称光纤接头盒、炮筒，是光纤端头接入的地方。其作用是阻止大自然中热、冷、光、氧气和微生物引起的材料老化，其外壳及主体结构件能起到阻燃、防水作用，避免振动、撞击、拉伸、扭曲等造成的损伤。

图 4-3-4　光纤接续盒

按光缆连接方式不同，光纤接续盒可分为直通型和分歧型两种。

按是否可以装配适配器来分，光纤接续盒可分为可装配适配器型和不可装配适配器型。

五、光纤配线架

光纤配线架是光传输系统中一个重要的配套设备，主要用于光缆终端的光纤熔接、光连接器安装、光路的调接、多余尾纤的存储及光缆的保护等，对于光纤通信网络安全运行和灵活使用有着重要的作用。图 4-3-5 所示为光纤配线架。

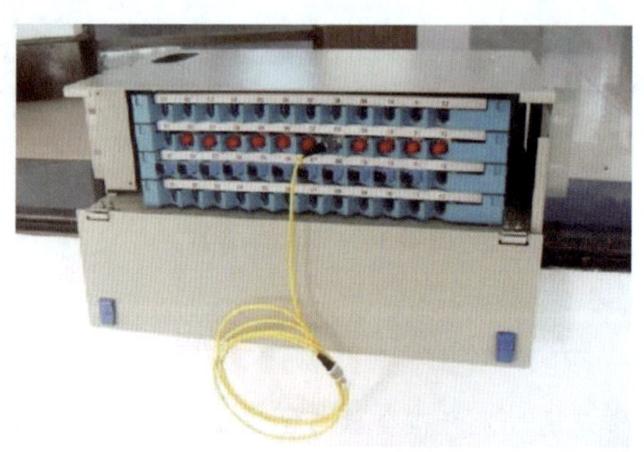

图 4-3-5　光纤配线架

常见的光纤配线架芯数有 12 芯、24 芯、48 芯、72 芯、96 芯等。

小贴士

光纤配线架作为光缆线路的终端设备，应具有以下 4 项基本功能：固定、熔接、调配、存储。

任务实施

光纤接续盒和光纤配线架是进线间光缆设备安装的重要组成部分。在完成任务之前，要做好以下准备工作。

一、准备工具和材料

1. 工具

十字旋具、斜口钳、美工刀、尖嘴钳、钢丝钳、光纤剥线器、光纤熔接机、钢卷尺、记号笔。

2. 材料

光纤接续盒、光纤配线架、尾纤、光纤耦合器、酒精、棉球、无尘纸、扎带、螺钉等。

二、安装光纤接续盒

1. 除去光缆外皮（如果有屏蔽及铠装，先去除屏蔽及铠装），然后去除外包层至露出松套管，预备长度 3 m。图 4-3-6 所示为开缆。

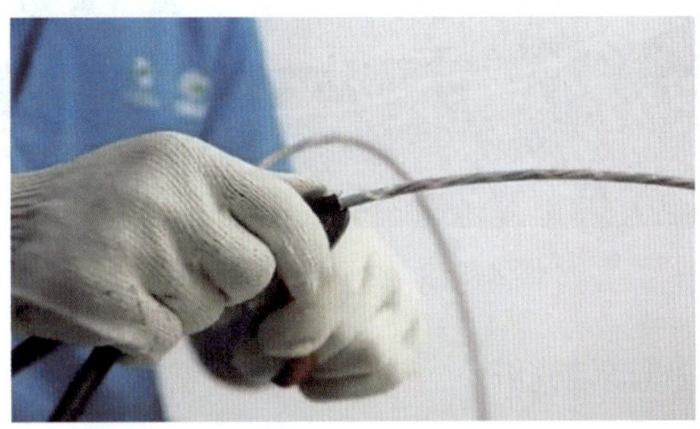

图 4-3-6　开缆

2. 按光缆外径选取最小内径的密封环，并将两个密封环套在光缆上，如图 4-3-7 所示。

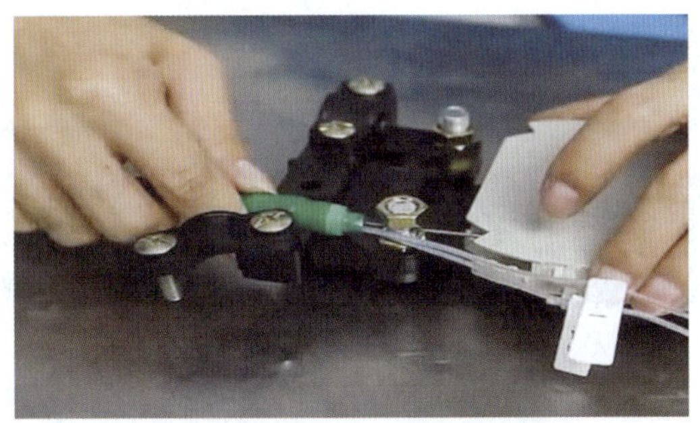

图 4-3-7　固定光缆到光纤接续盒套环上

3. 将光缆用固定器固定牢固，如图 4-3-8 所示。

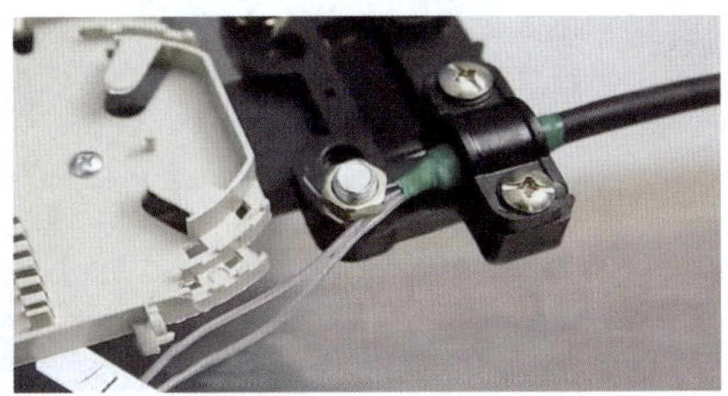

图 4-3-8　固定光缆

4. 用光纤剥线器剥掉光缆的保护层，分两次去除约 60 cm，如图 4-3-9 所示。

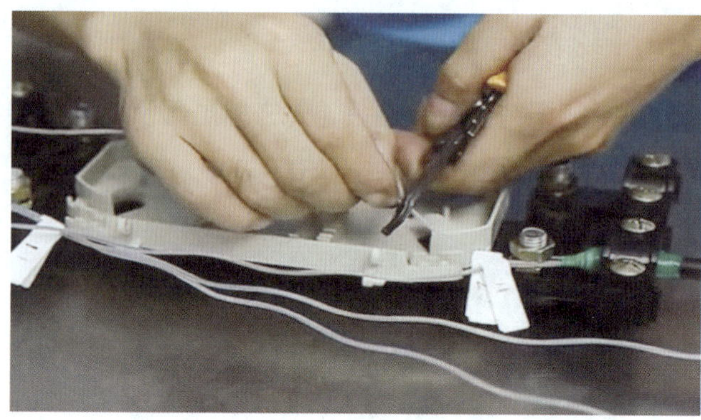

图 4-3-9　去除光缆保护层

5. 用酒精或无尘纸清洁光纤。
6. 用扎带固定剥好的光纤，并用斜口钳剪掉多余的扎带，如图 4-3-10 所示。

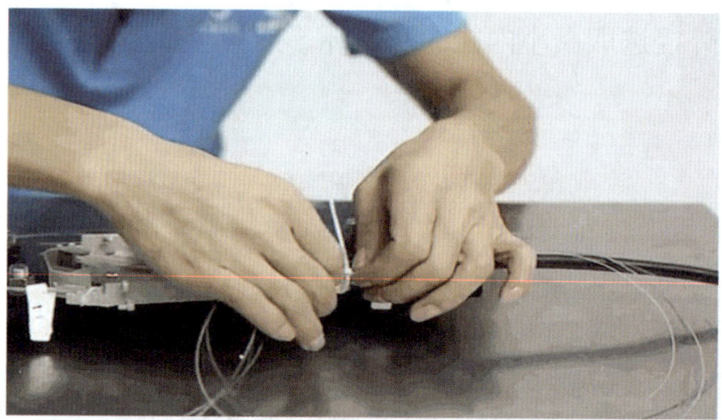

图 4-3-10　用扎带固定光纤

7. 使用光纤熔接机进行光纤的熔接，如图 4-3-11 所示。

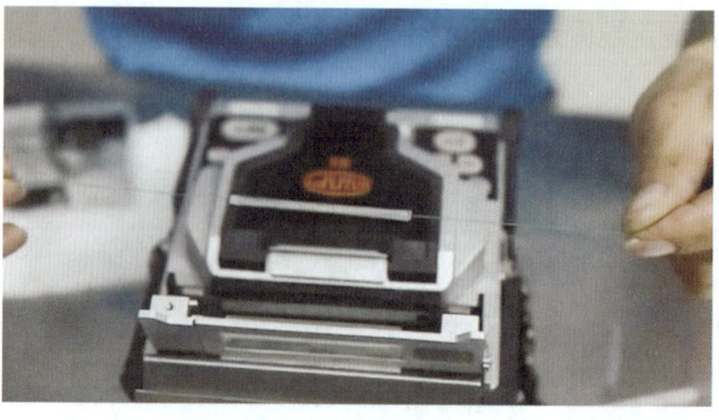

图 4-3-11　熔接光纤

8. 把多余的光纤盘好，如图 4-3-12 所示。

图 4-3-12　盘好光纤

9. 检查无误后，盖好盖板，拧紧螺钉，安装完成，如图 4-3-13 所示。

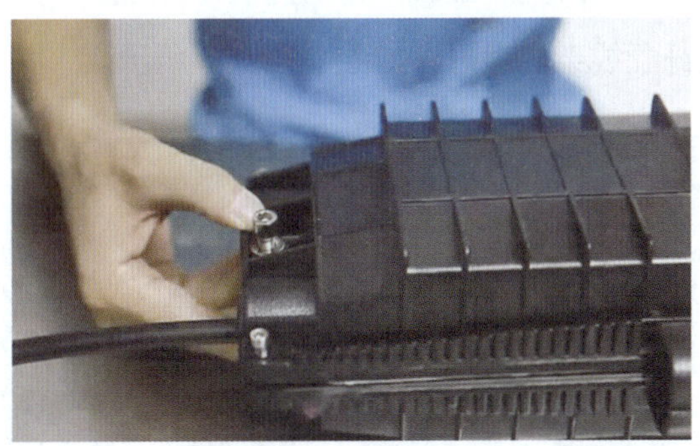

图 4-3-13　安装完成

三、安装光纤配线架

1. 拆掉并移走光纤配线架的外壳，在光纤配线架内安装光纤耦合器面板，如图 4-3-14 所示。

图 4-3-14　拆掉外壳并安装光纤耦合器面板

2. 用螺钉将光纤配线架固定在机架合适的位置上，如图 4-3-15 所示。

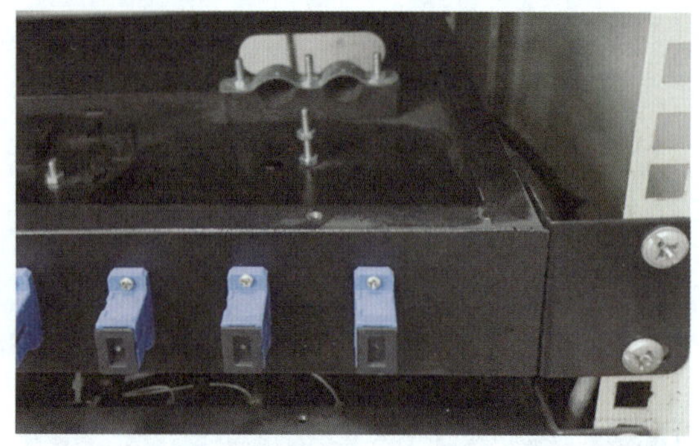

图 4-3-15　将光纤配线架固定在机架上

3. 在距光缆末端 1.2 m 处打上标志，剥除光缆外皮并清洁干净。
4. 将光缆穿入到机架式光纤配线架并对光缆进行固定。
5. 将尾纤在光纤配线架内盘好，如图 4-3-16 所示。

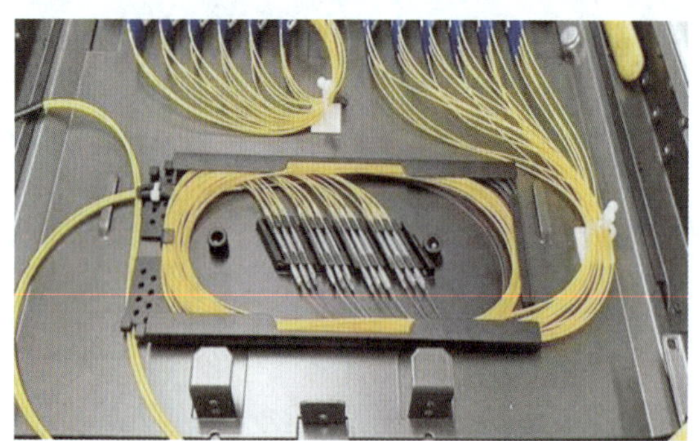

图 4-3-16　盘好尾纤

6. 将尾纤的连接器头接插到光纤配线架的耦合器内，如图 4-3-17 所示。

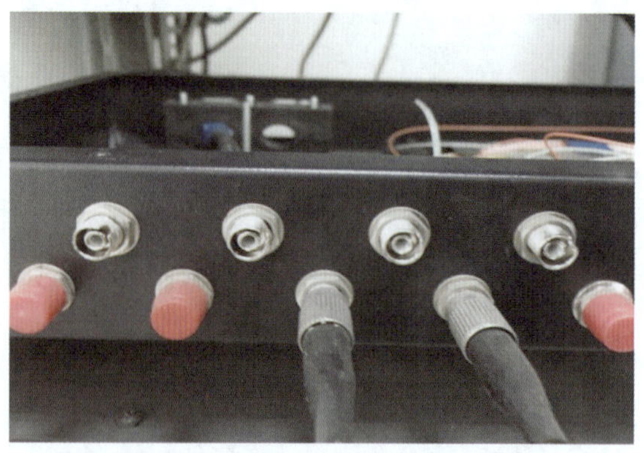

图 4-3-17　将连接器头与耦合器连接好

7. 盖好外壳，并在光纤配线架上的标签区域做好光缆标记，如图 4-3-18 所示。

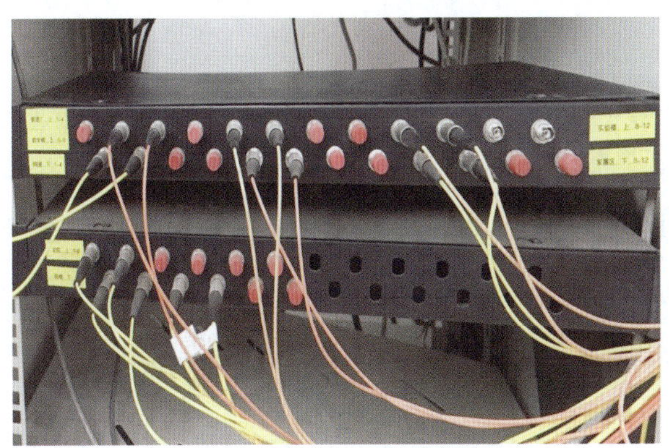

图 4-3-18　用标签做好标记

任务评价

学习任务综合评价表见表 4-3-1。

表 4-3-1　学习任务综合评价表

评价项目	评价内容	配分 / 分	评价分数		
			自我评价	小组评价	教师评价
职业素养	安全和责任意识强，遵守健康及安全标准	10			
	团队合作意识强，善于与人沟通交流	10			
	现场管理符合“6S”标准，做好定期整理工作	5			
专业能力	能说出 5 种光缆相关设备	10			
	掌握光缆设备的安装方法	10			
	学会光缆设备的使用	10			
	能说出光缆相关设备的用途	10			
任务成果	任务完成符合标准规范	10			
	正确安装光纤接续盒	10			
	正确安装光纤配线架	10			
	任务完成符合标准规范	5			
总分		100			
评价说明	自我评价 ×20%+ 小组评价 ×30%+ 教师评价 ×50%= 总评成绩	总评成绩			

课后练习题

一、选择题

1. 下列中不是光纤耦合器别称的是（　　）。

A．分歧器　　B．连接器　　C．适配器　　D．接续盒

2. 单模光纤跳线一般用（　　）表示，接头和保护套颜色为（　　），传输距离较长。

A．黄色　蓝色　　B．黄色　绿色

C．橙色　蓝色　　D．橙色　绿色

3. 下列中不是光纤配线架用途的是（　　）。

A．光缆终端的光纤熔接　　B．光连接器安装

C．光路的测试　　D．多余尾纤的存储及光缆的保护

二、填空题

1. 按传输媒介的不同，光纤跳线可分为__________和__________两种。

2. 光纤终端盒是一条光缆的终接头，它的一头是__________，另一头是__________。

3. 按光缆连接方式不同，光纤接续盒可分为_________和_________两种。

任务 4
光缆测试与记录表填写

学习目标

1. 能进行光缆的测试。
2. 能正确填写光缆链路测试结果记录表。

任务描述

光缆的链路测试是完成光纤熔接与光缆续接后必须进行的步骤。现有某学院图书馆及学生公寓已接入光缆，需要对光缆终端进行测试，测试内容主要有：光缆连接情况及光功率损耗等相关参数，并进行打标记录。

相关知识

图 4-4-1 所示为光功率计，光功率计又称光功率测试仪、光纤测试仪，是专门用于测量绝对光功率或通过一段光纤的光功率相对损耗的仪器。光功率是光纤通信系统中最基本的测量参数，是评价光端设备性能、评估光纤传输质量最重要的参数之一。通过测量发射端机或光网络的绝对光功率，就能评价光端设备的性能。将光功率计与稳定光源组合使用，则能够测量连接损耗、检验连续性，并能评估光纤链路传输质量。光功率计广泛应用于通信干线铺设、设备维护、科研和生产当中。

图 4-4-1　光功率计

小贴士

除了光功率计，常用的光缆测试工具还有红光笔和光损耗测试仪。红光笔也叫激光笔，可以发射红色的激光光束，在测试过程中，在光缆的一端用红光笔打光，在另一端观察，可以初步判定光缆是否畅通。光损耗测试仪也叫光回波损耗测试仪，可以测量光纤连接器、光器件和光传输系统的回波损耗及插入损耗，适用于科研、计量及光纤通信等领域。

任务实施

光缆测试主要是用红光笔进行光缆链路的通过性测试。

一、准备工具和材料

1. 工具

红光笔、光功率计、手持标签打印机（可用标签纸代替）、笔。

2. 材料

标签扎带、标签纸、光纤跳线、墨镜。

二、测试步骤

1. 端对端连通性测试

如图 4-4-2 所示，端对端测试使用一个光源发送器和两条光纤测试跳接线，用来测试光缆的连通性。测试完连通性后使用手持标签打印机进行打标标注（也可用标签纸标记）。

注：在光源光可见判断时应戴好墨镜或护目镜，以防止眼睛被灼伤。

2. 收发功率测试

如图 4-4-3 所示，用测试跳接线接光源发送器，另一端用测试跳接线接光功率计，打开光源发送器，即可在光功率计上测得光源发送器端的光功率损耗值。

光功率损耗值代表了光纤通信链路的衰减情况。衰减是光纤通信链路一个重要的传输参数，它的单位是分贝（dB）。

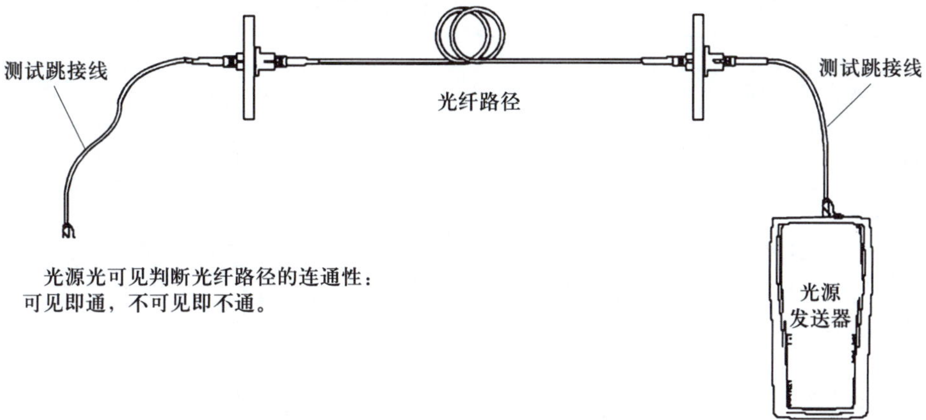

图 4-4-2　端对端连通性测试

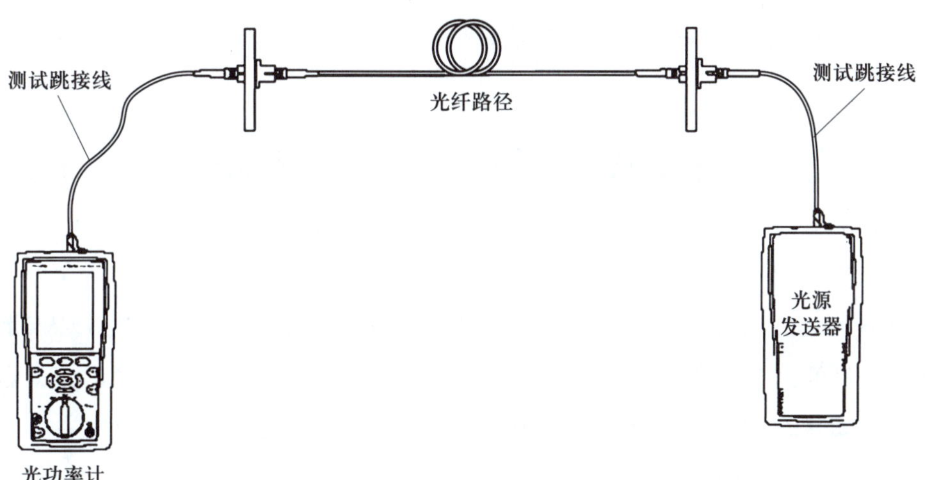

图 4-4-3　收发功率测试

小贴士

在端对端测试过程中，测试人员绝不能用肉眼去看一个光源的输出（在一条光纤的末端，或在连接到一条光纤路径的末端，或到一个光源），以免损伤视力。

表 4-4-1 所示为光缆链路测试结果记录表。

表 4-4-1　光缆链路测试结果记录表

起始端口	波长	光功率损耗值	到达端口
From：网管中心 1 号机柜 25 层 1 号端口			To：图书馆 1 号机柜 4 层 1 号端口
From：			To：
From：			To：
From：			To：
From：			To：
From：			To：
From：			To：
From：			To：

小贴士

注意打标时标签注明的应是线缆（端口）标号与目的终端的标号，例如，1（端口号）/ 图书馆 -1（图书馆 1 号端口）、2（端口号）/ 学生宿舍 101。

多模光缆的最大损耗值为 11 dB。单模光缆分为两类收发器：类型 I 收发器允许最大损耗值为 11 dB，类型 II 收发器允许损耗值小于 33 dB 且大于 14 dB。链路损耗值是两节点间所有部件损耗值之和，包括下列主要因素：

（1）光纤节点到光纤的连接。

（2）光纤损耗。

（3）无源部件如光旁路开关。

（4）安全情况、温度变化情况、收发器老化情况、计划整修的接头情况等。

在实训过程中可以忽略上述（2）、（3）、（4）条因素的影响，主要以光缆的通过性为测试标准。

任务评价

学习任务综合评价表见表 4-4-2。

表 4-4-2　学习任务综合评价表

评价项目	评价内容	配分 / 分	评价分数		
			自我评价	小组评价	教师评价
职业素养	安全和责任意识强，遵守健康及安全标准	10			
	团队合作意识强，善于与人沟通交流	10			
	现场管理符合“6S”标准，做好定期整理工作	5			
专业能力	能复述光缆测试步骤	10			
	掌握光功率计的使用方法	10			
	会标记光缆和填写测试结果	10			
	会测试和检查光缆链路的连通性	10			
任务成果	任务完成符合标准规范	10			
	正确测试光缆连通性	10			
	正确测试光缆链路的光功率损耗值	15			
总分		100			
评价说明	自我评价 ×20%+ 小组评价 ×30%+ 教师评价 ×50%= 总评成绩	总评成绩			

课后练习题

一、选择题

1. 光功率值代表了光纤通信链路的衰减。衰减是光纤通信链路的一个重要的传输参数，它的单位是（　　）。

A．dB　　B．mB　　C．rB　　D．cB

2. 在端对端测试过程中，测试人员绝不能用肉眼去看一个光源的输出，应当使用（　　）。

A．显微镜　　B．放大镜　　C．望远镜　　D．墨镜

3. 下列不是光纤连通性测试所用到的工具有（　　）。

A．红光笔　　B．光功率计　　C．墨镜　　D．剪刀

二、填空题

1. 光功率计又称光功率测试仪、____________，是专门用于测量绝对光功率或通过一段光纤的光功率____________的仪器。

2.____________是光纤通信系统中最基本的测量参数，是评价光端设备性能、评估光纤传输质量最重要的参数之一。

3. 光功率计广泛应用于____________、____________、科研和生产当中。

项目五 家庭智能安防设备安装

智能家居是利用综合布线技术、网络通信技术、智能家居系统设计与安全防范技术、自动控制技术、音视频技术等将家居生活有关的设施集成，构建高效的住宅设施与家庭日常事务的管理系统，以提升家居安全性、便利性、舒适性、艺术性，并实现环保节能的居住环境。

本项目主要进行智能化住宅布线系统的安装与调试，其中包括无线网络的配置及视频监控、对讲系统、门禁一卡通等安防系统的安装与调试等。图 5-0-1 所示为设备连接示意图。

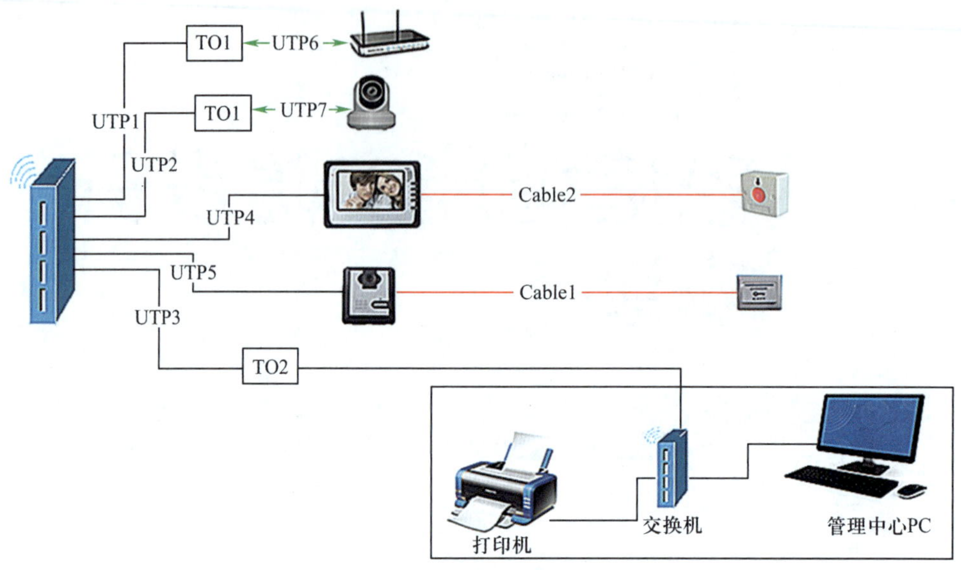

图 5-0-1　设备连接示意图

任务 1
无线局域网络安装与调试

学习目标

1. 了解无线局域网技术。
2. 能完成无线 AP 的安装与调试。

任务描述

无线局域网是网络环境中必不可少的系统，它广泛运用于办公室、家庭、公共网络中。现有一座 4 层楼的建筑，每层楼都有多个租户，每个租户都需要安装无线局域网，建立一个新的 Wi-Fi 环境。无线局域网设置要求如下：

1. 把无线 AP 安装在指定位置，按照要求接线并用标签扎带做好标签，跳线长度为 1.5 m。
2. 激活主机，设置用户名为 admin，密码为 admin123。
3. 设置无线 AP 的服务集标识（SSID）为 wl2019，密码为 wl2019。

相关知识

一、无线局域网的组成与常用设备

无线局域网广义上是指以无线电波、激光、红外线等来代替有线局域网中的部分或全部传输介质所构成的网络。无线局域网技术是基于 802.11 标准系列，即利用高频信号（如 2.4 GHz 或 5 GHz）作为传输介质的技术。

1. 无线局域网的组成

图 5-1-1 所示为无线局域网的组成，主要由站点、无线介质、接入点（Access Point，AP）和分布式系统组成。

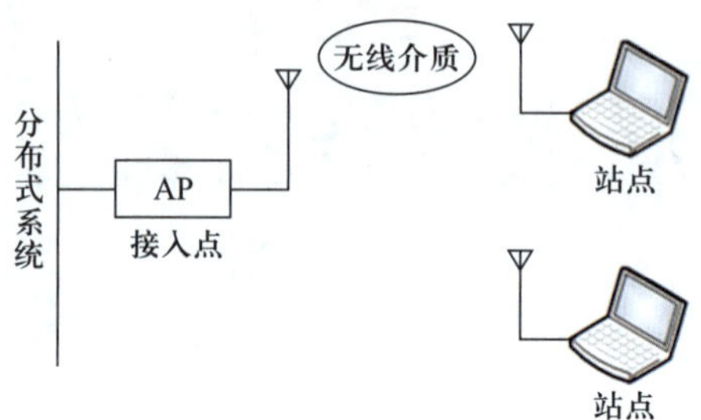

图 5-1-1　无线局域网的组成

（1）站点

站点是网络最基本的组成部分，通常是指无线客户端。

（2）无线介质

无线介质不需要架设或铺埋电缆或光纤，而是通过大气传输，常见的有无线电波、微波、红外线和激光等。

（3）接入点

接入点 AP 是有线网络与无线局域网通信的桥梁，是无线局域网的核心设备，主要提供通信控制和管理。

2. 无线局域网的常用设备

组建无线局域网的主要设备有无线网卡、无线 AP 和无线路由器，图 5-1-2、图 5-1-3 所示为常见无线网卡和常见无线 AP。

（1）无线网卡

无线网卡是终端无线网络的设备，是不通过有线连接，采用无线信号进行数据传输的终端。

图 5-1-2　常见无线网卡

图 5-1-3　常见无线 AP

无线网卡分为内置和外置两种。根据接口不同，主要有 PCMCIA 无线网卡、PCI 无线网卡、MiniPCI 无线网卡、USB 无线网卡、CF/SD 无线网卡等几类产品。其中 PCI 与 MiniPCI 为内置无线网卡，USB 和 PCMCIA 为外置无线网卡。

无线网卡的功能类似有线网卡，无线终端用无线网卡经由无线 AP 再进入以太网或者无线路由器，从而实现文件或信息数据的传递。

（2）无线 AP

无线 AP 又称“无线访问节点”，是无线局域网中的核心设备，主要提供无线工作站对有线局域网的访问和从有线局域网对无线工作站的访问。

无线客户端使用的网卡是无线网卡，在大气空间内用无线电波进行通信。目前，一般无线 AP 产品的最大覆盖半径可达 300 m。

无线 AP 通常支持 802.11b 和 802.11g、802.11ac 标准，工作的频率在 2.4 ~ 2.483 5 GHz 之间或为 5 GHz，传输速率大概为 54 Mbit/s。而 802.11ac 标准的理论传输速率最高可达到 1 Gbit/s。

（3）无线路由器

无线路由器是用于用户上网、带有无线覆盖功能的路由器，可以看作是一个转发器，将家中墙上接出的宽带网络信号通过天线转发给附近的无线网络设备。

无线路由器是无线 AP 和宽带路由器合二为一的扩展型产品，不仅具备无线 AP 所有功能，而且还包括网络地址转换（NAT）功能，可支持局域网用户的网络连接共享，同时还具备相对完善的安全防护功能。

二、无线 AP 与无线路由器的区别

1. 功能不同

无线 AP 把有线网络转换为无线网络。其信号范围为球形，搭建的时候最好放

到比较高的地方，可以增大覆盖范围。无线 AP 也就是一个无线交换机，接入在有线交换机或是路由器上，接入的无线终端和原来的网络属于同一个子网。

无线路由器是一个带路由功能的无线 AP，接入在宽带线路上，通过路由器功能实现自动拨号接入网络，并通过无线功能，建立一个独立的无线网络。

2. 应用不同

无线 AP 在大型公司的应用比较多，大型公司需要大量的无线访问节点实现大面积的网络覆盖，同时所有接入终端都属于同一个网络，也方便公司网络管理员简单地实现网络控制和管理。

无线路由器一般应用于家庭或小型家居办公环境网络，这种情况下一般覆盖面积都不大，使用用户也不多，只需要一个无线 AP 就够用了。无线路由器可以实现宽带网络的接入，同时转换为无线信号，比起买一个路由器加一个无线 AP，无线路由器是一个更为实惠和方便的选择。

3. 连接方式不同

无线 AP 要用一个交换机或者路由器作为中介，而无线路由器含有交换机和路由器两种功能。

三、Wi-Fi 技术

Wi-Fi 是一种允许电子设备连接到一个无线局域网的技术，通常使用 2.4 GHz UHF 或 5 GHz SHF ISM 射频频段。

Wi-Fi 是一个基于 IEEE 802.11 系列标准的无线网络通信技术的品牌，由 Wi-Fi 联盟所持有，目的是改善基于 IEEE 802.11 标准的无线网络产品之间的互通性，简单来说，Wi-Fi 就是一种无线联网技术。

该技术具有覆盖范围广、速度快、可靠性高、健康安全、组建方法简单等特点。

任务实施

无线网络的安装与调试主要是将无线网卡通过无线电波与无线 AP 或无线路由器进行连接。无线 AP 或无线路由器都会带有一个广域网（WAN）接口，该接口以有线的连接方式接入上一层网络，使得计算机最终能够连接到互联网。

一、准备工具和材料

1. 工具

剥线器、压线钳、剪刀、偏口钳、电钻、螺钉旋具、水平尺、网线测试仪、引线器、记号笔、计算机、智能终端。

2. 材料

超五类非屏蔽网线、RJ-45 水晶头、塑料胀管、波纹管、螺钉、无线 AP、标签扎带。必要时，使用签字笔和记录纸。

二、安装无线 AP

图 5-1-4 所示为将无线 AP 安装在指定位置。图 5-1-5 所示为无线 AP 的安装步骤。

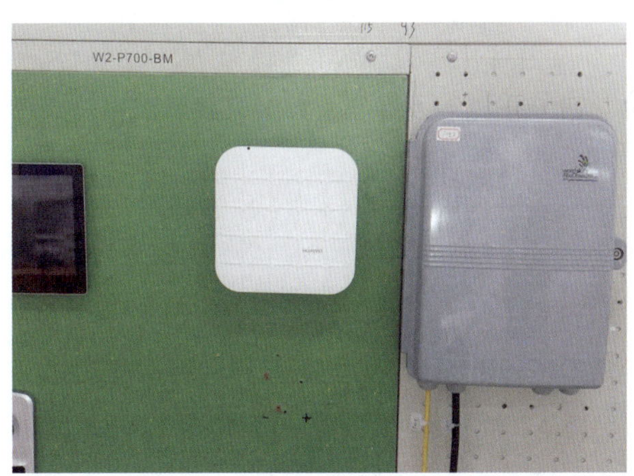

图 5-1-4 将无线 AP 安装在指定位置

无线 AP 可采用吸顶安装和壁挂安装两种方式。本书采用壁挂安装方式。

1. 揭开定位标签，将标签贴在定制的墙面上。
2. 按定位标签标记的位置，使用电钻在墙面上钻出直径为 6 mm 的钻孔。
3. 将安装架用塑料胀管和自攻螺钉固定到墙面上。
4. 将已做好的网线连接到无线 AP 上。
5. 对齐安装架和无线 AP，注意长卡口对准长卡槽。
6. 将无线 AP 嵌入到安装架上，再顺时针旋转固定无线 AP。

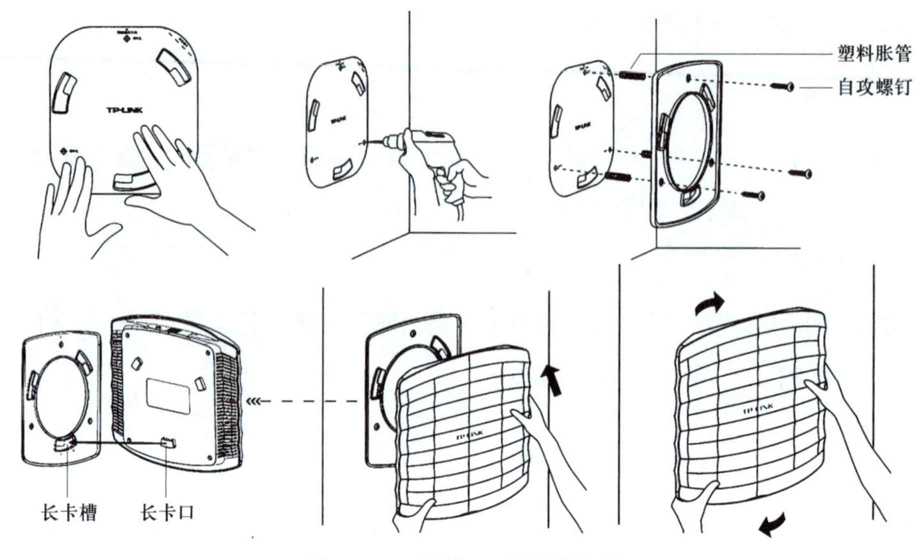

图 5-1-5　无线 AP 的安装步骤

> **小贴士**
>
> 无线 AP 可使用 POE 交换机供电。POE 交换机利用以太网的双绞线电缆来供电。

三、调试无线 AP

下面以 TP-AP901C 无线 AP 为例进行配置说明。当无线 AP 工作在 FAT AP 模式时，用户可以登录 AP 的 Web 管理窗口对 AP 进行管理。该 AP 的管理窗口分为 4 个部分：首页、无线、安全和系统。

> **小贴士**
>
> 在 FAT AP 模式下，AP 的默认管理地址是 http://192.168.1.254。管理主机需连接到 AP 所在局域网，IP 地址设置为 192.168.1.×，× 为 2 ~ 252 中的任意整数，子网掩码为 255.255.255.0。

1. 在 Windows 操作系统的 IE 浏览器地址栏中输入“192.168.1.254”，可以看到无线 AP 的登录窗口，如图 5-1-6 所示。

2. 设置用户名和密码后单击“确定”按钮，进入“首页”选项卡，如图 5-1-7 所示。

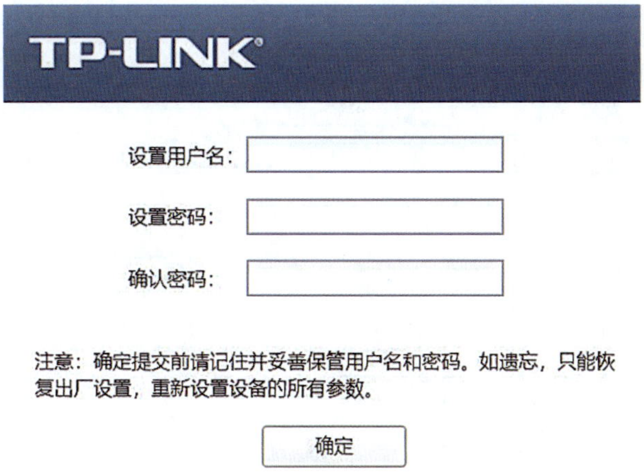

TP-LINK

设置用户名：

设置密码：

确认密码：

注意：确定提交前请记住并妥善保管用户名和密码。如遗忘，只能恢复出厂设置，重新设置设备的所有参数。

确定

图 5-1-6　无线 AP 登录

TP-LINK　技术支持　退出登录

首页　无线　安全　系统

设备信息

设备型号：TL-AP901C v1.0
MAC地址：50-FA-84-83-49-32
IP地址：192.168.1.254
当前系统时间：2017-01-01 00:03:33
系统运行时间：0 天 00:03:34

无线参数

2.4G　5G

无线模式：802.11b/g/n
频段带宽：自动
信道：6
WDS状态：未启用

无线服务

2.4G　5G

序号	无线网络名称	网络类型	无线密码	无线客户端数目	状态	设置
1	TP-LINK_2.4G_834932	访客网络		1	启用	

无线客户端

2.4G　5G

序号	MAC地址	接入的无线网络	接入时间
1	04-D3-B0-8A-B0-9C	TP-LINK_2.4G_834932	0 天 00:01:53

刷新

图 5-1-7　首页

3. 首页显示系统的设备信息、无线参数、无线服务和无线客户端。

4. 单击“无线”标签进入“无线”选项卡，进行无线服务、WDS 设置、高级设置和频谱导航功能设置。在无线服务中可以查看已有无线服务条目，并对其进行编辑、删除操作，也可以增加新的无线服务，如图 5-1-8 所示。

无线分布式系统（WDS）功能可以让 AP 之间通过无线进行桥接或中继，而在此过程中并不影响其无线覆盖效果。开启 WDS 功能可以让其延伸扩展无线信号，扩大无线网络覆盖范围，方便无线上网。图 5-1-9 所示为 WDS 设置。

TP-LINK 技术支持 退出登录

首页 无线 安全 系统

无线服务

2.4G 5G

新增 删除

序号	无线网络名称	网络名称编码	网络类型	加密方式	密码	无线网络内部隔离	状态	设置
1	TP-LINK_2.4G_83...	---	访客网络	不加密		启用	启用	

WDS设置

高级设置

频谱导航

频谱导航功能：○启用 ◉禁用

5G频段连接数门限：20 用户数(2-40，缺省值=20)

差值门限：4 用户数(1-8，缺省值=4)

最大失败次数：10 次(0-100，缺省值=10)

确定

图 5-1-8 无线服务

图 5-1-9 WDS 设置

小贴士

在无线服务中单击“新增”按钮可以添加新条目。

图 5-1-10 所示为高级设置。对一般用户而言，出厂配置的高级设置已经可以满足需求。

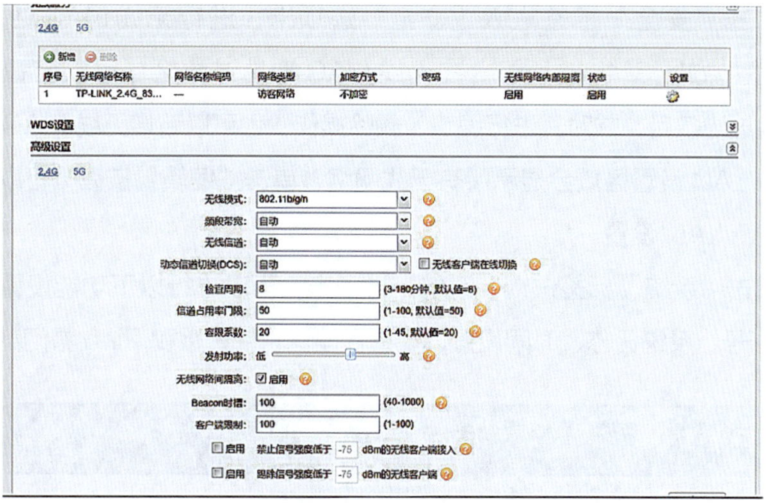

图 5-1-10　高级设置

“频谱导航”选项可以为双频 AP 设置频谱导航功能。启用频谱导航功能后，可以通过引导双频无线客户端优先接入 AP 的 5 GHz 射频，使 AP 的 5 GHz 和 2.4 GHz 射频上连接的客户端数量达到均衡，从而解决 2.4 GHz 信道资源紧张、5 GHz 信道空闲造成的资源浪费现象，提高整网性能。图 5-1-11 所示为频谱导航。

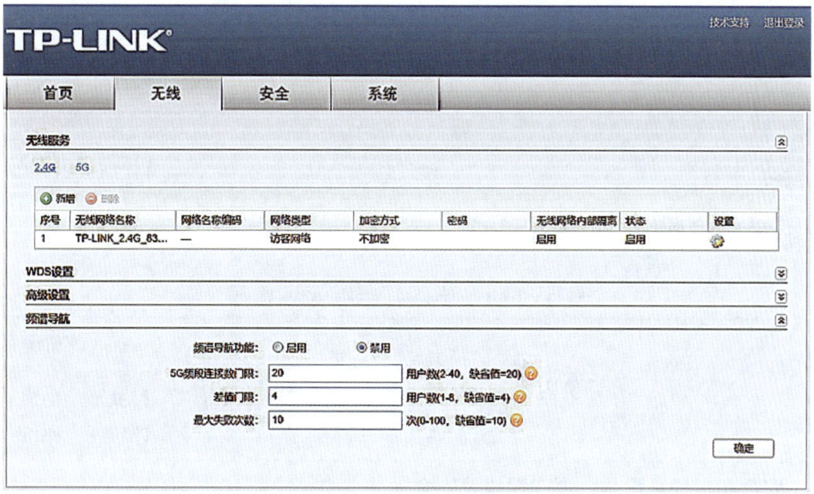

图 5-1-11　频谱导航

小贴士

仅双频 AP 有频谱导航功能，需要将 2.4 GHz 频段和 5 GHz 频段的 SSID 设为一致。

5. 单击“安全”标签进入“安全”选项卡，进行无线MAC地址过滤和VLAN设置，如图5-1-12所示。在无线MAC地址过滤区域可以查看已有无线MAC地址过滤条目，并对其进行编辑、删除操作，也可以新增无线MAC地址过滤条目。在VLAN设置区域会显示所有无线网络，单击“编辑”按键，可以对相应无线网络进行VLAN设置。

6. 单击“系统”标签进入“系统”选项卡，可以进行以下功能设置：设备管理、管理账号、系统日志、时间设置、配置管理、软件升级和Ping看门狗。

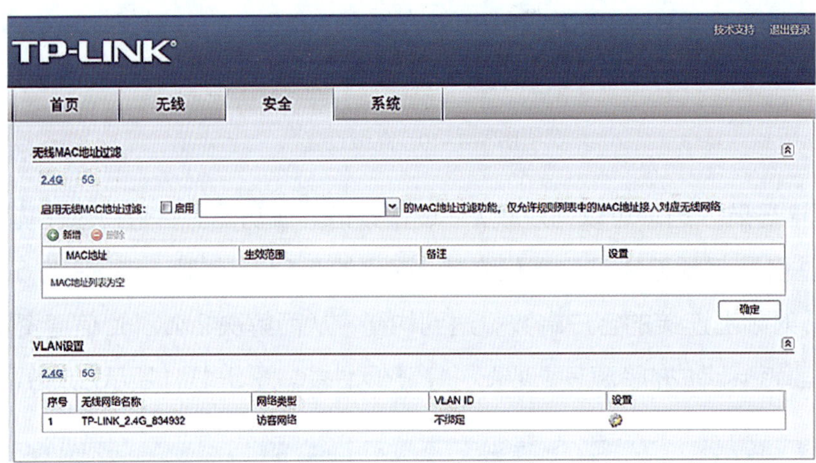

图 5-1-12 安全设置

任务评价

学习任务综合评价表见表5-1-1。

表5-1-1 学习任务综合评价表

评价项目	评价内容	配分/分	评价分数		
			自我评价	小组评价	教师评价
职业素养	安全和责任意识强，遵守健康及安全标准	10			
	团队合作意识强，善于与人沟通交流	10			
	现场管理符合“6S”标准，做好定期整理工作	5			
专业能力	能复述无线局域网的组成	10			
	能描述无线局域网的常用设备	10			
	能理解无线AP和无线路由器的区别	10			

续表

<table>
<tr><th rowspan="2">评价项目</th><th rowspan="2" colspan="2">评价内容</th><th rowspan="2">配分 / 分</th><th colspan="3">评价分数</th></tr>
<tr><th>自我评价</th><th>小组评价</th><th>教师评价</th></tr>
<tr><td rowspan="3">任务成果</td><td colspan="2">完成无线 AP 的安装</td><td>15</td><td></td><td></td><td></td></tr>
<tr><td colspan="2">完成无线 AP 的调试</td><td>20</td><td></td><td></td><td></td></tr>
<tr><td colspan="2">能使用计算机连入 Wi-Fi，查看客户端接入情况</td><td>10</td><td></td><td></td><td></td></tr>
<tr><td colspan="3">总分</td><td>100</td><td></td><td></td><td></td></tr>
<tr><td colspan="2">评价说明</td><td>自我评价 ×20%+ 小组评价 ×30%+ 教师评价 ×50%= 总评成绩</td><td>总评成绩</td><td colspan="3"></td></tr>
</table>

课后练习题

一、选择题

1. 无线局域网技术使用了介质（　　）。

A. 双绞线　　B. 无线电波　　C. 光波　　D. 沙浪

2. 下列不属于无线网卡接口类型的是（　　）。

A. PCI　　B. PCMCIA　　C. IEEE 1394　　D. USB

3. 下面不属于无线局域网组成部分的是（　　）。

A. 无线 AP　　B. 站点　　C. 电波　　D. 双绞线

二、填空题

1. 无线 AP 支持____________和__________标准。

2. 无线信号能通过空气中的____________进行传播。

3. Wi-Fi 是一种____技术。

任务 2 智能家居和视频监控系统安装与配置

学习目标

1. 了解智能家居系统的定义和发展。
2. 掌握智能家居系统的特点和主要应用。
3. 掌握视频监控系统的基本组成与传输方式。
4. 完成视频监控系统的安装与配置。

任务描述

某 4 层楼建筑每层楼都有多个租户，每个租户都已经安装无线 AP，现需要安装摄像机和 POE 交换机。所有设备都要规范安装并保障高质量的应用。摄像机设置要求如下：

1. 把摄像机安装在指定位置，其电源指示灯必须朝上，按照要求接线并用标签扎带做好标签，跳线长度为 2 m，网络接口和电源接口都要做好防水措施，剩余的线束要用绝缘胶布做好绝缘处理，防止短路损坏设备。

2. 激活主机，设置用户名为 admin，密码为 admin123。

3. 设置 IP 地址为 192.168.1.××（×× 为工位号）。

4. 在计算机浏览器上显示实时连通的画面，并可以控制摄像机，不关闭浏览器窗口，保留画面。

5. 设置一个预置点 1，可以显示整个小机柜的画面。

6. 显示画面可显示实时时间。

一、智能家居系统简介

智能家居系统是利用先进的计算机技术、网络通信技术、智能云端控制、综合布线技术、医学电子技术，依照人体工程学原理，融合个性需求，将与家居生活有关的各个子系统如安防安保、灯光控制、窗帘控制、煤气阀控制、信息家电、场景联动、地板采暖、健康保健、卫生防疫等有机地结合在一起，通过网络化综合智能控制和管理，实现“以人为本”的全新家居生活体验。

智能家居又称智能住宅，在国外常用 Smart Home 表示。与智能家居系统含义近似的有家庭自动化、电子家庭、数字家园、家庭网络、网络家居、智能家庭（建筑），在我国香港和台湾等地区还有数码家庭、数码家居等叫法。

1. 智能家居系统的发展历程和现状

（1）智能家居的发展历程

智能家居概念的起源很早，但一直未有具体的建筑案例出现。直到 1984 年美国联合科技公司将建筑设备信息化、整合化概念应用于美国康涅狄格州哈特福德市的 CityPlaceBuilding 时，才出现了首栋“智能型建筑”，从此拉开了全世界争相建造智能家居的序幕。截至 2018 年年底，有超过 4 500 万台智能家居设备安装在美国家庭中。

根据网络技术的发展，智能家居可分为三代。第一代为带代理服务器的无线技术；第二代为人工智能控制电子设备；第三代为与人类互动的机器人伙伴。

（2）智能家居的发展现状

目前我国智能家居虽有潜力但发展缓慢，人们的消费观念和消费能力并不充分。根据相关分析可知，随着我国智能家居产品与技术的百花齐放，市场开始明显出现低、中、高不同产品档次的局面，行业进入快速成长期。面对我国庞大的市场需求，预计该行业将以年均 19.8% 的速度增长。

智能家居最初的发展以灯光遥控控制、电器远程控制和电动窗帘控制为主。随着行业的发展，智能控制的功能越来越多，控制的对象不断扩展，控制的联动场景要求更高，其不断延伸到家庭安防报警、背景音乐、可视对讲、门禁指纹控制等领域，可以说智能家居几乎可以涵盖所有传统的弱电行业，市场发展前景诱人，因此，与其产业相关的各大品牌不约而同地加大力度争夺智能家居市场，市场渐成“群雄争霸”之势。

（3）智能家居系统的组成

智能家居系统包含的主要子系统有：家居布线系统、家庭网络系统、智能家居（中央）控制管理系统、家居照明控制系统、家庭安防系统、背景音乐系统、家庭影院与多媒体系统、家庭环境控制系统共八大系统。其中，智能家居（中央）控制管理系统、家居照明控制系统、家庭安防系统是必备系统，家居布线系统、家庭网络系统、背景音乐系统、家庭影院与多媒体系统、家庭环境控制系统为可选系统。

（4）智能家居系统的特点

1）随意照明。在智能家居系统中，家居照明控制系统具有软启动功能，能使灯光渐亮或渐暗；同时具有节能和环保的效果；全开全关功能可轻松实现一键全开和一键全关功能，并具有亮度记忆功能。

2）简单安装。智能家居系统可以在不破坏隔墙、不购买新电器的前提下，与家中现有电器进行连接。各种电器及智能子系统既可在家操控，也能满足远程操控。

3）可扩展性。最初的智能家居系统只与照明设备或常用的电器连接，但将来也可以与其他设备连接，以适应新的智能生活需要。即便现有的家居已装修，也可轻松升级为智能家居。

2. 智能家居系统的主要应用

（1）遥控控制

用户可以使用遥控器来控制家中灯光、热水器、电动窗帘、饮水机、空调等设备的开启和关闭。

（2）电话控制

运用高加密（电话识别）多功能语音电话远程控制功能可对家用电器实施远程控制。当用户出差在外时，可以通过手机或固定电话来控制家中的所有电器设备，并将其提前设置好。

（3）定时控制

用户可以提前设定某些家用电器的自动开启和关闭时间，例如电热水器每天20：30 自动开启加热，23：30 自动断电关闭，在保证用户正常使用的同时，也可以尽量节约用电。

（4）集中控制

用户可以在进门的玄关处就同时打开客厅、餐厅和厨房的灯光以及厨宝等电器，尤其是在夜晚还可以在卧室控制客厅和卫生间的灯光及电器，既方便又安全，还可以查询它们的工作状态。

（5）场景控制

用户轻轻触动一个按键，电器通过指令自动执行，轻松感受和领略科技时尚生活的完美及简捷。

（6）网络控制

用户在办公室或出差到外地时，只要是有网络的地方，都可以通过互联网登录到个人智能家居中，并通过免费动态域名进行远程网络控制和电器工作状态信息查询，例如利用网络计算机登录相关的 IP 地址，控制家中的电器设备。

（7）监控功能

利用视频监控功能，通过局域网络或宽带网络，使用浏览器进行远程影像监控和语音通话。另外，还支持远程 PC 机、本地 SD 卡存储，以及移动侦测邮件传输、FTP 传输，对于家庭用远程影音拍摄与拍照，更可实现专业的安全防护。

（8）报警功能

当有险情发生时，用户能通过智能家居系统自动拨打电话，并联动相关电器进行险情报警处理。

（9）共享功能

家庭影音控制系统包括家庭影视交换中心和背景音乐系统。它是家庭娱乐的多媒体平台，运用先进的微计算机技术、无线遥控技术和红外遥控技术，在程序指令的精确控制下，根据用户的需要，把机顶盒、卫星接收机、DVD、计算机、影音服务器、高清播放器等多路信号源发送到每一个房间的电视机、音响等终端设备上，实现一机共享客厅的多种视听设备。

（10）音乐系统

在客厅、卧室、厨房或卫生间均可布上背景音乐线，通过一个或多个音源（CD/TV/FM/MP3 音源），在每个房间听到美妙的背景音乐。

（11）娱乐系统

利用书房计算机作为家庭娱乐的播放中心，客厅或主卧大屏幕电视机上播放和显示的内容来源于互联网上海量的音乐资源、影视资源、游戏资源、信息资源等。

（12）布线系统

通过一个总管理箱将电话线、有线电视线、宽带网络线、音响线等被称为弱电的各种线统一规划在一个有序的状态下，以统一管理居室内的电话、传真、计算机、电视机、安防监控设备和其他的网络信息电器，使之功能更为强大、使用更方便、维护更容易、更易扩展，实现电话分机、局域网组建、有线电视共享等。

（13）指纹锁等技术

智能家居系统具有三项独立开门方式：指纹、密码和机械钥匙，安全又方便。

（14）空气调节

空气调节设备无须人工频繁开窗换气，智能控制模块可定时为用户更换经过过滤的新鲜空气（外面的空气经过过滤进来，同时将屋内的浊气排出）。

（15）手机控制

手机控制家电不是简单地靠软件就可以实现的，而是通过总线技术，在铺设一套智能家居设备的基础上，利用安装智能家居系统专用软件，在计算机上进行设置与调试实现的。

（16）智能安防

室内防盗、防劫、防火、防燃气泄漏以及紧急救助等功能，全面集成语音电话远程控制、定时控制、场景控制、无线转发等智能灯光和家电控制功能；无须重新布线，即插即用，轻松实现家庭智能安防；预设防盗报警电话；质量可靠，性能稳定，无须再担心家的安全、财产的安全和生命的安全。

3.《智能建筑设计标准》（GB 50314—2015）简介

国家标准《智能建筑设计标准》（GB 50314—2015）由住房和城乡建设部及中华人民共和国质量监督检验检疫总局于 2015 年 3 月 8 日联合发布，自 2015 年 11 月 1 日起实施。该标准的制定是为了规范智能建筑工程设计，提高和保证设计质量，适用于新建、扩建和改建的民用建筑及通用工业建筑等的智能化系统工程设计，民用建筑包括住宅、办公、教育、医疗等。该标准要求智能建筑工程的设计应以建设绿色建筑为目标，做到功能实用、技术适时、安全高效、运营规范和经济合理，在设计中应增强建筑物的科技功能和提升智能化系统的技术功效，具有适用性、开放性、可维护性和可扩展性。

在该标准第 5 ~ 18 章的各种智能建筑设计中，明确要求视频安防监控系统的设计应按《安全防范工程技术标准》（GB 50348—2018）和《视频安防监控系统工程设计规范》（GB 50395—2007）等现行国家标准的规定执行，同时针对各种智能建筑的不同用途，特别给出了具体设计配置规定和要求。

在该标准第 5 章住宅建筑设计中，安全技术防范系统配置应按表 5-2-1 的规定。在非超高层住宅建筑、超高层住宅建筑中，安全技术防范系统的配置不宜低于《安全防范工程技术标准》（GB 50348—2018）现行国家标准的有关规定。

表 5-2-1　住宅建筑安全技术防范系统配置

<table>
<tr><th colspan="2">智能化系统</th><th>非超高层住宅建筑</th><th>超高层住宅建筑</th></tr>
<tr><td rowspan="2">安全技术防范系统</td><td>视频安防监控系统</td><td colspan="2">按照《安全防范工程技术标准》（GB 50348—2018）和《视频安防监控系统工程设计规范》（GB 50395—2007）等现行国家标准规定</td></tr>
<tr><td>停车场管理系统</td><td>宜配</td><td>宜配</td></tr>
<tr><td rowspan="2">机房工程</td><td>安防监控中心</td><td>应配</td><td>应配</td></tr>
<tr><td>智能化设备间</td><td>应配</td><td>应配</td></tr>
</table>

在该标准第 6 章办公建筑设计中，安全技术防范系统配置应按表 5-2-2 的规定。在通用办公建筑、行政办公建筑中，安全技术防范系统应符合《安全防范工程技术标准》（GB 50348—2018）现行国家标准的有关规定。

表 5-2-2　办公建筑安全技术防范系统配置

<table>
<tr><th colspan="2" rowspan="2">智能化系统</th><th colspan="2">通用办公建筑</th><th colspan="3">行政办公建筑</th></tr>
<tr><th>普通办公建筑</th><th>商务办公建筑</th><th>县级</th><th>地市级</th><th>省部级及以上</th></tr>
<tr><td rowspan="2">安全技术防范系统</td><td>视频安防监控系统</td><td>应配</td><td>应配</td><td>应配</td><td>应配</td><td>应配</td></tr>
<tr><td>停车库（场）管理系统</td><td>宜配</td><td>应配</td><td>宜配</td><td>应配</td><td>应配</td></tr>
<tr><td rowspan="2">机房工程</td><td>安防监控中心</td><td>应配</td><td>应配</td><td>应配</td><td>应配</td><td>应配</td></tr>
<tr><td>智能化设备间</td><td>应配</td><td>应配</td><td>应配</td><td>应配</td><td>应配</td></tr>
<tr><td colspan="2">安全防范综合管理平台系统</td><td>宜配</td><td>应配</td><td>宜配</td><td>应配</td><td>应配</td></tr>
</table>

在该标准第 8 章文化建筑设计中，安全技术防范系统配置应按表 5-2-3 的规定。图书馆按照阅览、藏书、办公等划分不同防护区域，并应确定不同技术防范等级。档案馆应根据级别，采取相应的人防、技防配套措施。文化馆应采取合理的人防、技防配套措施，并宜设置防暴安全检查系统。

表 5-2-3　文化建筑安全技术防范系统配置

智能化系统		图书馆				档案馆			文化馆		
		专门	科研	高校	公共	乙级	甲级	特级	小型	中型	大型
安全技术防范系统	视频安防监控系统	应配	应配	应配	应配	应配	应配	应配	应配	应配	应配
	停车库（场）管理系统	宜配	宜配	应配	应配	宜配	应配	应配	可配	宜配	应配
机房工程	安防监控中心	应配	应配	应配	应配	应配	应配	应配	应配	应配	应配
	智能化设备间（弱电间）	应配	应配	应配	应配	应配	应配	应配	应配	应配	应配
安全防范综合管理（平台）系统		可配	宜配	应配	应配	可配	宜配	应配	可配	宜配	应配

4.《智能建筑工程施工规范》（GB 50606—2010）简介

国家标准《智能建筑工程施工规范》（GB 50606—2010）由住房和城乡建设部在 2010 年 7 月 15 日公告，自 2011 年 2 月 1 日起实施。该标准是为了加强智能建筑工程施工过程的管理，保证施工质量，做到技术先进，工艺可靠，经济合理，管理高效。适用于新建、改建和扩建工程中的智能建筑工程施工。

该规范共分 17 章，主要规范了建筑物的智能化施工要求。

第 1 ~ 4 章主要为智能建筑施工的总则、术语、基本规定、综合管线。

第 5 ~ 15 章为智能建筑各子系统的施工要求，包括综合布线系统、信息网络系统、卫星接收及有线电视系统、会议系统、广播系统、信息设施系统、信息化应用系统、建筑设备监控系统、火灾自动报警系统、安全防范系统、智能化集成系统。

第 16 ~ 17 章为防雷与接地、机房工程。

5.《智能建筑工程质量验收规范》(GB 50339—2013)简介

国家标准《智能建筑工程质量验收规范》(GB 50339—2013)由住房和城乡建设部在2013年6月26日公告，自2014年2月1日起实施。该规范是为了加强智能建筑工程质量管理，规范智能建筑工程质量验收，规范智能建筑工程质量检测和验收的组织程序及合格评定标准，保证智能建筑工程质量而制定。适用于新建、改建和扩建工程中的智能建筑工程的质量验收。要求智能建筑工程的质量验收要坚持“验评分离、强化验收、完善手段、过程控制”的指导思想。

该规范共分22章，主要规范了智能建筑工程质量的验收方法、程序和质量指标。

第1～3章主要为智能建筑工程质量验收的总则、术语和符号、基本规定。

第4～20章为智能建筑各子系统的质量验收要求，包括：智能化集成系统、信息接入系统、用户电话交换系统、信息网络系统、综合布线系统、移动通信室内信号覆盖系统、卫星通信系统、有线电视及卫星电视接收系统、公共广播系统、会议系统、信息导引及发布系统、时钟系统、信息化应用系统、建筑设备监控系统、火灾自动报警系统、安全防范系统、应急响应系统。

第21～22章为机房工程、防雷与接地。

二、视频监控系统简介

视频监控系统是安全技术防范体系中的一个重要组成部分，是一种先进的、防范能力极强的综合系统。在国家标准《视频安防监控系统工程设计规范》(GB 50395—2007)中，视频监控系统被定义为：视频监控系统是利用视频技术探测、监视设防区域，并实时显示和记录现场图像的电子系统或网络。

1. 视频监控系统的基本组成

图5-2-1所示为视频监控系统拓扑图。视频监控系统一般由前端设备、传输线路、控制及显示记录四个主要部分组成。

(1)前端设备

前端设备用于采集被监控点的监控信息，一般包括多台摄像机和镜头、支架、云台、防护罩、解码器等配套器材。

摄像机一般安装在需要监控的入口、通道、围墙等位置，通过布线系统连接到监控中心，安保人员在监控中心可以远程控制摄像机的旋转、拉近、推远和聚焦，监控局部和全景。

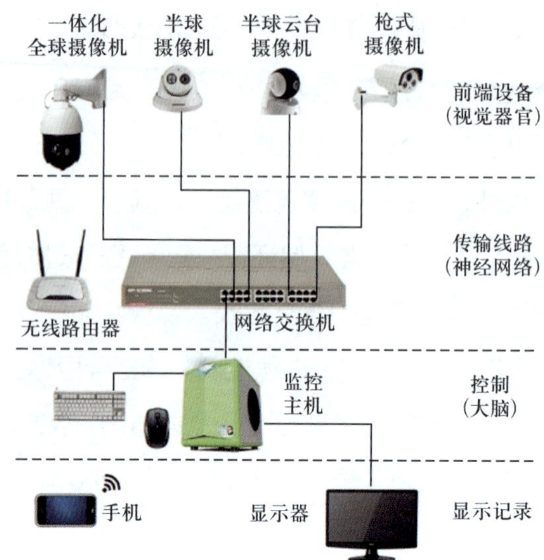

图 5-2-1　视频监控系统拓扑图

（2）传输线路

传输分为有线传输和无线传输两种方式。有线传输主要使用双绞线实现控制和信号传输，信号传输和控制比较稳定，可靠性较高。无线传输主要采用微波等电磁波传输信号，需要选用专门的无线摄像机和配套的信号解调器，增加无线路由器和交换机等设备。无线传输容易受到外界电磁干扰，稳定性和可靠性较差。

（3）控制

控制一般包括监控主机和操作键盘、鼠标等配套器材，承担所有前端设备的管理、控制、报警处理、录像、录像回放和用户管理等工作，用于集中对所辖区域进行监控。控制部分一般安装在监控中心，安保人员在监控中心可以实现对监控画面的实时查看和摄像机的控制等。

（4）显示记录

显示记录一般包括显示器和主机硬盘等器材。显示记录部分一般安装在监控中心，安保人员在监控中心可以实现视频信息的存储、显示记录和回放等。

2. 视频监控系统的传输方式

（1）同轴电缆传输

同轴电缆传输又称为视频基带传输，是最传统的电视监控传输方式，对 0 ~ 6 MHz 视频基带信号不做任何处理，通过同轴电缆直接传输模拟信号。同轴电缆只能传输摄像机的视频信号，还需要增加控制线缆、电源线缆等，实现对摄像机的控制和视频信号的传输，一般适用于中小型模拟视频监控系统。

视频监控系统使用的同轴电缆规格为 75 Ω，传输距离一般为 300 m 左右。

同轴电缆传输的优点有：短距离传输图像，信号损失小，造价低廉，系统稳定。

同轴电缆传输的缺点有：传输距离短，布线量大，维护困难，可扩展性差。

（2）双绞线传输

双绞线传输是解决监控图像在电磁环境复杂场合 1 km 内传输的方式之一，主要是将监控图像信号处理通过平衡对称方式传输。其利用双绞线进行视频信号和控制信号的传输，只需要再增加电源线，不需要专门的控制线缆，一般适用于中小型数字视频监控系统。

视频监控系统使用的双绞线一般为超五类及以上的双绞线，传输距离一般不超过 100 m，如超过时需增加交换机进行拓展。

双绞线传输的优点有：布线简易，成本低廉，抗干扰性能强。

双绞线传输的缺点有：传输距离短，抗老化能力差，不适于野外传输，传输高频分量衰减较大，图像颜色会受到很大损失。

（3）光纤传输

光纤传输是解决几十甚至几百千米电视监控传输的最佳方式，把视频信号转换成光信号在光纤中传输。该传输方式适用于大中型视频监控系统。利用光纤传输时，除光纤外，还需光纤终端盒、光纤接续盒、光纤配线架、光纤收发器等配套器材。

光纤传输的优点有：传输距离远，衰减小，抗干扰性能好，适合远距离传输。

光纤传输的缺点有：在几千米内监控信号传输不够经济，光纤熔接及维护技术要求高，不易升级扩容。

（4）无线传输

无线传输利用微波等无线电波进行视频信号的传输，是解决几千米甚至几十千米不易在布线场所监控传输的方式之一。无线传输采用频率调制或振幅调制的办法，将图像搭载到高频载波上，转换为高频电磁波在空中传输。采用无线传输方式时，需要选用专门的无线摄像机和配套的信号解调器等设备，完成对视频信号的传输。

无线传输的优点有：无须布线，成本低廉，适应性和拓展性好。

无线传输的缺点有：容易受到外界电磁干扰，稳定性和可靠性较差。

三、POE 简介

POE（Power Over Ethernet）是指在现有的以太网 Cat 5e 布线基础架构不

做任何改动的情况下，在为一些基于 IP 的终端（如 IP 电话机、无线局域网接入点 AP、网络摄像机等）传输数据信号的同时，还能为此类设备提供直流供电的技术。POE 技术能在确保现有结构化布线安全的同时，保证现有网络的正常运作，最大限度地降低成本。

POE 也被称为基于局域网的供电系统或有源以太网，有时也被简称为以太网供电，这是利用现存标准以太网传输电缆同时传送数据和电功率的最新标准规范，并保持了与现存以太网系统和用户的兼容性。IEEE 802.3af 标准是基于以太网供电系统 POE 的新标准，它在 IEEE 802.3 的基础上增加了通过网线直接供电的相关标准，是现有以太网标准的扩展，也是第一个关于电源分配的国际标准。POE 供电接线图如图 5-2-2 所示。

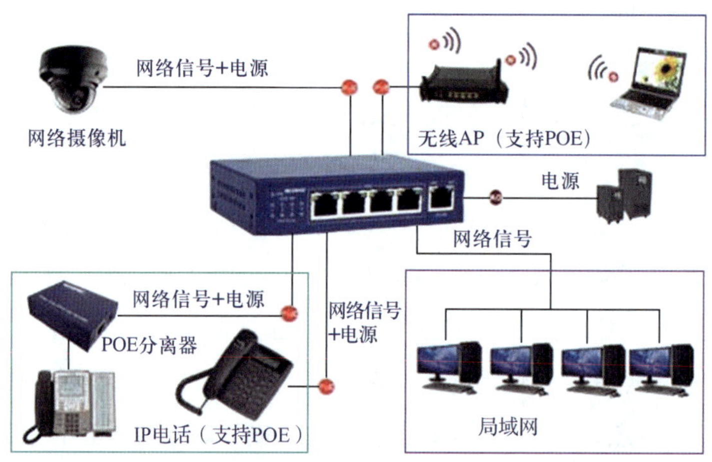

图 5-2-2　POE 供电接线图

POE 的工作过程如下：

1. 检测

检测初始，电源在端口输出很小的电压，直到其检测到线缆终端的连接为一个支持 IEEE 802.3af 标准的受电端设备。

2. 电源应用设备端设备分类

当检测到受电端之后，电源可能会为应用设备分类，并且评估此应用设备所需的功率损耗。

3. 开始供电

在一个可配置时间（一般小于 15 μs）的启动期内，电源开始从低电压向应用设备供电，直至提供 48 V 的直流电源。

4. 供电

为应用设备提供稳定可靠的 48 V 直流电，满足应用设备不超过 15.4 W 的功率消耗。

5. 断电

若应用设备从网络上断开，电源就会快速地停止为应用设备供电，并重复检测过程，以检测线缆的终端是否连接应用设备。

任务实施

正确规范地完成视频监控系统的安装与配置。前端摄像机的安装是视频监控系统施工安装的重要组成部分，安装质量直接决定工程的可靠性、稳定性和使用寿命等，所以必须要正确地安装前端摄像机。监控软件是视频监控系统管理的核心系统，通过对监控软件的正确设置与调试，才能使视频监控系统工作正常、管理高效，故要合理设置摄像机的相关参数。

一、准备工具和材料

1. 工具

摄像机、剥线钳、压线钳、剪刀、偏口钳、电钻、螺钉旋具、水平尺、网线测试仪、引线器、记号笔、计算机。

2. 材料

超五类非屏蔽网线、RJ-45 水晶头、波纹管、螺钉、标签扎带。必要时，使用签字笔和记录纸。

二、安装摄像机

如图 5-2-3 所示，将摄像头安装在指定位置。摄像头安装步骤（见图 5-2-4）如下：

1. 去除转接盘

逆时针旋转摄像头底部，取出转接盘。

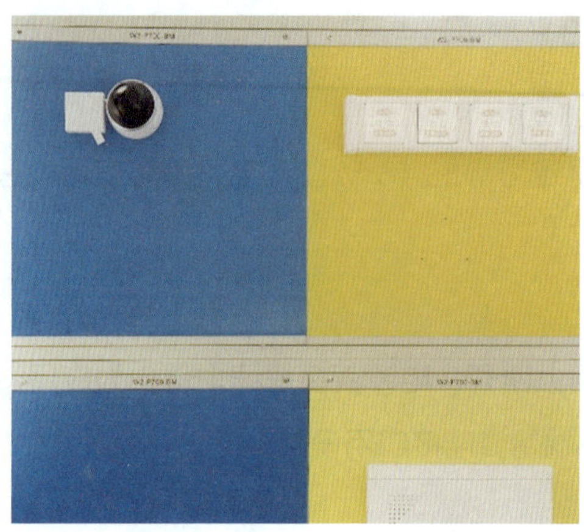

图 5-2-3　摄像头安装位置

2. 粘贴安装贴纸并打孔

把安装贴纸贴在要安装摄像头的墙面上，FRONT 方向朝向需要监控的区域，然后以安装贴纸为模板，在墙上开出相应大小的出线孔。

3. 固定转接盘

使用螺钉固定转接盘，注意转接盘上的 FRONT 箭头指示方向与安装贴纸上面的箭头指示方向应一致。

4. 固定摄像机

接好线材，输出线向上穿入穿线孔。转接盘与摄像头通过三个卡扣进行固定，顺时针为固定，逆时针为松开。

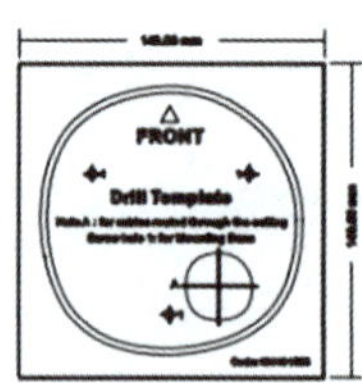

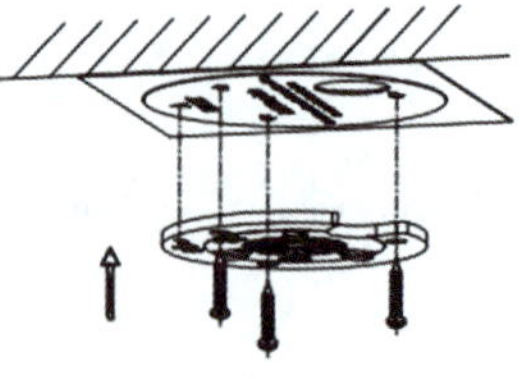

图 5-2-4　摄像头安装步骤

三、安装 POE 交换机

如图 5-2-5 所示，将 POE 交换机安装在住宅信息箱的指定位置。

四、设置和调试监控软件

下面以海康威视 2.5 英寸吊装式半球云台红外摄像机为例进行配置说明。

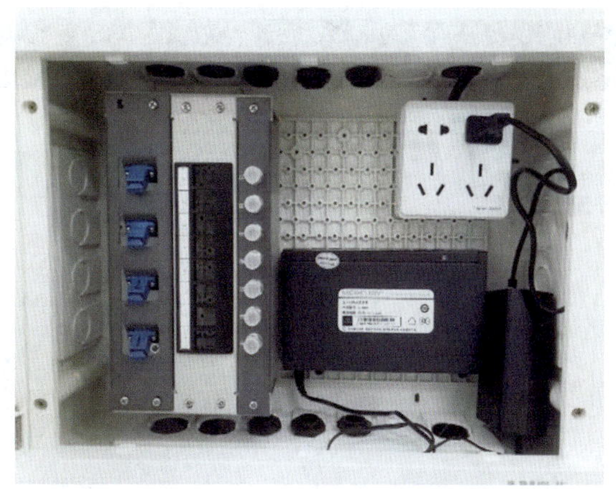

图 5-2-5　POE 交换机安装位置

摄像机安装完成后，可以通过浏览器进行相关功能的配置。配置前需确认摄像机与计算机已经连接并且计算机能够访问需要设置的摄像机。连接方式有两种：直通线连接和交叉线连接。图 5-2-6 所示为摄像机连接示意图。

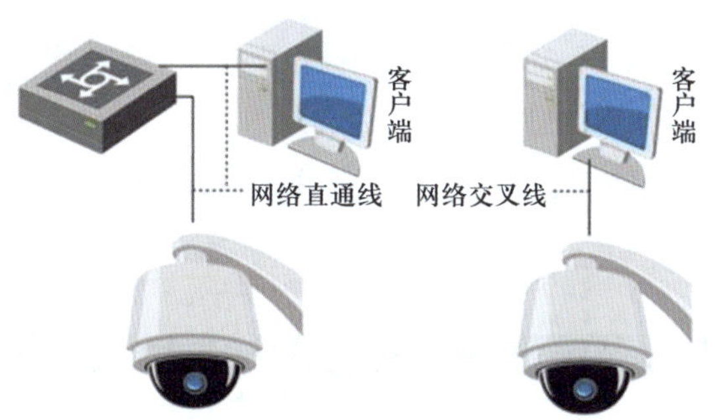

图 5-2-6　摄像机连接示意图

1. 激活摄像机

使用客户端软件激活摄像机，客户端自动搜索局域网内的所有在线设备，列表中会显示设备类型、IP 地址、设备序列号等信息，如图 5-2-7 所示。

小贴士

摄像机首次使用时需要激活并设置登录密码才能正常登录和使用。激活摄像机的方式有三种：SADP 软件、客户端软件、浏览器。

摄像机出厂默认值为：默认 IP 为 192.168.1.64；默认端口为 8000；默认用户名（管理员）为 admin。

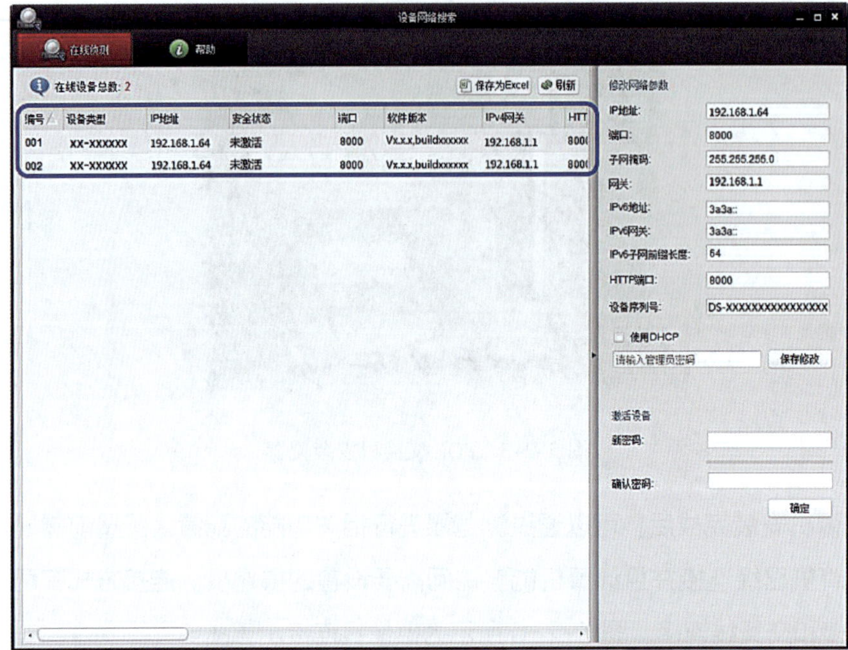

图 5-2-7　客户端软件

2. 设置用户名和密码

选中需要激活的摄像机，进行用户名、密码和地址的设置。图 5-2-8 所示为“修改”界面。

图 5-2-8　“修改”界面

小贴士

设置 IP 地址时，需保持摄像机 IP 地址与计算机 IP 地址处于同一网络内。

用户名“admin”为系统管理员用户，可创建系统用户。为了系统安全性，建议使用新增的用户进行操作。

3. 登录系统

激活摄像机后可登录进入摄像机系统，图 5-2-9 所示为摄像机主界面。在主界面上可以进行预览、录像回放、图片查询及功能操作和配置。

图 5-2-9　摄像机主界面

4. 系统设置及功能配置

单击“配置”进入摄像机配置界面，进行系统设置及功能配置。图 5-2-10 所示为系统设置。

图 5-2-11 所示为视音频参数设置。

图 5-2-12 所示为预置点 1 设置。

图 5-2-13 所示为 PTZ 设置。

图 5-2-14 所示为用户参数设置。

HIKVISION 预览 回放 图片 配置

本地
系统
系统设置
系统维护
安全管理
用户管理
网络
视音频
图像
PTZ
事件
存储

基本信息 时间配置 夏令时 RS-485 关于设备

设备名称	01
设备编号	88
设备型号	DS-2DC2204IW-DE3/W
设备序列号	DS-2DC2204IW-DE3/W20180503CCCHC19133600W
主控版本	V5.5.15 build 180408
编码版本	V7.3 build 180320
Web版本	V4.0.1 build 180112
Plugin版本	V3.0.6.33
通道个数	1
硬盘个数	0
报警输入个数	1
报警输出个数	1
主控版本属性	B-R-R7-0

保存

©2018 Hikvision Digital Technology Co., Ltd. All Rights Reserved.

图 5-2-10　系统设置

图 5-2-11　视音频参数设置

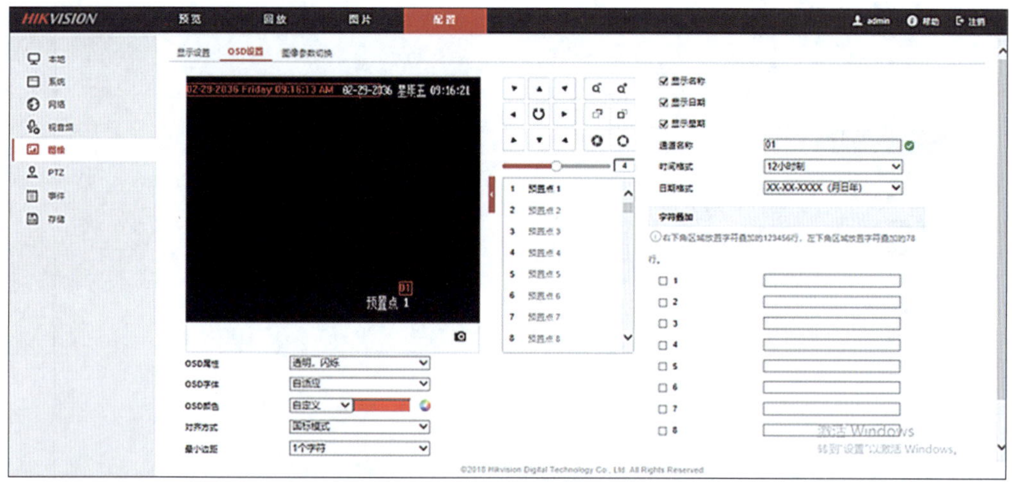

图 5-2-12　预置点 1 设置

HIKVISION
预览　回放　图片　配置
本地
系统
网络
视音频
图像
PTZ
事件
存储
基本配置　限位　零方位角　守望　隐私遮蔽　定时任务　配置清除　云台优先
基本参数
☑ 启用运动控制
☑ 启用比例变倍配置
☐ 启用预置点视频冻结
预置点速度等级　4
手控速度模式　自适应
手控速度等级　中
变倍速度　2
PTZ OSD显示
镜头倍数显示　2秒 5秒 10秒 常闭 常开
方位角显示
预置点标题显示
掉电记忆
掉电记忆模式　30秒
保存

图 5-2-13　PTZ 设置

图 5-2-14　用户参数设置

任务评价

学习任务综合评价表见表 5-2-4。

表 5-2-4　学习任务综合评价表

评价项目	评价内容	配分 / 分	评价分数		
			自我评价	小组评价	教师评价
职业素养	安全和责任意识强，遵守健康及安全标准	10			
	团队合作意识强，善于与人沟通交流	10			
	现场管理符合“6S”标准，做好定期整理工作	5			
专业能力	了解智能家居的定义和组成	10			
	掌握智能家居系统的特点和主要应用	10			
	掌握视频监控系统的基本组成与传输方式	10			
	了解 POE 的工作过程	10			

续表

评价项目	评价内容	配分 / 分	评价分数		
			自我评价	小组评价	教师评价
任务成果	正确安装 POE 交换机并完成供电	10			
	正确安装摄像头	10			
	正确配置摄像头的监控软件	10			
	能在计算机浏览器上显示实时连通的画面，并控制摄像头	5			
总分		100			
评价说明	自我评价 ×20%+ 小组评价 ×30%+ 教师评价 ×50%= 总评成绩	总评成绩			

课后练习题

一、选择题

1. 视频监控系统使用的同轴电缆规格为（　　）Ω，传输距离一般在（　　）m 左右，其优点是短距离传输图像、信号损失小、造价低廉、系统稳定。

A. 35　300　　B. 75　300　　C. 35　1 000　　D. 75　1 000

2. 前端设备是视频监控系统的视觉器官，一般包含多台（　　）和镜头，也包括支架、云台、防护罩、解码器等配套器材。

A. 显示器　　B. 监控主机　　C. 摄像机　　D. 监控中心

3. 摄像机一般安装在需要监控的入口、（　　）、围墙等位置。

A. 出口　　B. 监控中心　　C. 通道　　D. 办公室

二、填空题

1. 视频监控系统一般由________、________、________及__________四个主要部分组成。

2. 传输线路部分是视频监控系统的“神经网络”，传输分为________和________两种方式。

3. 视频监控系统使用的双绞线一般为________及以上的双绞线，传输距离一般不超过______m，其优点是布线容易、成本低廉、抗干扰性能强。

三、简答题

1．简述智能家居系统的特点。

2．简述视频监控系统的传输方式。

3．简述 POE 的工作过程。

任务 3
可视对讲系统安装与配置

学习目标

1. 了解可视对讲系统的概念和组成。
2. 了解可视对讲系统的设计原则。
3. 完成可视对讲系统的安装与配置。

任务描述

某 4 层楼建筑每层楼都有多个租户，每个租户都已经安装无线 AP、摄像机、POE 交换机，现需要安装室内机、室外机、紧急按钮、门铃等设备。所有设备都要规范安装并能保障高质量的应用。

一、室内机设置要求

1. 把室内机安装在指定位置，按照要求接线并用标签扎带做好标签，接线部分必须用绝缘胶布做好绝缘，剩余的线束用绝缘胶布做好绝缘处理，防止短路损坏设备。

2. 激活主机，设置用户名为 admin，密码为 admin123。

3. 设置 IP 地址为 192.168.1.1××（×× 为工位号）。

4. 访问门口机，实现开锁功能。

5. 可以呼叫管理中心。

6. 设置来电铃音，响铃时间 30 s，呼叫转移时间 0，麦克风音量 0，扬声器声音 0。

7. 室内机类型为室内主机，楼层为 1 层，房间号为 ××（×× 为工位号）。

8. 免打扰时间为 00：00—06：00。

9. 紧急按钮接在防区 1 上，实现 24 小时报警功能，紧急按钮的钥匙贴在信息箱的门背后。

二、门口机设置要求

1. 把门口机安装在指定位置，按照要求接线并用标签扎带做好标签，接线部分必须用绝缘胶布做好绝缘，剩余的线束要用绝缘胶布做好绝缘处理，防止短路损坏设备。

2. 激活主机，设置用户名为 admin，密码为 admin123。

3. 设置 IP 地址为 192.168.1.1××（×× 为工位号）。

4. 门口机可以呼叫室内机，并实行通话开锁。

5. 手持 IC 卡实现开门功能并提示“门已打开”。

6. 使用开锁按钮实现开门功能并提示“门已打开”。

相关知识

一、认识可视对讲系统

1. 可视对讲系统的基本概念

可视对讲系统是一套现代化的小区住宅服务措施，由小区出入口、楼栋单元门口、住户室内、保安中心等区域的设备组成，是提供访客与住户之间双向可视通话的安全管理系统。图 5-3-1 所示为可视对讲系统。

（1）可视对讲系统的基本原理

可视对讲系统具有叫门、摄像、对讲、室内监视室外、室内遥控开锁、夜视等功能。住户在室内与访客进行对话的同时，可以在室内机上看见来访者影像并通过开锁按钮控制铁门开启，以达到阻止陌生人进入大楼的目的，具有很高的安全性。住户在楼下可通过感应卡、密码、钥匙、对讲开锁。可视对讲系统包括独户型、别墅型、大厦型、多幢大楼联网型等。

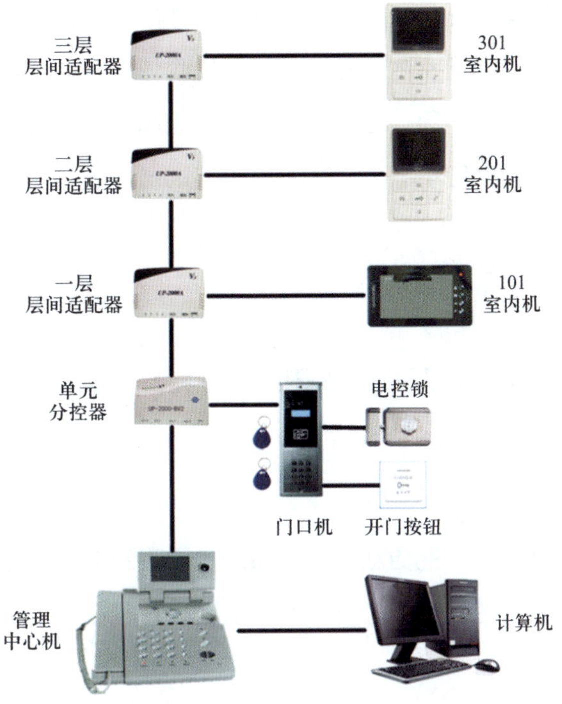

图 5-3-1　可视对讲系统

（2）可视对讲系统的发展

早期的可视对讲系统采用的是模拟技术，之后随着网络与通信技术的发展，出现了半数字化可视对讲系统。近年来随着智慧城市和智能家居技术的发展，促进了全数字化可视对讲系统的发展。

2. 可视对讲系统的基本组成

可视对讲系统主要由门口机、室内机、管理中心机、单元分控器、层间适配器、电控锁等组成。

门口机又称室外主机，是楼宇对讲系统的关键设备，一般安装在单元楼的入口处。门口机除了具备呼叫住户的基本功能外，还需具备呼叫管理中心、与住户对讲、访客留言和门禁的功能。其中门禁功能的验证方式分为密码验证、卡片识别和生物识别。另外，许多产品还提供回铃音提示、键音提示、呼叫提示以及各种语音提示等功能。

室内机是能够与门口机进行可视对讲通话，并具有开锁、监控、安防报警、信息接收、远程电话报警、留影留言提取、家电控制等功能的装置。主要有对讲及可视对讲两大类产品，一般安装在住户家里的门口处。

管理中心机一般具有呼叫、报警接收的基本功能，是小区联网系统的基本设备。一般安装在管理中心或值班室内。主要功能有接收住户呼叫、与住户对讲、开单元门、呼叫住户、监视单元门口、信息发布、小区信息查询、物业服务、呼叫及报警记录查询、设撤防记录查询等。

二、可视对讲系统的设计原则

1. 实用性与先进性

系统设计时应做到实用、合理、经济，并考虑到技术的先进性和前瞻性。在技术上要追求先进，使用上要简便实用。

2. 开放性与兼容性

随着技术的发展和产品的更新换代，系统也要不断的升级和提高。因此，要求系统具有开放性和兼容性，使其能与其他系统连接并融合成一个整体，更好地为用户服务。

3. 标准化与规范性

为便于管理，使工作规范化，系统设计应符合相关技术标准、规范的规定。

4. 安全性与可靠性

系统本身的安全性非常重要，应具有很强的防破坏能力。由于面临用户的数量众多，系统设备的可靠性是一个非常重要的指标。

5. 扩充性与容错性

为了更好地为用户服务，要求系统能适合多种规模，具有较强的可扩充性，能随时适应对系统的扩容要求。同时，用户差异很大，将导致系统在使用过程中的误操作现象。因此，要求系统具有较强的容错性和自检功能。

任务实施

完成室内机、门口机、紧急按钮、门铃的安装与配置。

一、准备工具和材料

1. 工具

剥线器、压线钳、剪刀、偏口钳、电钻、螺钉旋具、水平尺、网线测试仪、引线器、记号笔、计算机。必要时，使用签字笔和记录纸。

2. 材料

超五类非屏蔽网线、RJ-45 水晶头、波纹管、螺钉、室内机、门口机、紧急按钮、门铃、IC 卡、标签扎带。

二、安装室内机、门口机、紧急按钮、门铃

如图 5-3-2 所示，将室内机、门口机、紧急按钮、门铃安装在指定位置。

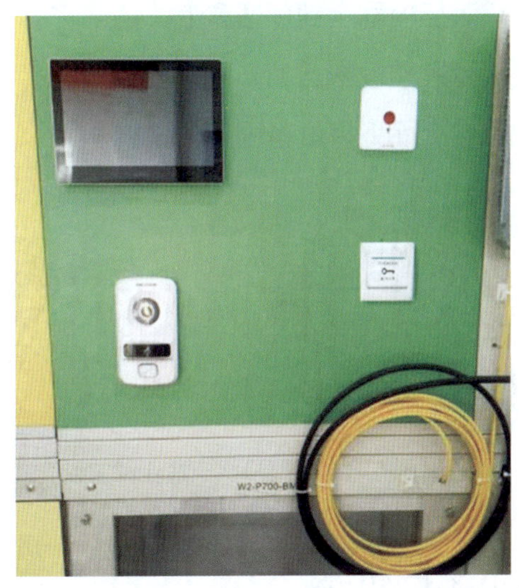

图 5-3-2　室内机、门口机、紧急按钮、门铃安装位置

1. 室内机安装步骤

图 5-3-3 所示为室内机安装步骤。

（1）在墙面开凿预埋洞，将预埋盒固定在墙体中。预埋洞的建议尺寸为 76 mm（长）× 76 mm（宽）× 50 mm（高）。

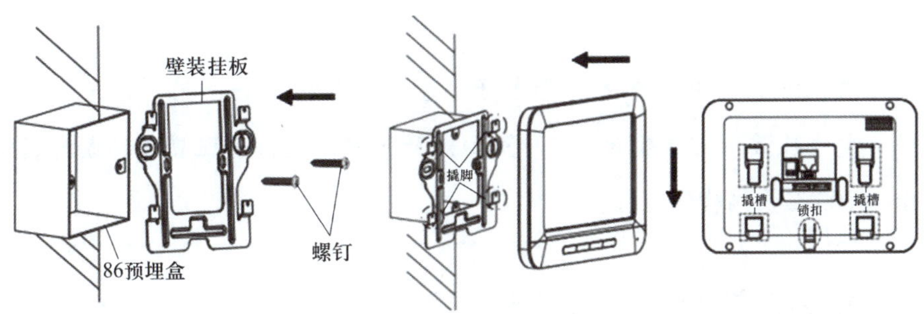

图 5-3-3　室内机安装步骤

（2）用两枚螺钉将壁装挂板固定在预埋盒上。

（3）将室内机后面板的插槽对准壁装挂板的插脚，向下滑动室内机，将室内机固定在挂板上。插脚插入插槽后，室内机后面板的锁扣能自动锁上，即完成安装。

2. 门口机安装步骤

图 5-3-4 所示为门口机安装步骤。

（1）根据预埋盒尺寸开预埋孔，将预埋盒装到预埋孔中（一般 86 预埋盒在建筑建设过程中会预埋到墙体中）。

（2）用三枚螺钉将壁装挂板固定到预埋盒上。

（3）将设备接口装入壁装挂板中。

（4）用一枚固定螺钉自上而下将设备固定。

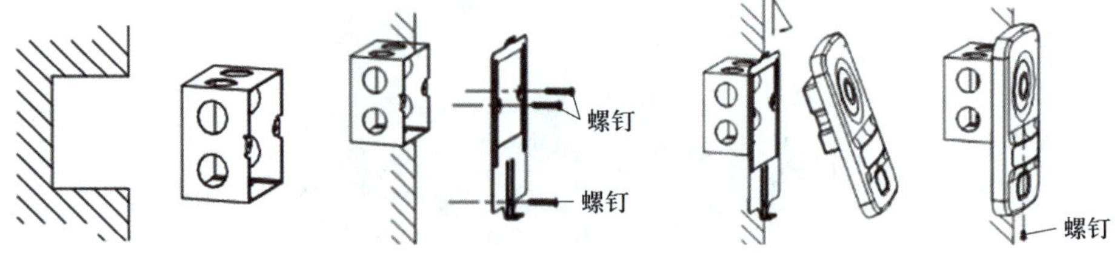

图 5-3-4　门口机安装步骤

三、设置和调试室内机软件

下面以海康威视 DS-KH8501-A 室内机为例，进行配置说明。

可视对讲室内机系列产品集语音对讲、网络传输、数据存储、远程开锁、报警处理、图片抓拍等功能于一体，应用于住宅以及一些楼宇系统中，为客户提供双向可视通话。该系列产品不仅通过图像和语音双重识别提高安全可靠性，同时还提供楼宇系统中基础的报警及监控信号，实现技术安防管理。

> **小贴士**
>
> 室内机首次使用时需要进行激活，才能正常登录和使用。激活方式有两种：本地激活和远程激活，其中远程激活可以通过批量配置工具或者通过 iVMS-4200 客户端软件进行。

1. 使用客户端软件激活室内机

图 5-3-5 所示为在线设备区域。进入设备管理界面，选择“室内机 / 管理

机”，在在线设备区域内选中需要激活的设备，单击“激活”按钮进行激活。

在线设备(1)　刷新（每60秒自动刷新）

添加至客户端　添加所有设备　修改网络信息　密码重置　激活　过滤

IP	设备类型	主控版本	安全状态	服务端口	开始时间	是否已管理
192.0.0.65	XX-XXXX-XX	Vx.x.x build xxxxxx	未激活	8000	2016-04-25 16:56:28	是

图 5-3-5　在线设备区域

2. 修改网络信息

选中室内机，单击“修改网络信息”，在“修改”界面内进行用户名、密码、地址的设置。图 5-3-6 所示为“修改”界面。

图 5-3-6　“修改”界面

3. 配置设备参数

修改完成后，在客户端软件对室内机进行时间参数、设备编号、防区参数的配置，如图 5-3-7、图 5-3-8 和图 5-3-9 所示。

4. 设置室内机本地免打扰模式

室内机激活后，即可正常登录和使用，登录后主界面如图 5-3-10 所示。

单击“设置”，选择“免打扰设置”，进入“免打扰设置”界面。开启“定时”开关，设置开始时间为 00：00，结束时间为 06：00。图 5-3-11 所示为“免打扰设置”界面。

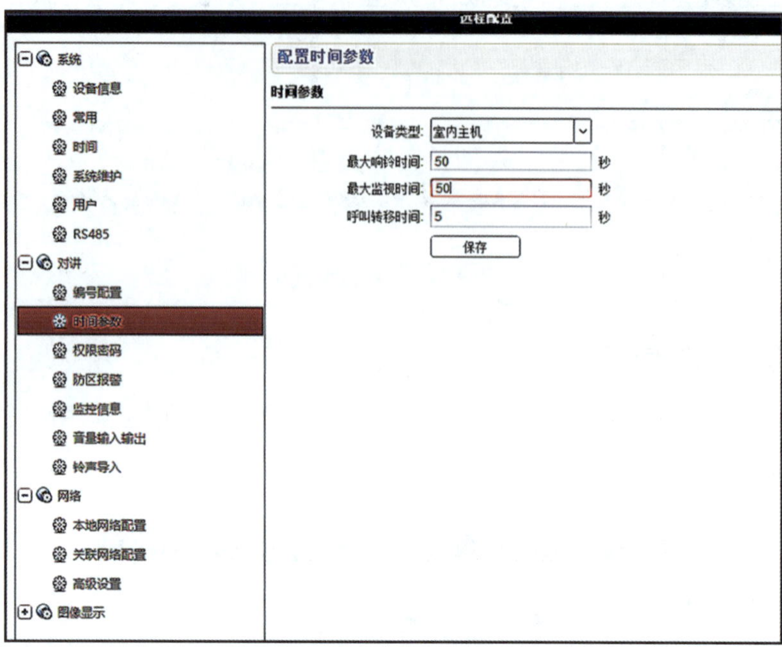

图 5-3-7　配置时间参数

图 5-3-8　配置设备编号

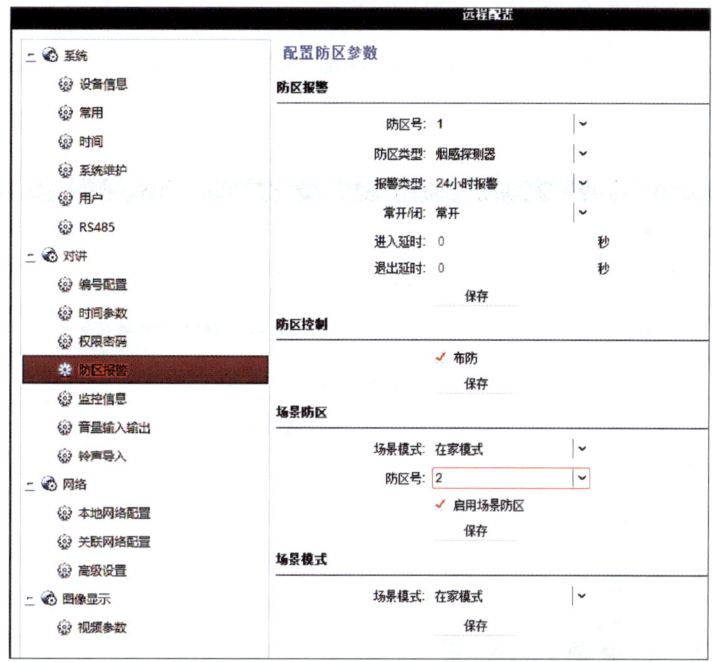

图 5-3-9　配置防区参数

图 5-3-10　室内机主界面

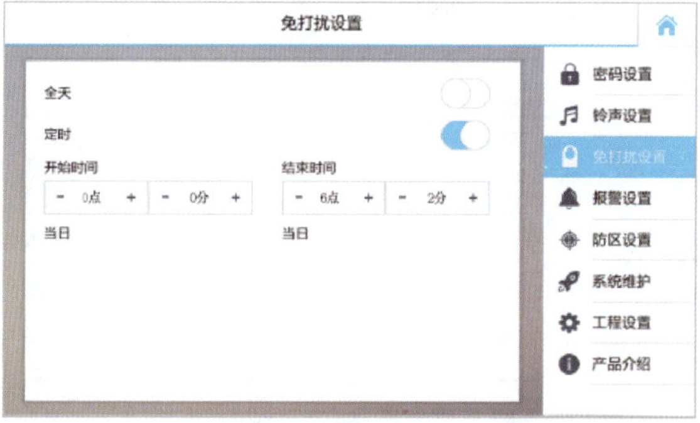

图 5-3-11　“免打扰设置”界面

5. 配置音量输入输出和系统时间

在客户端软件配置室内机的音量输入输出大小和系统时间，如图 5-3-12 和图 5-3-13 所示。

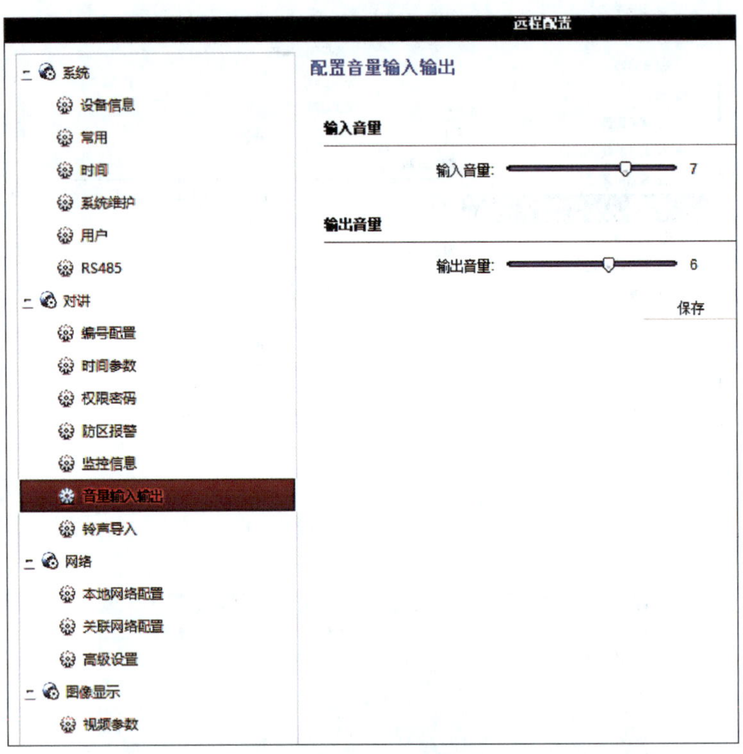

图 5-3-12　配置音量输入输出

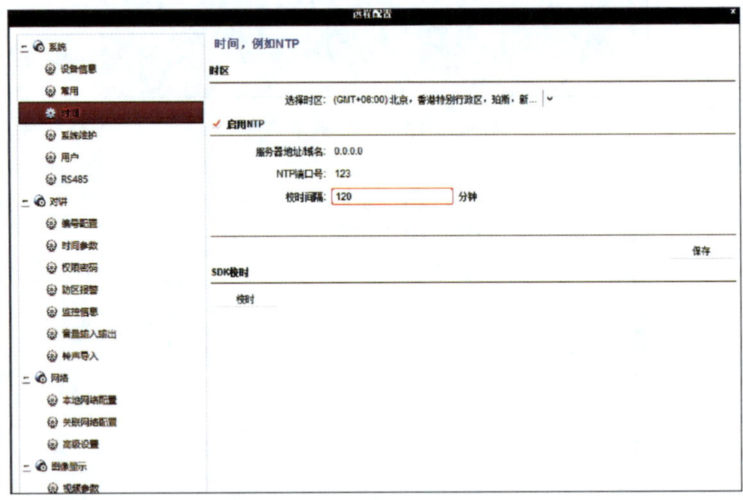

图 5-3-13　配置系统时间

6. 设置室内机铃声

单击“设置”，选择“铃声设置”，进入“铃声设置”界面，如图 5-3-14 所示。设置来电铃声为 call_ringtone1，响铃时间 30 s，呼叫转移时间 0，麦克风音量 0，扬声器声音 0。

7. 设置室内机防区

单击“设置”，选择“防区设置”，进入“防区设置”界面，如图 5-3-15 所示。单击任意一条防区信息，即可对该防区的防区类型、报警类型、是否常开或常闭、进入延时时间以及退出延时时间进行编辑。

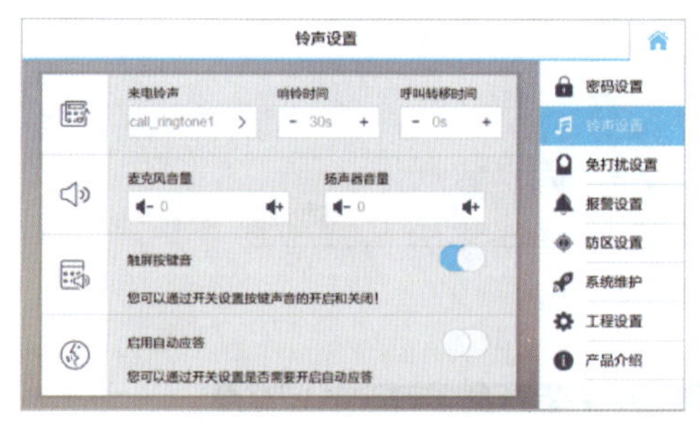

图 5-3-14 “铃声设置”界面

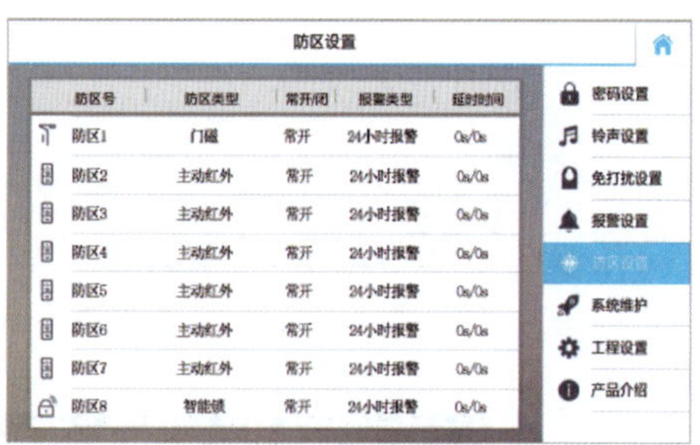

图 5-3-15 “防区设置”界面

四、设置和调试门口机软件

下面以海康威视 DS-KV8102-XC 门口机为例，进行配置说明。

1. 使用客户端软件激活门口机

进入设备管理界面，选择“编码设备 / 门口机”，在在线设备区域内选中需要激活的设备，单击“激活”按钮进行激活。

2. 修改网络信息

选中门口机，单击“修改网络信息”，在修改界面内进行用户名、密码和地址的设置。图 5-3-16 所示为“修改”界面。

3. 配置设备常用参数

修改完成后，在客户端软件对门口机进行系统设备常用参数配置。图 5-3-17 所示为配置设备常用参数。

图 5-3-16 “修改”界面

图 5-3-17 配置设备常用参数

4. 配置设备编号、时间参数

在客户端软件对门口机进行对讲设备编号和时间参数的配置，如图 5-3-18 和图 5-3-19 所示。

图 5-3-18　配置设备编号

图 5-3-19　配置时间参数

> **小贴士**
>
> 门口机与室内机的通话时间范围是 90 ～ 120 s，门口机呼叫室内机无人应答时的留言时间范围是 30 ～ 60 s。

5. 配置门禁和梯控参数及 IO 输入输出

在客户端软件对门口机进行门禁和梯控参数、IO 输入输出的配置，如图 5-3-20 和图 5-3-21 所示。

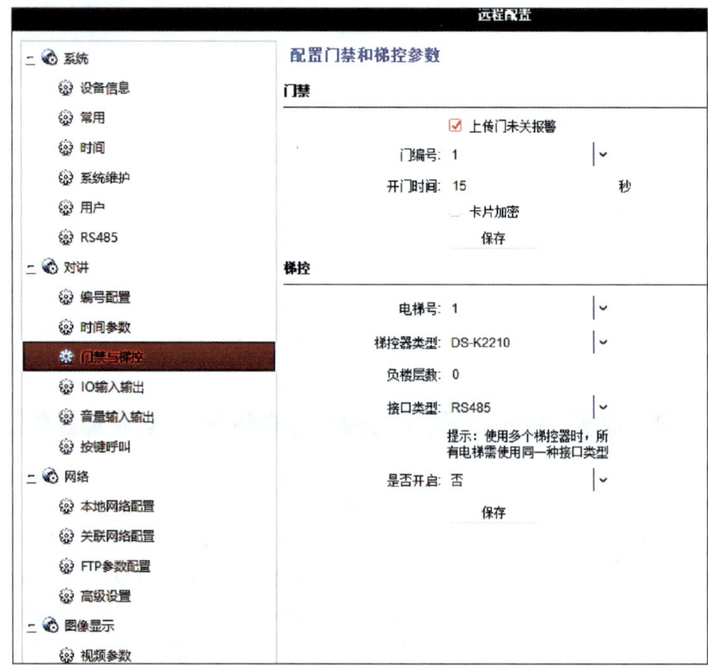

图 5-3-20　配置门禁和梯控参数

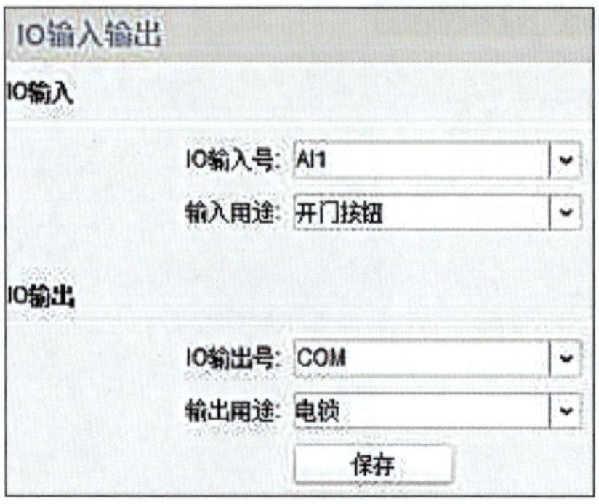

IO输入输出
IO输入
IO输入号: AI1
输入用途: 开门按钮
IO输出
IO输出号: COM
输出用途: 电锁
保存

图 5-3-21　配置 IO 输入输出

小贴士

门禁设置中开门时间的范围是 1~225 s。勾选“卡片加密”复选框，门口机可以认证卡片的加密信息。

IO 输入端口共 4 个，可以用于接门磁、开门按钮、其他报警输入源，也可以禁用。IO 输出端口只有一个，既可以用于控制电锁，也可以禁用。

6. 配置音量输入输出、按键呼叫住户参数

在客户端软件对门口机进行音量输入输出和按键呼叫住户参数的配置，如图 5-3-22 和图 5-3-23 所示。

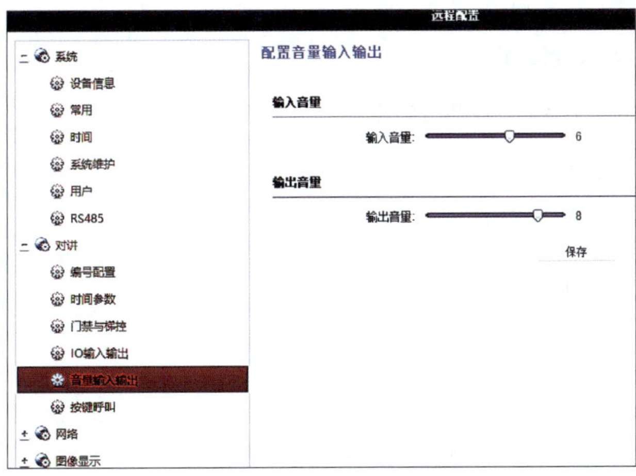

图 5-3-22　配置音量输入输出

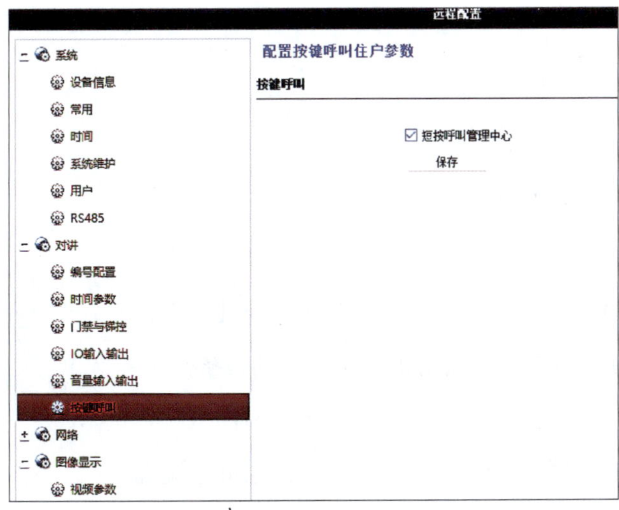

图 5-3-23　配置按键呼叫住户参数

任务评价

学习任务综合评价表见表 5-3-1。

表 5-3-1　学习任务综合评价表

评价项目	评价内容	配分 / 分	评价分数		
			自我评价	小组评价	教师评价
职业素养	安全和责任意识强，遵守健康及安全标准	10			
	团队合作意识强，善于与人沟通交流	10			
	现场管理符合“6S”标准，做好定期整理工作	5			
专业能力	了解可视对讲系统的概念和组成	10			
	了解可视对讲系统的设计原则	15			
	完成可视对讲系统的安装与配置	15			
任务成果	正确地安装室内机、门口机、紧急按钮、门铃	10			
	正确设置和调试室内机	10			
	正确设置和调试门口机	10			
	能使用 IC 卡实现开门功能	5			
总分		100			
评价说明	自我评价 ×20%+ 小组评价 ×30%+ 教师评价 ×50%= 总评成绩	总评成绩			

课后练习题

一、选择题

1. 下列选项不属于门口机功能的是（　　）。

A. 呼叫住户　　　　B. 呼叫管理中心

C. 远程开锁　　　　D. 与住户对讲

2. 下列选项可以控制可视对讲系统门锁的设备是（　　）。

A. 门口机　　　　B. 室内机

C. 单元分控制器　　　　D. 层间适配器

3. 下列选项不属于管理中心机功能的是（　　）。

A. 呼叫住户　　　　　　　　B. 接收住户呼叫

C. 呼叫门口机　　　　　　　D. 与住户对讲

二、填空题

1. 根据可视对讲系统的技术发展，可视对讲系统可分为__________可视对讲系统、半数字化可视对讲系统和__________可视对讲系统。

2. 室内机能够与门口机进行__________通话，并具有可以控制开锁的装置，一般安装在住户家里的__________处。

3. 可视对讲系统具有__________、摄像、__________、室内监视室外、室内遥控开锁、夜视等功能。

三、简答题

1. 简述可视对讲系统的基本概念。

2. 简述可视对讲系统的基本组成。

3. 简述可视对讲系统的设计原则。

四、技能操作题

一栋5层居民楼进行旧楼升级改造，现需要安装一个无线网络，这个网络中只有一个到无线网络服务提供商的连接点。该居民楼内的所有住户还需要安装视频监控和可视对讲机。该居民楼由砖和钢筋混凝土建成，地板是两英尺厚的金属混凝土。根据这些信息，完成无线局域网、视频监控、可视对讲系统的安装与设置。

完成安装后按照如下格式填写必要的安装信息，包括摄像机、门口机、室内主机、无线 AP。

设备名称：摄像机	型号：
品牌：	
激活账号：	IP 地址：
激活密码：	

设备名称：门口机	型号：
品牌：	
激活账号：	IP 地址：
激活密码：	

设备名称：室内主机	型号：
品牌：	
激活账号：	IP 地址：
激活密码：	

设备名称：无线 AP	型号：
品牌：	
激活账号：	Wi-Fi 名：
激活密码：	Wi-Fi 密码：

完成下列竣工报告。

竣工报告

项目名称：					
施工人员：					
序号	子项目名称	耗材名称	数量	完成情况	施工中存在的问题
1					
2					
3					

项目六 网络综合布线故障测试

通信线缆的测试是整个信息网络布线工程中非常重要的一个环节，通过测试可以确定线缆端接是否正确，也能检验工程布线的性能是否达到国际或国内标准。要获得电缆的性能，就要通过测试设备进行相关参数的测试操作，从测试操作中得出相应的结果，并与相应的标准进行比对，从而判断出被测试线缆的性能高低。

为了消除不同用户对测试内容的歧义，对网络布线链路的质量进行检测验收有专门的测试标准，例如世界技能大赛选用国际标准 ISO 11801，不仅要检测线序接续是否正确，传输时延是否超标，有无开路、短路、跨接、反接等安装问题，还需要测试影响链路质量、速率、丢包率等的多个参数，例如线对间干扰、插入损耗、环路电阻、回波损耗等。一个完整的测试报告中可能会罗列出令人眼花缭乱的二十多个参数，且只要这些参数合格，就可以保证链路对应的质量等级是合格的，而且将来在网络应用速度升级时也可以保证即启即用，满足要求。本项目通过两个任务分别对铜缆测试参数和光缆测试方法进行介绍，以方便大家对测试报告的解读，了解故障分析及诊断的方法。

任务 1
认识铜缆测试参数

学习目标

1. 了解铜缆测试参数。
2. 理解铜缆测试参数相互之间的关系。
3. 学会正确填写测试记录。

任务描述

我校校园网整体运行正常，但计算机教研室的教师却反映上网速度慢。针对上述校园网网速问题，需现场测试铜缆的相关参数，以判断计算机教研室上网速度慢的原因，迅速定位并排除故障。

相关知识

在综合布线的铜缆链路测试中，需要现场测试的参数有接线图、长度、延迟偏离、传输时延、线对间干扰、插入损耗、环路电阻和回波损耗等。

一、接线图

接线图主要是测试水平电缆终接在工作区或电信间配线设备的 8 位模块式通用插座的安装连接是否正确。正确的线对组合为 1-2、3-6、4-5、7-8，分为非屏蔽和屏蔽两类，对于非 RJ-45 的连接方式，按相关规定要求列出结果。图 6-1-1 所示为正确 T568B 接线的测试结果。接线图测试可以反映出铜缆布线中是否存在开路、短路、反接和错对等错误。

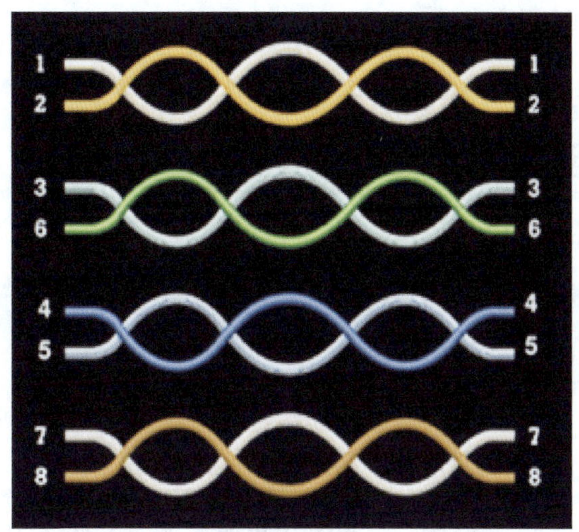

图 6-1-1　正确 T568B 接线的测试结果

1. 开路

开路是指一根电缆线或者几根电缆线不能保证从链路一端到另一端的连通性。若发现双绞线电缆有开路现象，说明有个别线芯没有正确连接。图 6-1-2 所示为开路，第 8 芯断开，且中断位置分别距离测试的双绞线两端 22.3 m 和 10.5 m 处。

2. 短路

短路是指一条电缆的两根或多根电缆线与电路相连时，所接位置在正确的连接位置之前。这种情况通常表现为插座里有不止一个插针连在同一根电缆线上。若双绞线电缆出现短路现象，说明有个别双绞线的铜芯直接接触。图 6-1-3 所示为 3、6 线芯短路。

3. 反接

线对反接又称线对交叉，是指一个线对的两根电缆线接在组合式插座的正确位置，但电缆线没有接在正确的插针上。图 6-1-4 所示为 1、2 线芯交叉反接。

4. 错对

错对又称跨接，是指一个线对的两根电缆线在组合式插座上的位置接错。图 6-1-5 所示为 1-3 线对、2-6 线对两对线对错接。

5. 串绕

串绕是指正确的线对被拆开使用，形成了错误的线对。图 6-1-6 所示为 3-6 线对和 4-5 线对被拆开错误使用形成串绕。

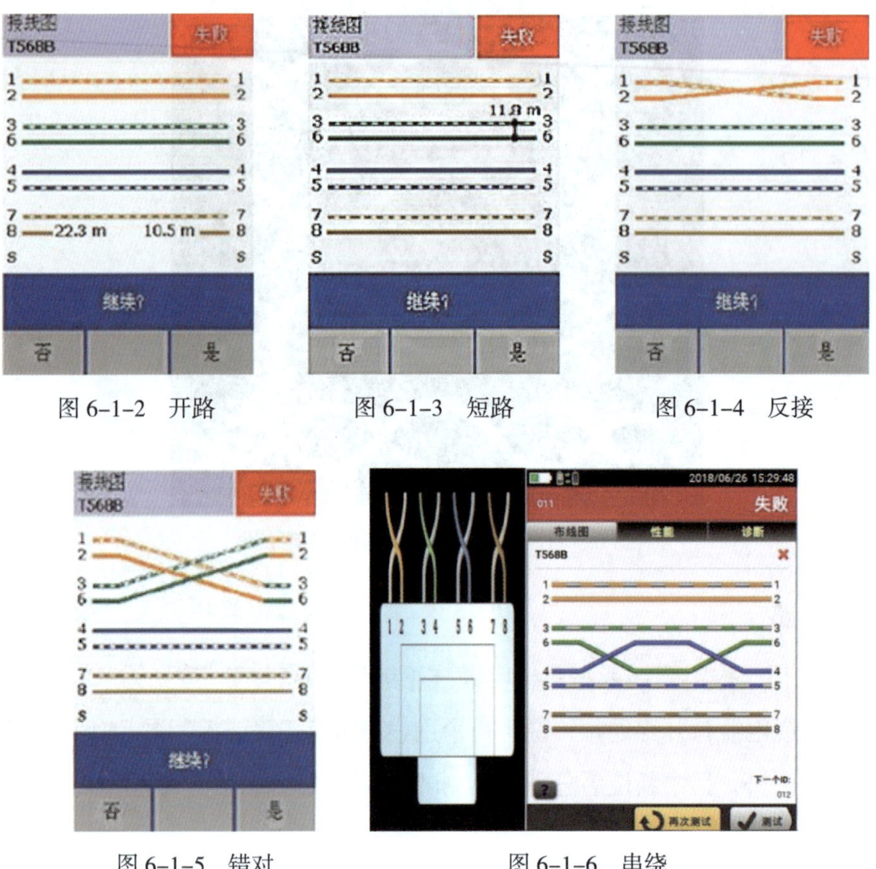

图 6-1-2　开路　　图 6-1-3　短路　　图 6-1-4　反接

图 6-1-5　错对　　图 6-1-6　串绕

二、长度

长度为被测双绞线的实际长度。每线对的长度是不一样的，因为每线对的绞接率都被人为地设计为不同。电缆的“报告长度”取的是最短一对线的长度。一般信道长度规定为 100 m，永久链路长度规定为 90 m。长度测量的准确性主要受几个方面的影响：线缆的额定传输速度（NVP）、双绞线长度与外皮护套的长度以及沿长度方向的脉冲散射。NVP 表示的是信号在线缆中传输的速度与光在真空中传输的速度（3×10^8 m/s）的比值。NVP 设置不正确将导致长度测试结果有偏差。

三、延迟偏离

传输时延是指信号从电缆的一端传到对端所消耗的时间，因为每线对长度不同，故传输时延也不同，每对线之间传输时延的差异就称为延迟偏离，一般以最短线对作为比较基准。四线对之所以长度不一致，是因为双绞线设计的时候需要保证四对双绞线绞接率不同，可以改善线对间的串扰性能。

四、传输时延

传输时延是指信号从铜线对的一端传到另一端需要耗费一定时间，又称传播延迟。因为传输时延是实际的信号传输时间，就反映了线对的长度。所以有的标准不测长度而只要求测试传输时延。传输时延太大就意味着网线超长，也意味着损耗容易超标，信号传输不可靠。

传输时延为被测双绞线的信号在发送端发出后到达接收端所需要的时间，单位为 ns，按照 ISO 11801 标准的规定，通道测试传输时延最大极限值为 555 ns。

五、线对间干扰

1. 近端串扰（NEXT）、远端串扰（FEXT）

如图 6-1-7 所示，在网线一端 A 的某一线对上发送信号（如 1-2 线对），由于电磁感应，则其他相邻的三对邻近线对会收到“串扰信号”，串扰信号会沿着线对向两端传输。向前传的串扰信号分别在网线对端 B（远端）的另外三对双绞线上（如 3-6 线对、4-5 线对、7-8 线对）可被检测到，这就是“远端串扰”；而在靠近原信号发送端 A 的另外三对双绞线上检测到的串扰信号则称“近端串扰”信号。

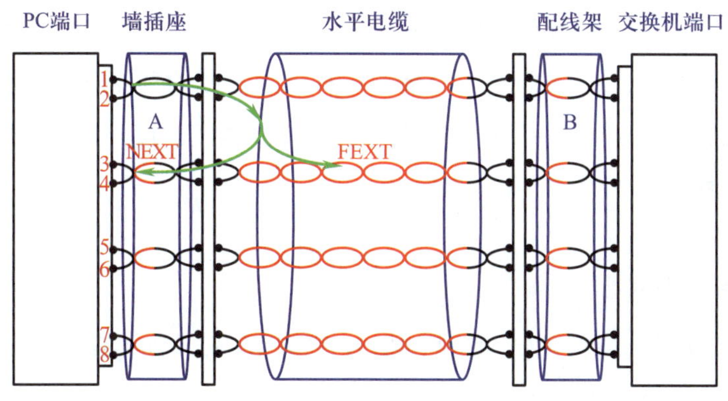

图 6-1-7　线对间串扰（NEXT 和 FEXT）

线对间的串扰信号测试方法如下：测试仪在一对双绞线上向对端发送信号，然后在另外三对双绞线上分别检测感应的信号，与标准规定的极限值进行比较，只要不超标就算合格。测试结果的串扰值不是一个常数，由于频率越高，线对的辐射和感应能力也越强，所以不同频率对应的串扰测试值是不同的。

2. 近端串扰功率和（PS NEXT）

PS 是英文 Power Sum（功率和）的缩写，意思是将网线中从其他三对双绞线辐射过来的串扰都加到被测试的那对线对上。例如，要测试 1-2 线对收到的来自邻近线对的所有近端串扰功率，则需要把其他三对双绞线（3-6 线对、4-5 线对、7-8 线对）分别辐射到 1-2 线对的近端串扰信号功率相加求“功率和”。只有这样才是 1-2 线对在工作时真正可能收到的全部近端串扰的综合功率。图 6-1-8 所示为近端串扰功率和。

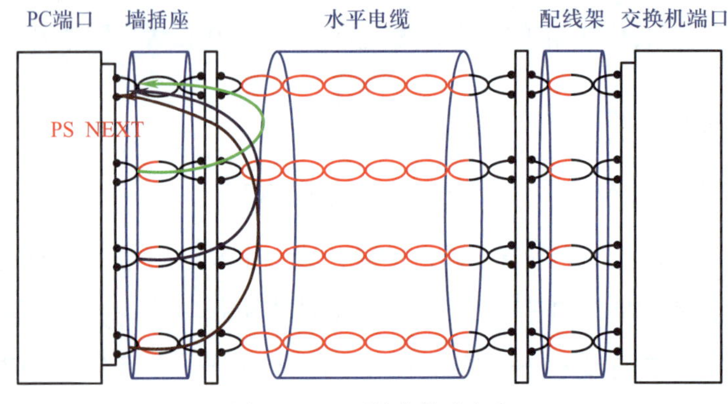

图 6-1-8　近端串扰功率和

3. 衰减串扰比（ACR）

衰减串扰比是对应由串扰引起的信噪比，是在标准要求的频段上扫频测得的串扰与衰减之差，是衡量接收信号能否被识别并正确处理的重要指标。分为 ACR-N（衰减近端串扰比）和 ACR-F（衰减远端串扰比）。ACR-N= 衰减过的有用信号功率 -NEXT 功率。

六、插入损耗

插入损耗就是线对的衰减。电缆的插入损耗以前标准称为衰减，现在标准统一称为插入损耗。插入损耗跟电缆长度、电缆质量和工艺有关，通常数据电缆一般限制长度为 100 m。一般电缆长度越长、线径越细，则插入损耗越大；电缆传输的频率越高，插入损耗也越大。

七、环路电阻

环路电阻是指线对铜线一个来回的电阻值，即双绞线两根金属线芯的电阻值之和。一般线对越长，阻值越大；线径越细，阻值越大。环路电阻过大，意味着链路的损耗会比较大。另外，如果有连接点接触不良，也会出现环路电阻偏大的情况，甚至会被判断为开路。

八、回波损耗

回波损耗又称为反射损耗，是电缆链路由于阻抗不连续所产生的反射，是线对自身的反射。由于阻抗不匹配主要发生在连接器处，也可能发生在电缆中特性阻抗发生变化的地方，所以在做产品选型测试时保证产品匹配和施工质量是减少回波损耗的关键。回波损耗将引起信号的波动，返回的信号将被双工的千兆网误认为是收到的信号而产生误码。

回波损耗等于传输线端口的反射波功率与入射波功率之比，以对数形式的绝对值来表示，单位是 dB。

任务实施

一、准备工具和材料

1. 工具

DSX-8000 福禄克测试仪、网线测试仪、记号笔、计算机、签字笔。

2. 材料

网络跳线若干、记录纸。

二、初始化 DSX-8000 福禄克测试仪

1. 将 DSX-8000 福禄克测试仪开机预热 5 min，然后按主机“HOME”键进入福禄克测试仪的主页。

2. 单击“TOOLS”键设置语言为中文。

3. 在使用前请确认“工具”内的参数是否设置正确，包括电池状态、时间、长度、超时期限、可听见的音频、电源频率、显示屏亮度等，如图 6-1-9 所示。

4. 确定测试标准为通道测试，电缆类型为 Cat 6A S/FTP，如图 6-1-10 所示。

5. 将通道适配器安装在主机和远端上，然后设置参照，如图 6-1-11 所示。

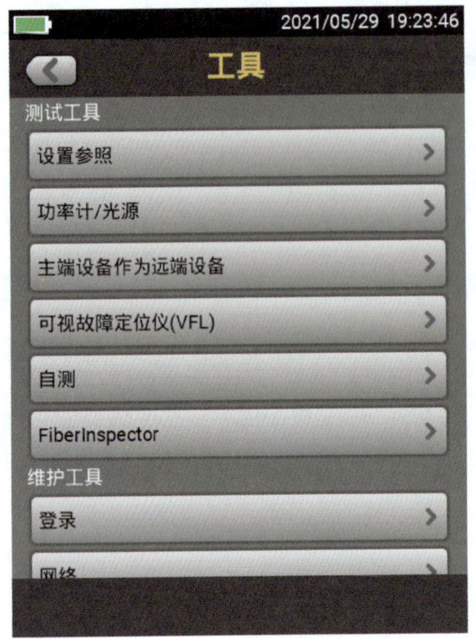

图 6–1–9 “工具”参数设置

图 6–1–10 测试标准

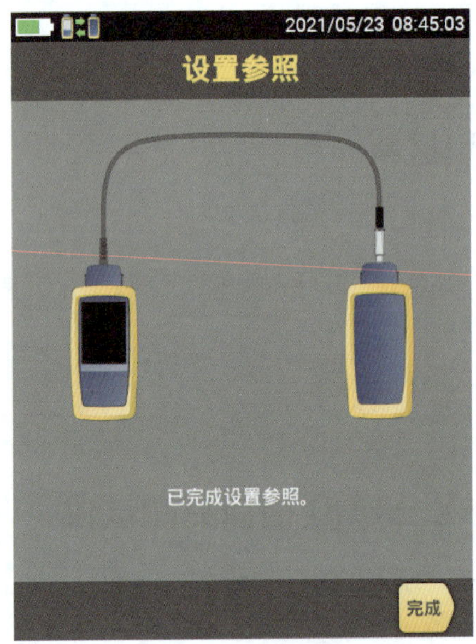

图 6–1–11 设置参照

三、故障检测及排除

1. 将 DSX-8000 福禄克测试仪一端连接在计算机教研室内连接计算机的跳线接头上，另一端连接在该楼层机柜的交换机对应端口的跳线上，然后按“测试”键或“TEST”键进行测试。

2. 可以看到福禄克测试仪显示的布线图正常，但显示结果为“失败”，如图 6-1-12 所示。

3. 查看“性能”，其中近端串扰（NEXT）显示测试结果为红色的“*”，如图 6-1-13 所示。

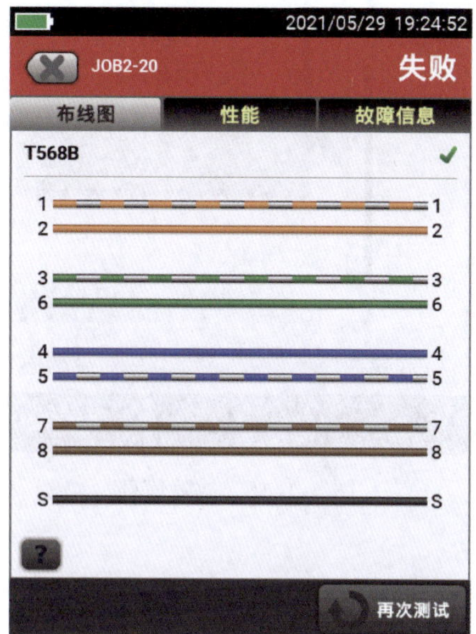

图 6-1-12　布线图

图 6-1-13　性能显示

4. 进一步查看近端串扰波形图，显示线对 3、6 与线对 4、5 在 430 MHz 位置处近端串扰值为 29.7 dB。标准要求是 30.7 dB，所以余量是 -1.0 dB，不满足极限值，测试失败，如图 6-1-14 所示。

5. 查看“故障信息”内的 HDTDX，显示电缆可能受损，受损部分需要更换跳线，如图 6-1-15 所示。

四、测试记录

完成测试后，将测试结果填入表 6-1-1 中。

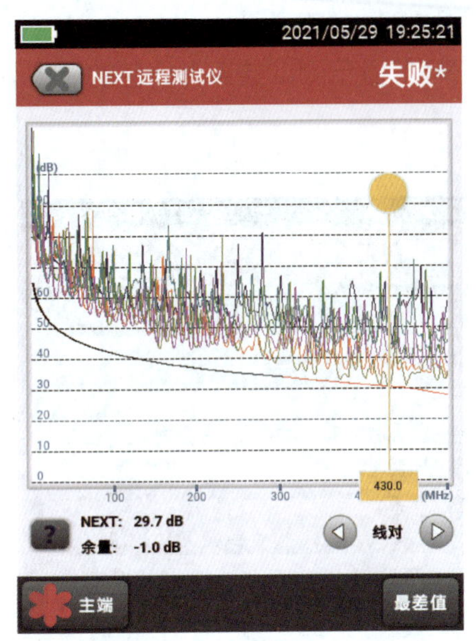

图 6-1-14　近端串扰波形图

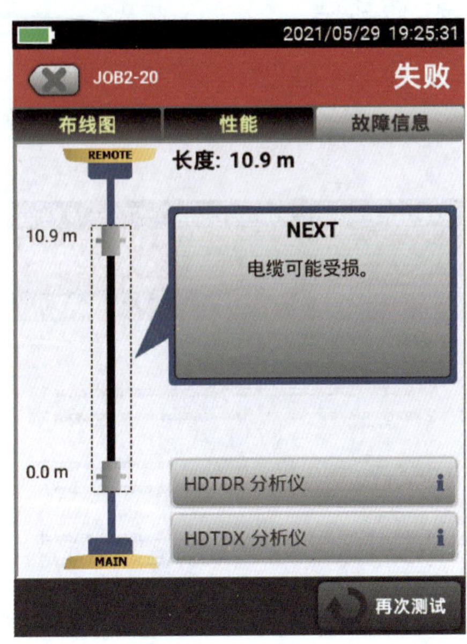

图 6-1-15　故障信息

表 6-1-1　实训记录表

<table>
<tr><td colspan="4">测试线缆名称:</td><td>极限值:</td></tr>
<tr><td colspan="4">线缆类型:</td><td>操作员:</td></tr>
<tr><td colspan="5">检测结果</td></tr>
<tr><td>序号</td><td>端口号</td><td>检测结果</td><td>主要故障类型</td><td>主要故障位置和原因分析</td></tr>
<tr><td></td><td></td><td></td><td></td><td></td></tr>
<tr><td></td><td></td><td></td><td></td><td></td></tr>
<tr><td></td><td></td><td></td><td></td><td></td></tr>
<tr><td></td><td></td><td></td><td></td><td></td></tr>
<tr><td></td><td></td><td></td><td></td><td></td></tr>
</table>

任务评价

学习任务综合评价表见表 6-1-2。

表 6-1-2　学习任务综合评价表

<table>
<tr><th rowspan="2">评价项目</th><th rowspan="2">评价内容</th><th rowspan="2">配分 / 分</th><th colspan="3">评价分数</th></tr>
<tr><th>自我评价</th><th>小组评价</th><th>教师评价</th></tr>
<tr><td rowspan="3">职业素养</td><td>安全和责任意识强，遵守健康及安全标准</td><td>10</td><td></td><td></td><td></td></tr>
<tr><td>团队合作意识强，善于与人沟通交流</td><td>10</td><td></td><td></td><td></td></tr>
<tr><td>现场管理符合“6S”标准，做好定期整理工作</td><td>5</td><td></td><td></td><td></td></tr>
<tr><td rowspan="4">专业能力</td><td>能准确判断接线图是否正确</td><td>10</td><td></td><td></td><td></td></tr>
<tr><td>理解长度、延迟偏离和传输时延等参数</td><td>10</td><td></td><td></td><td></td></tr>
<tr><td>理解线对间干扰有关参数</td><td>10</td><td></td><td></td><td></td></tr>
<tr><td>理解插入损耗、环路电阻和回波损耗等参数</td><td>10</td><td></td><td></td><td></td></tr>
<tr><td rowspan="4">任务成果</td><td>能从福禄克测试仪获得相关参数</td><td>10</td><td></td><td></td><td></td></tr>
<tr><td>能根据参数正确评判线缆</td><td>10</td><td></td><td></td><td></td></tr>
<tr><td>能正确使用仪器按键功能</td><td>10</td><td></td><td></td><td></td></tr>
<tr><td>能完成实训记录表 6-1-1 的填写</td><td>5</td><td></td><td></td><td></td></tr>
<tr><td colspan="2">总分</td><td>100</td><td></td><td></td><td></td></tr>
<tr><td>评价说明</td><td>自我评价 ×20%+ 小组评价 ×30%+ 教师评价 ×50%= 总评成绩</td><td>总评成绩</td><td colspan="3"></td></tr>
</table>

课后练习题

一、选择题

1. 下列不是通过测试接线图得到的故障是（　　）。

A. 开路　　B. 短路　　C. 反接　　D. 衰减

2. 下列不属于线对间干扰参数的是（　　）。

A. NEXT　　B. FEXT　　C. ACR　　D. IL

3. 下列不属于链路质量测试参数的是（　　）。

A. 回波损耗　　B. 近端串扰　　C. 插入损耗　　D. 长度

二、填空题

1. 一般信道长度规定为______m，永久链路长度规定为____m。

2. 在网线一端 A 的某一线对上发送信号，由于电磁感应，则其他相邻的三对邻近线对会收到“串扰信号”，串扰信号会沿着线对向两端传输。向前传的串扰信号分别在网线对端 B（远端）的另外三对双绞线上可被检测到，这就是__________；而在靠近原信号发送端 A 的另外三对双绞线上检测到的串扰信号则称__________信号。

3．插入损耗就是线对的衰减。一般电缆长度越长、线径越细，则__________越大；电缆传输的频率越高，__________也越大。

三、简答题

1．简述近端串扰的概念。

2．简述回波损耗的概念。

3．简述环路电阻的概念。

任务 2
认识光缆测试方法

学习目标

1. 了解光缆一级测试方法。
2. 了解光缆二级测试方法。

任务描述

数据中心机房是重要的基础设施。现要将数据中心机房原先运行的千兆以太网升级为万兆以太网，发现其中一段约 240 m 长的单模光纤出现丢包率偏高、端口出错率升高等问题，导致用户的上网速度并没有得到提升，反而下降了。本任务要通过测试光纤链路的总损耗，迅速定位链路中引起过量损耗的故障点并排除故障。

相关知识

一、光缆测试设备

无论是单模光纤还是多模光纤，它们都是由玻璃纤维构成，光脉冲信号在其中传输的时候不可避免地会产生自然损耗，甚至在质量较差的网络中还存在着附加损耗。光缆损耗的测试设备有红光笔，光源、光功率计，光时域反射仪。

1. 红光笔

图 6-2-1 所示为红光笔。红光笔是一种简单的光纤测试仪器，可以对光纤进行快速检测。

红光笔是测试光纤链路性能之前首先要用到的测试仪器。该仪器可以方便地对光纤两端进行检测。但由于红光笔发出的光强度较弱，在长距离的传输后可能观测不到。

2. 光源、光功率计（OLTS）

图 6-2-2 所示为光源、光功率计，主要用来测量光纤链路中损耗或衰减的总量。

光源、光功率计主要用于测试单模光纤和多模光纤，测试多模光纤用的是满足环形通量要求的 EF 光源，测试波长是 850 nm 和 1 300 nm；测试单模光纤用的是激光光源，测试波长是 1 310 nm 和 1 550 nm。

3. 光时域反射仪（OTDR）

图 6-2-3 所示为光时域反射仪。光时域反射仪用于测量光纤中的信号衰减、熔接点或连接器损耗和定位光纤故障点以及了解光纤沿长度的损耗分布情况等，是光缆施工、维护及监测中必不可少的工具。光时域反射仪被广泛应用于光纤光缆工程的测量、施工、维护及验收工作中，是光纤系统中使用频率最高的现场仪器。

光时域反射仪使用的是激光光源，它以测试光信号输入后返回测试端的时间来计算长度。其基于瑞利散射和菲涅尔反射的原理，在光纤链路中由于杂质和光纤结构而导致散射，而折射率变化的地方也就是光纤连接的地方会发生反射。

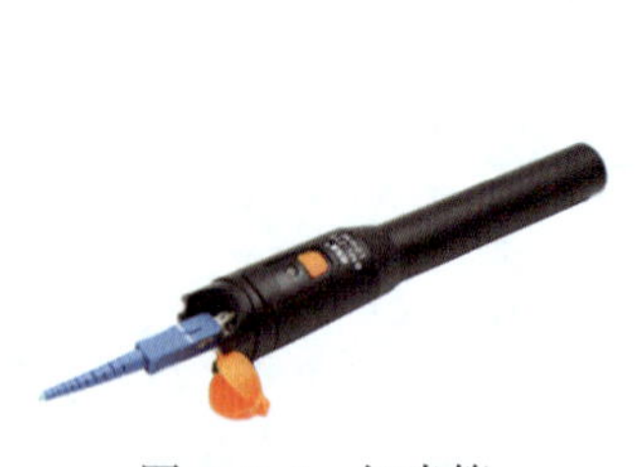

图 6-2-1　红光笔

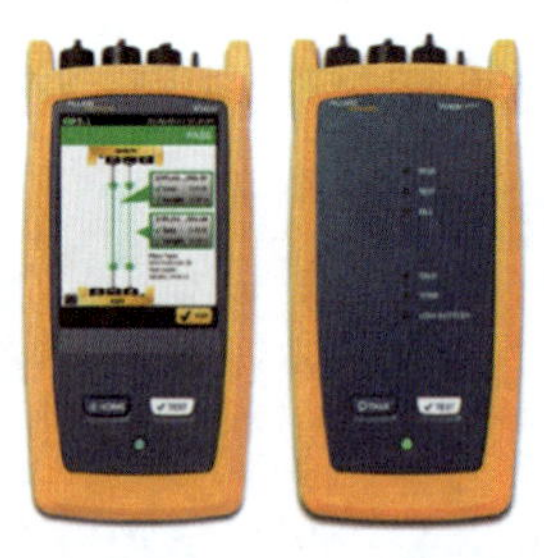

图 6-2-2　光源、光功率计

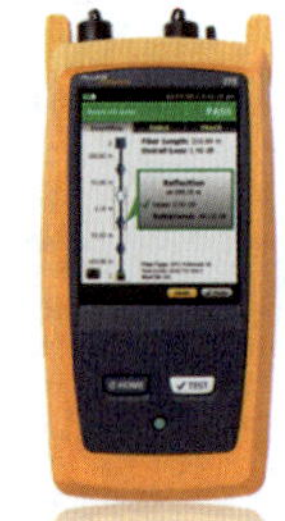

图 6-2-3　光时域反射仪

二、光缆测试方法

根据光缆测试标准，光缆测试方法有一级测试和二级测试。一级测试也就是基础测试，即通过光源和光功率计进行的双端测试，测试参数为损耗和长度，来评估光纤链路的整体传输质量是否符合相应的标准。二级测试是在一级测试的基础上再增加 OTDR 的补充测试。OTDR 是单端测试，二级测试的参数是损耗和反射。

1. 光缆一级测试（T1）

一级测试是基础测试项目，其测试原理如图 6-2-4 所示。被测光纤的一端是光源，另一端是光功率计。光源射出的光功率是 P_o，经过被测光纤后光功率减弱为 P_i，则被测光纤链路的衰减值就是（P_o-P_i）。

图 6-2-4　光纤损耗测试原理

常用的一级测试方法为单跳线测试法。测试方法是先按图 6-2-5 所示进行校准，然后再按图 6-2-6 所示，连接被测光纤和设备光纤进行测试。这样测试后测试结果包含三部分衰减值：被测光纤的衰减、首端配置适配器的衰减、末端配置适配器的衰减。

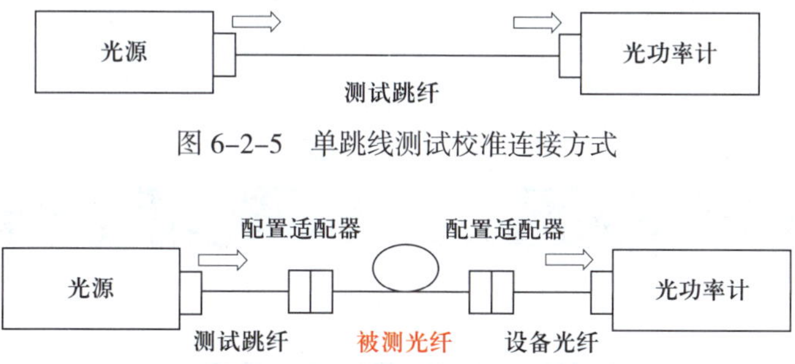

图 6-2-5　单跳线测试校准连接方式

图 6-2-6　单跳线信道测试连接方式

2. 光缆二级测试（T2）

二级测试就是在一级测试基础上增加了 OTDR 测试，并判断事件（损耗 + 反射）是否合格的一种适合高速链路可靠性认证的测试方法，即 T2=T1+OTDR+ 事件判断。

OTDR 测试的目的是评估连接点、熔接点的损耗是否符合标准（连接点损耗极限值为 0.75 dB，熔接点损耗极限值为 0.3 dB），连接点的回波损耗是否超标，分段衰减是否超标（即光纤每千米衰减值是否在 1 dB 以内），是否存在过度弯曲、微弯、气泡、杂质、裂纹等潜在问题。

（1）单向 OTDR 测试

使用 OTDR 进行单端测试，测试仪以三种格式显示 OTDR 结果。

1）EventMap（事件位置图）格式显示，如图 6-2-7 所示。图 6-2-7 中显示链路中所有连接和各连接间的光纤长度。

2）表格显示，如图 6-2-8 所示。其可以显示所有事件的位置和状态。

3）曲线显示，如图 6-2-9 所示。曲线自动测量和显示事件，光标自动处于第一个事件处，可移动到下一个事件。

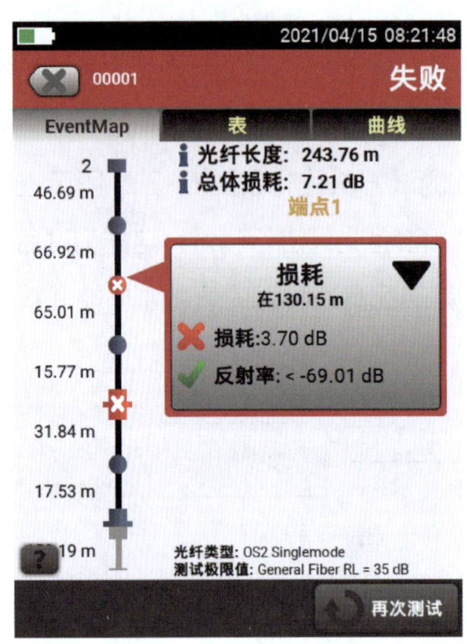

图 6-2-7　EventMap（事件位置图）格式显示

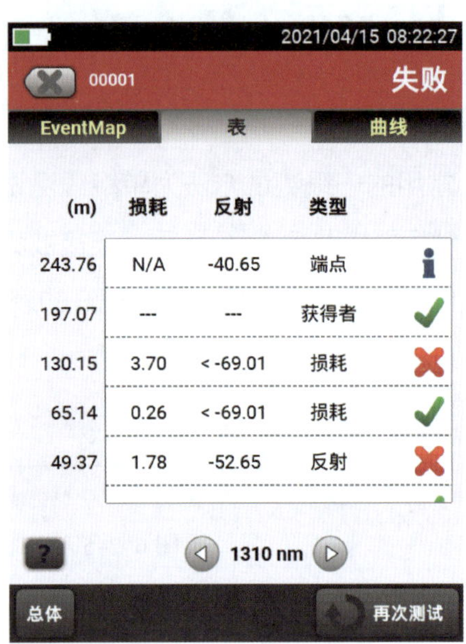

图 6-2-8　表格显示

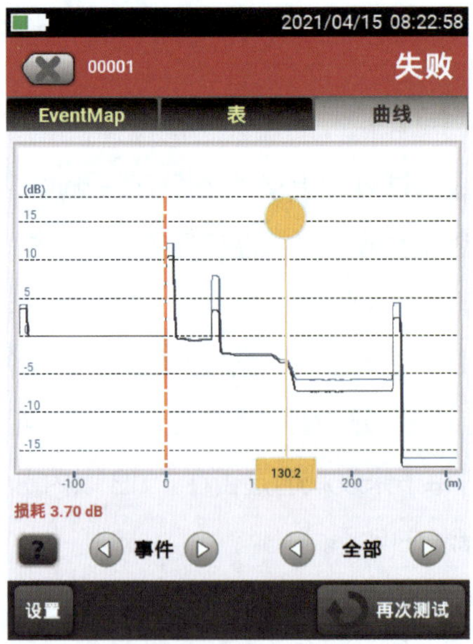

图 6-2-9　曲线显示

（2）双向 OTDR 测试

双向 OTDR 测试是指从被测光纤两端分别测得的两条“对称”的 OTDR 曲线。如果出现异质光纤，那么 OTDR 测试的负损耗或与之对称的过度损耗的现象会明显地造成测试结果的偏差，则需要采用双向 OTDR 测试并取双向 OTDR 测试的平均值，以更准确地接近真实值。

拓扑调整或升级扩容时，有时会用跳线将不同的光纤链路跳接起来使用。这些光纤链路由于不是同时期布放的，逆向散射系数可能有所不同，且所用跳线可能与之前布放的光纤材质也有所不同，所以此时做双向 OTDR 测试，才能保证链路质量，确保不出现误码率、丢包率上升的超标“事件”。

双向 OTDR 测试比较接近准确的损耗测试结果，正在被数据中心、智能建筑甚至园区网的光纤认证测试普遍采用，作为光缆一级测试的补充测试，并作为参考文件归入永久性的验收测试文档中。

任务实施

一、准备工具和材料

1. 工具

光源、光功率计，光时域反射仪（OTDR），记号笔，计算机，签字笔。

2. 材料

单模光纤跳线若干、记录纸。

二、一级测试

1. 初始化光源、光功率计（OLTS）：

（1）将光源、光功率计（OLTS）开机预热 5 min，然后按主机“HOME”键进入主页。

（2）在主屏幕上按“测试”键设置参数，如图 6-2-10 所示。

2. 按图 6-2-11 进行连接，并进行测试。

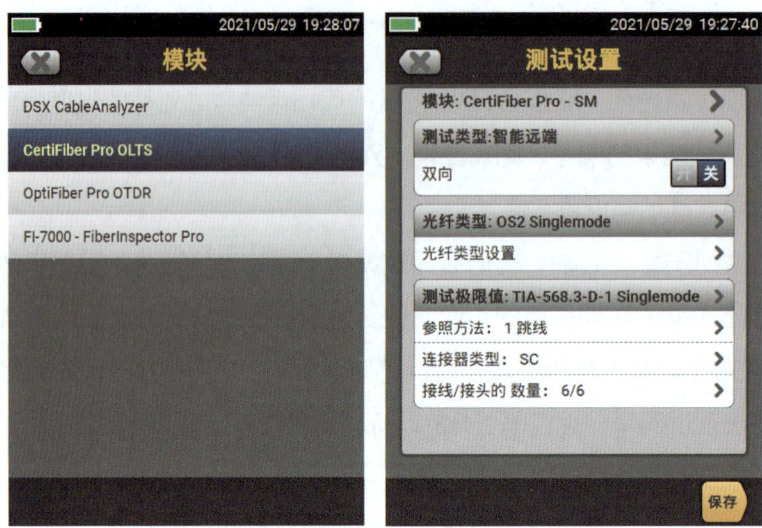

图 6-2-10 参数设置

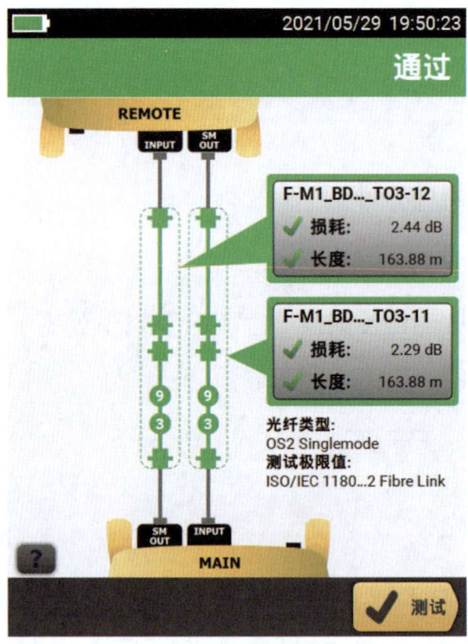

图 6-2-11 测试图

三、二级测试

1. 初始化光时域反射仪（OTDR）

（1）将光时域反射仪（OTDR）开机预热 5 min，然后按主机“HOME”键进入主页。

（2）在主屏幕上按“测试”键设置面板。测试类型选择自动 OTDR，前导补偿设置为开，波长选择为 1 310 nm 和 1 550 nm，光纤类型选择单模光纤。

（3）设置前导线和末尾线补偿：

1）选择与测试的光纤类型相同的前导线和末尾线，此处选择单模光纤。

2）在主屏幕上按“工具”键，然后设置前导补偿，设置前导方式为前导线 + 末尾线。

3）检查并清洁 OTDR 端口和前导线、末尾线的光纤端面。

4）按图 6-2-12 进行连接，然后进行设置。

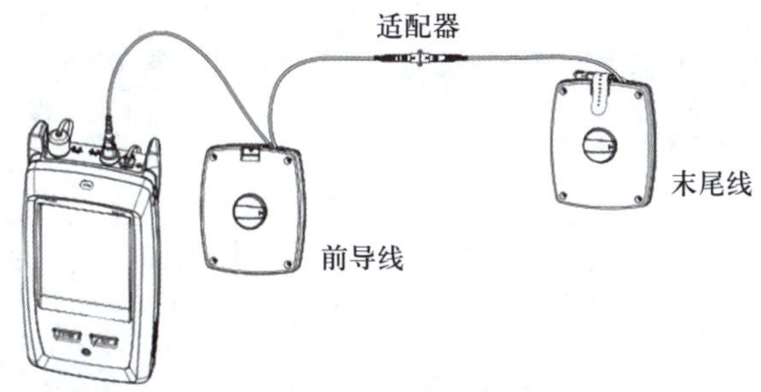

图 6-2-12　前导线连接 + 末尾线补偿

（4）在设置前导线补偿中，选择前导线终端及末尾线起始端事件。

2. 使用光时域反射仪（OTDR）对出现问题的 240 m 单模光纤进行测试

（1）检查并清洁前导线、末尾线以及要测试的光纤上的连接器。

（2）按图 6-2-13 进行连接。

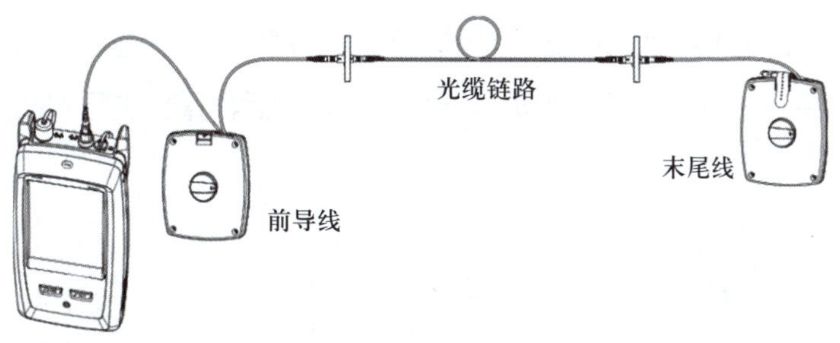

图 6-2-13　OTDR 测试连接

（3）连接完成后，按下“测试”键，即可进行链路测试。

（4）查看结果，如图 6-2-14 所示，光纤长度为 244.08 m，总体损耗为

1.30 dB，故障 1 位置为 105.34 m 处的熔接点，根据 ISO 11801 标准，熔接点损耗极限值为 0.3 dB，而此处测得的熔接点损耗值为 0.33 dB，因此损耗值不合格。而连接器损耗值极限值为 0.75 dB，反射极限值为 -35 dB，故障 2 位置为 181.40 m 处的连接器，损耗值为 0.56 dB，小于 0.75 dB，因此损耗值合格，而反射率为 -27.20 dB，大于极限值 -35 dB，因此反射值不合格，通常反射值偏高的原因是连接器两端光纤端面污染造成的，所以可以通过正确清洁连接器两侧光纤端面，以修复反射问题。

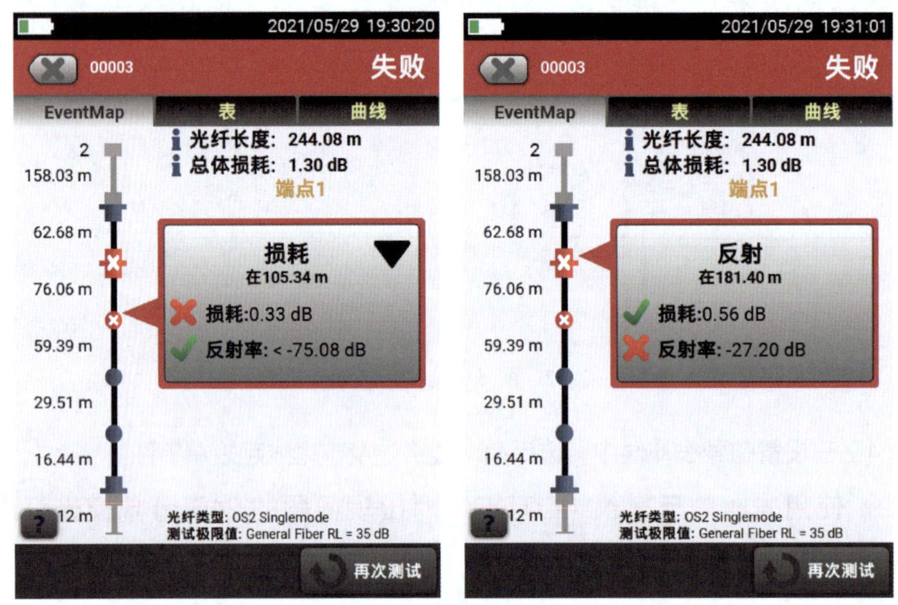

图 6-2-14　OTDR 测试结果

（5）根据测试结果，对 105.34 m 处的熔接点使用熔接机重新进行光纤熔接。对 181.40 m 处的连接器两侧光纤端面进行清洁并用显微镜查看，确保清洁干净，如果是划痕或者光纤端面损坏，则需要更换光纤，然后再重新进行测试。

四、测试记录

完成测试后，将测试结果填入表 6-2-1 中。

表 6-2-1　实训记录表

<table>
<tr><td colspan="4">测试线缆名称：</td><td>极限值：</td></tr>
<tr><td colspan="4">线缆类型：</td><td>操作员：</td></tr>
<tr><td colspan="5">检测结果</td></tr>
<tr><td>序号</td><td>端口号</td><td>检测结果</td><td>主要故障类型</td><td>主要故障位置和原因分析</td></tr>
<tr><td></td><td></td><td></td><td></td><td></td></tr>
<tr><td></td><td></td><td></td><td></td><td></td></tr>
<tr><td></td><td></td><td></td><td></td><td></td></tr>
<tr><td></td><td></td><td></td><td></td><td></td></tr>
</table>

任务评价

学习任务综合评价表见表 6-2-2。

表 6-2-2　学习任务综合评价表

<table>
<tr><td rowspan="2">评价项目</td><td rowspan="2">评价内容</td><td rowspan="2">配分 / 分</td><td colspan="3">评价分数</td></tr>
<tr><td>自我评价</td><td>小组评价</td><td>教师评价</td></tr>
<tr><td rowspan="3">职业素养</td><td>安全和责任意识强，遵守健康及安全标准</td><td>10</td><td></td><td></td><td></td></tr>
<tr><td>团队合作意识强，善于与人沟通交流</td><td>10</td><td></td><td></td><td></td></tr>
<tr><td>现场管理符合“6S”标准，做好定期整理工作</td><td>5</td><td></td><td></td><td></td></tr>
<tr><td rowspan="4">专业能力</td><td>掌握光缆一级测试方法</td><td>10</td><td></td><td></td><td></td></tr>
<tr><td>能理解二级测试与一级测试的关系</td><td>10</td><td></td><td></td><td></td></tr>
<tr><td>能正确解读 OTDR 的测试参数</td><td>10</td><td></td><td></td><td></td></tr>
<tr><td>能正确理解双向 OTDR 测试的含义</td><td>10</td><td></td><td></td><td></td></tr>
<tr><td rowspan="4">任务成果</td><td>能从测试仪获得相关参数</td><td>10</td><td></td><td></td><td></td></tr>
<tr><td>能根据参数正确评判线缆</td><td>10</td><td></td><td></td><td></td></tr>
<tr><td>正确使用仪器按键功能</td><td>10</td><td></td><td></td><td></td></tr>
<tr><td>能完成实训记录表 6-2-1 的填写</td><td>5</td><td></td><td></td><td></td></tr>
<tr><td colspan="2">总分</td><td>100</td><td></td><td></td><td></td></tr>
<tr><td>评价说明</td><td>自我评价 ×20%+ 小组评价 ×30%+ 教师评价 ×50%= 总评成绩</td><td>总评成绩</td><td colspan="3"></td></tr>
</table>

课后练习题

一、选择题

1. 一级测试应测试（　　）。

A. 损耗和长度　　B. 回波损耗

C. 熔接点的损耗　　D. 是否过度弯曲

2. 光功率计可测试的单模光纤的波长为（　　）。

A. 850 nm 和 1 300 nm　　B. 850 nm 和 1 500 nm

C. 1 300 nm 和 1 500 nm　　D. 850 nm 和 1 310 nm

3. 下列关于二级测试与一级测试的关系表示正确的是（　　）。

A. T2=T1+OTDR　　B. T2=T1

C. T2=T1+OTDR+ 事件判断　　D. T2=OTDR+ 事件判断

二、填空题

1. 常用的一级测试方法是__________。

2. 常用的光缆测试设备有__________，__________，__________。

3. OTDR 用于测量__________、__________和__________以及了解光纤沿长度的损耗分布等情况。

三、简答题

1. 什么是一级测试？

2. 什么是二级测试？

3. OTDR 测试的目的是什么？